中国华电 CHD

DIANLI ANQUAN GONGZUO GUICHENG
KAOHE TIKU

《电力安全工作规程》考核题库

中国华电集团有限公司 组编
电力工业产品质量标准研究所有限公司 主编

中国电力出版社
CHINA ELECTRIC POWER PRESS

内 容 提 要

本考核题库共分为六篇，分别为 Q/CHD 19—2019《电力安全工作规程　热力和机械部分》考核题、Q/CHD 20—2019《电力安全工作规程　电气部分》考核题、Q/CHD 21—2019《电力安全工作规程　水力机械部分》考核题、Q/CHD 22—2019《电力安全工作规程　燃机部分》考核题、Q/CHD 16—2019《电力安全工作规程　风力发电和光伏发电部分》考核题，以及《电力安全工作规程》附录部分考核题。考核题题型涵盖单选题、多选题、判断题、填空题和简答题，并与《电力安全工作规程》各章相对应。通过各题型强化练习，使读者牢固掌握新版《电力安全工作规程》的要点、难点，有效提高读者安全工作意识和安全工作能力。

本书可作为发电企业《电力安全工作规程》培训考试考核用书，也可供电力企业安全管理、生产管理和一线生产人员参考使用。

图书在版编目（CIP）数据

《电力安全工作规程》考核题库/中国华电集团有限公司组编；电力工业产品质量标准研究所有限公司主编．—北京：中国电力出版社，2020.9（2020.11重印）

ISBN 978-7-5198-4827-9

Ⅰ．①电…　Ⅱ．①中…　②电…　Ⅲ．①电力工业－安全规程－中国－职业技能－鉴定－习题集　②电网－电力工程业－安全规程－中国－职业技能－鉴定－习题集　Ⅳ．①TM08-65　②TM727-65

中国版本图书馆 CIP 数据核字（2020）第 131950 号

出版发行：中国电力出版社
地　　址：北京市东城区北京站西街 19 号（邮政编码 100005）
网　　址：http://www.cepp.sgcc.com.cn
责任编辑：刘汝青（010-63412382）
责任校对：黄　蓓　李　楠
装帧设计：赵姗姗
责任印制：吴　迪

印　　刷：北京天宇星印刷厂
版　　次：2020 年 9 月第一版
印　　次：2020 年 11 月北京第三次印刷
开　　本：787 毫米×1092 毫米　16 开本
印　　张：26.5
字　　数：534 千字
印　　数：5001—7000 册
定　　价：96.00 元

编　委　会

前　言

为进一步加强电力企业生产现场安全管理，规范各类工作人员行为，保证人身、设备和电网安全，中国华电集团有限公司（简称集团公司）安全环保部组织专家在对国家、行业安全生产法律法规、标准规范进行深入学习研究的基础上，全面总结近年来安全生产工作经验，吸取事故教训，结合系统发电企业安全生产实践，对集团公司《电力安全工作规程》（2013 年版）进行了修订。新版《电力安全工作规程》（简称《安规》）分为热力和机械部分、水力机械部分、燃机部分、风力发电和光伏发电部分、电气部分等五个部分，其中，热力和机械部分供燃煤发电企业使用，水力机械部分供水电企业使用，燃机部分供燃机发电企业使用，风力发电和光伏发电部分供新能源发电企业使用，电气部分供各类型发电企业（风电、光伏除外）共同使用。该标准于 2019 年发布，2020 年 1 月 1 日实施。为了使系统内员工切实掌握标准内容，充分发挥标准的规范指导作用，集团公司安全环保部组织电力工业产品质量标准研究所有限公司编写本书。

本书共分为六篇。第一篇为 Q/CHD 19—2019《电力安全工作规程　热力和机械部分》考核题，由吕文博编写；第二篇为 Q/CHD 20—2019《电力安全工作规程　电气部分》考核题，由陈艳超编写；第三篇为 Q/CHD 21—2019《电力安全工作规程　水力机械部分》考核题，由蔡佳然编写；第四篇为 Q/CHD 22—2019《电力安全工作规程　燃机部分》考核题，由代勇编写；第五篇为 Q/CHD 16—2019《电力安全工作规程　风力发电和光伏发电部分》考核题，主要由周崇波编写，上海电力大学张悦、冯云馨参与了该部分考核题的编写工作；第六篇为《电力安全工作规程》附录部分考核题，由吕文博、陈艳超、蔡佳然、周崇波共同编写。全书由马汝坡统筹协调并审核。

各篇考核题题型涵盖单选题、多选题、判断题、填空题和简答题，并与《安规》各章相对应。通过各题型强化练习，使读者能牢固掌握新版《安规》的要点、难点，有效提高公司系统员工安全工作意识和安全工作能力，保证《安规》有效落地实施，从而进一步夯实安全生产基础。

由于时间仓促，限于作者水平，不妥之处在所难免，欢迎广大读者和专家批评指正。

编　者

2020 年 6 月

目　　录

第一篇

Q/CHD 19—2019
《电力安全工作规程　热力和机械部分》考核题

第1章《3　术语和定义》考核题

一、单选题

1．下列不属于动火作业的是（　　）。

A．清扫现场　　B．压力焊　　C．喷枪　　D．锤击

答案：A

2．能（　　）产生明火的作业称为动火作业。

A．直接或间接　　B．直接　　C．间接　　D．立即

答案：A

3．高处作业是指在距坠落高度基准面大于或等于（　　）m 有可能坠落的高处进行的作业。

A．1.5　　B．2　　C．2.5　　D．3

答案：B

二、多选题

1．下列属于有限空间范畴或具备有限空间特征的有（　　）。

A．封闭或者部分封闭　　B．与外界相对隔离

C．出入口较为狭窄　　D．氧含量不足的空间

答案：ABCD

2．下列属于动火作业的是（　　）。

A．打磨　　B．压力焊　　C．喷枪　　D．锤击

答案：ABCD

三、判断题

1．根据同一操作指令，且为了相同的操作目的而进行的一系列相互关联，并依次进行操作的全部过程称为一个操作任务。（　　）

答案：√

第2章《4 总则》考核题

一、单选题

1. 落实安全生产“党政同责、一岗双责、齐抓共管、失职追责”要求，建立健全各级各岗位人员（　　），完善考核内容和标准，做到管行业必须管安全，管业务必须管安全，管生产经营必须管安全。

A. 岗位责任制　　B. 安全生产责任制

C. 岗位职责　　D. 应急救援责任

答案：B

2. 在试验和推广新技术、新工艺、新设备、新材料的同时，应制订相应的（　　），经本企业主管生产的领导（总工程师）批准后执行。

A. 管理规定　　B. 防范措施　　C. 安全管理协议　　D. 安全措施

答案：D

3. 作业人员有权拒绝违章指挥和强令冒险作业，在发现直接危及人身、设备和电网安全的紧急情况时，（　　）或者在采取可能的紧急措施后撤离作业场所，并立即报告。

A. 有权停止作业　　B. 询问部门领导意见后停止作业

C. 询问主要负责人意见后停止作业　　D. 不得停止作业

答案：A

4. 新录用的工作人员应经二级及以上医院或医疗机构体格检查合格，符合相关工作人员健康要求，后续工作中应定期进行体格检查，体格检查至少（　　）一次。

A. 每季度　　B. 每半年　　C. 每年　　D. 每两年

答案：C

5. 外来承揽各类工程的施工单位全体人员和临时参加现场工作的人员进入现场前，应经体格检查合格，并办理（　　）或人身意外伤害保险。

A. 工伤保险　　B. 健康保险　　C. 交通保险　　D. 重疾险

答案：A

6. 工作人员应熟悉本岗位所需的（　　）及技能，掌握安全带、防坠器、缓冲绳、安全帽、防护服和工作鞋等个人防护用品的正确使用方法，了解作业场所危险源分布情况和可能造成人身伤亡的危险因素及控制措施。

A. 应急预案　　B. 岗位职责

C. 工作技能　　D. 安全生产知识

答案：D

7. 进行爆破作业时，爆破工程技术人员资格等级，以及爆破员、安全员、保管员资格应符合要求，且取得公安机关颁发的（　　）。

A．安全许可证　　B．上岗证

C．工作许可证　　D．爆破作业人员许可证

答案：D

8．使用易燃物品（乙炔、氢气、油类、天然气、煤气等）时，工作人员应熟悉其特性、操作方法及（　　）规定。

A．应急处置　　B．现场防护　　C．防火防爆　　D．泄漏防护

答案：C

9．使用有毒有害危险品（氯气、氨、汞、酸、碱等）时，工作人员应熟悉其特性及（　　），防止不当施救。

A．应急处理常识　　B．现场防护　　C．防火防爆　　D．泄漏防护

答案：A

10．从事有放射性物质（钴、铯、镅等）的工作时，工作人员应熟悉放射防护及（　　）。

A．应急处理常识　　B．现场防护

C．防火防爆　　D．泄漏防护

答案：A

11．所有参加电力生产的工作人员，应按其岗位和工作性质，掌握《电力安全工作规程》的全部或有关部分，（　　）至少进行一次考试，考试不合格者不得上岗。

A．每季度　　B．每半年　　C．每年　　D．每两年

答案：C

12．生产人员调换岗位、因故间断工作连续（　　）以上者，应重新学习《电力安全工作规程》有关部分，并经考试合格后方可上岗。

A．3 个月　　B．6 个月　　C．1 年　　D．2 年

答案：A

13．所有新进企业的人员（含实习、代培人员），应经企业、部门和班组三级相应内容的安全教育培训，岗前培训时间不少于（　　）学时。

A．12　　B．24　　C．36　　D．48

答案：B

14．外来承揽各类工程的施工单位全体人员和临时参加现场工作的人员进入现场前，应经相关安全知识和安全规定培训，履行安全技术交底手续，熟悉作业现场和工作岗位存在的危险因素、防范措施及应急处置措施，并经（　　）后，方可进入现场参加指定的工作。

A．签订合同　　B．考试合格

C．完成培训　　D．培训学时满足要求

答案：B

15．对厂家技术指导、安装调试、试验等人员，应开展安全教育培训，以（　　）进行安全告知，履行签字确认手续，在有关人员带领下，方可进入现场。

A．口头形式　　B．书面形式　　C．电子形式　　D．会议形式

答案：B

16．进入生产现场（办公室、控制室、值班室、检修班组除外），应正确佩戴合格的（　　）。

A．安全帽　　B．工作证　　C．开工许可　　D．安全带

答案：A

17．在易燃易爆场所作业，应穿着（　　），并采取防火防爆措施。

A．防火工作服　　B．防爆工作服

C．防静电工作服　　D．普通工作服

答案：C

18．在设备（　　）以前，不得进行检修工作，设备检修前应做好防止突然转动的安全措施。

A．基本停止　　B．完全停止　　C．降低运行速度　　D．断电

答案：B

19．在缺氧或氧含量未知的环境里作业时，应使用（　　）。

A．过滤式呼吸防护用品　　B．防尘口罩

C．正压式空气呼吸器　　D．氧气瓶

答案：C

20．生产现场所有的设备、设施、建（构）筑物等应设置名称标识，并根据其可能产生的危险和有害因素，分别设置明显的（　　）。

A．风险告知　　B．安全警示标识　　C．安全围栏　　D．安全铭牌

答案：B

21．油系统的设备、管道、阀门、法兰、接头等应严密不（　　）。

A．漏（渗）水　　B．漏（渗）油　　C．透气　　D．进灰尘

答案：B

22．热力管道的保温层渗入（　　）后，应立即更换保温层。

A．杂质　　B．污油　　C．污水　　D．粉尘

答案：B

23．在楼梯的第一级和最末级台阶边缘处、人行通道高差（　　）mm 以上的台阶边缘处设置防止踏空线。

A．100　　B．200　　C．300　　D．400

答案：C

24．生产现场需经常检查和操作的设备不应设在高处，所有高出地面、平台（　　）m，且需经常操作的阀门处，应设有便于操作、牢固的梯子或平台。

A．1　　B．1.5　　C．2　　D．3

答案：B

25．所有升降口、吊装孔、孔洞、楼梯、平台及通道等有坠落危险处，应设置固定式工业防护栏杆、踢脚板等设施，防护栏杆高度不低于（　　）m。

A．1　　B．1.05　　C．1.1　　D．1.2

答案：B

26．所有升降口、吊装孔、孔洞、楼梯、平台及通道等有坠落危险处，应设置固定式工业防护栏杆、踢脚板等设施，横杆间距不大于（　　）mm。

A．350　　B．360　　C．380　　D．400

答案：C

27．所有升降口、吊装孔、孔洞、楼梯、平台及通道等有坠落危险处，应设置固定式工业防护栏杆、踢脚板等设施，立柱间距不大于（　　）m。

A．1　　B．1.5　　C．2　　D．3

答案：A

28．所有升降口、吊装孔、孔洞、楼梯、平台及通道等有坠落危险处，应设置固定式工业防护栏杆、踢脚板等设施，踢脚板高度不低于（　　）mm。

A．100　　B．200　　C．300　　D．400

答案：A

29．所有升降口、吊装孔、孔洞、楼梯、平台及通道等有坠落危险处，应设置固定式工业防护栏杆、踢脚板等设施，安装在离基准面高度大于或等于20m高的平台、通道及作业场所的防护栏杆，高度不应低于（　　）m。

A．1　　B．1.2　　C．1.5　　D．2

答案：B

30．固定爬梯应牢靠，梯段高度超过3m的钢直梯高出基准面（　　）m以上部分应设护笼。

A．1　　B．1.5　　C．2　　D．2.4

答案：D

31．固定爬梯应牢靠，高度超过（　　）m的爬梯，中间应设置休息平台。

A．50　　B．60　　C．80　　D．100

答案：D

32. 消防沙箱、消防桶和消防铲、消防斧把上应涂（　　）。

A. 黄色　　B. 白色　　C. 蓝色　　D. 红色

答案：D

33. 在较大的孔、洞盖板上应加装横梁以增加盖板的承受力，主要通道上的盖板应满足强度要求，并设置（　　）。

A. 警戒线　　B. 防护围栏

C. 危险告知　　D. 安全警示标识

答案：D

34. 在主控制室、重要表计（如水位计等）、主要楼梯、通道等地点，应配有（　　）。

A. 不间断照明　　B. 应急照明　　C. 事故照明　　D. 安全照明

答案：B

35. 门口、通道、楼梯和平台等处不得放置杂物，并保持畅通。当过道中存在高度低于（　　）m 的物件时，必须设置明显的“当心碰头”安全警示标志牌。

A. 1　　B. 1.5　　C. 2　　D. 2.5

答案：C

二、多选题

1. 坚持“（　　）”方针，贯彻“不安全不工作”原则，加强各级人员安全培训，完善安全生产条件，落实安全技术要求，努力建设本质安全型企业。

A. 安全第一　　B. 预防为主

C. 综合治理　　D. 防控兼施

答案：ABC

2. 落实安全生产“党政同责、一岗双责、齐抓共管、失职追责”要求，建立健全各级各岗位人员安全生产责任制，完善考核内容和标准，还应做到（　　）。

A. 管行业必须管安全　　B. 管业务必须管安全

C. 管生产经营必须管安全　　D. 管企业必须管安全

答案：ABC

3. 新建、改建、扩建工程的安全设施、职业病防护及消防设施应与主体工程同时（　　）。

A. 设计　　B. 施工

C. 投入生产和使用　　D. 维护

答案：ABC

4. 所有新进企业的人员（含实习、代培人员），应经（　　）三级相应内容的安全教育培训，熟悉作业现场和工作岗位存在的危险因素、防范措施及事故应急措施，并按《电力安全工作规程》和其他相关安全规程的要求，经考试合格后方可进入现场参加指定的工作。

A．企业　　B．部门　　C．班组　　D．施工队

答案：ABC

5．发生人身伤亡事故，（　　）应进行安全再培训。

A．部门负责人　　B．事故责任人

C．班组成员　　D．相关安全生产管理人

答案：BD

6．生产现场各类油料、酸、碱等液体废料严禁倒入（　　）。

A．沟道　　B．隧道　　C．地坑　　D．指定容器

答案：ABC

7．机械设备断电隔离之前或在机械转动时，禁止拆除联轴器和齿轮的（　　）。

A．防护罩　　B．其他防护设备　　C．警示标识　　D．栅栏

答案：ABD

8．禁止在运行中清扫、擦拭和润滑设备的旋转及移动部分，只有在转动部分对工作人员没有危险时，方可用（　　）往油盅和轴承里加油。

A．长嘴油壶　　B．油桶　　C．漏斗　　D．油枪

答案：AD

9．下列禁止在生产现场出现的人员有（　　）。

A．安监人员　　B．无关人员　　C．吸烟人员　　D．酒后人员

答案：BCD

10．从事接触高温物体、酸、碱的作业或在易燃易爆场所作业，应（　　）。

A．戴专用手套　　B．穿防护工作服

C．穿防护鞋　　D．戴防毒面具

答案：ABC

11．劳动防护用品应按照规范进行配备，并定期（　　）。

A．清洁　　B．维护　　C．检查　　D．更换

答案：CD

12．各类管道应用识别色来识别管道内的介质种类，管道上应标示介质（　　）。标识应清晰、齐全、固定牢靠。

A．流向　　B．性质　　C．管道名称　　D．危险源

答案：AC

13．生产厂房内外的电缆，在进入控制室、电缆夹层、控制柜、开关柜等处的电缆孔洞，应用防火材料严密封堵，并在封堵处的电缆两端按规定涂刷（　　）。

A．防水涂料　　B．防火涂料　　C．其他阻燃物质　　D．防酸涂料

答案：BC

14. 在楼板和结构上开孔或在规定地点以外安装起重设备或堆放重物等，应事先经过本企业技术部门的审核许可。规定放置重物及安装起重设备的地点应标出（　　）。

A. 界限　　B. 允许载荷　　C. 型号　　D. 品牌

答案：AB

15. 生产区域及其他人员、物资集中的地方，应按规定配备消防器材，如（　　）等，并保证随时可用。

A. 消火栓　　B. 灭火器

C. 石棉布　　D. 正压式空气呼吸器

答案：ABCD

16. 主控制室、化验室等必要场所应配备急救箱，应根据生产实际存放相应的急救药品，并指定专人定期（　　）。

A. 检查　　B. 补充　　C. 更换　　D. 使用

答案：ABC

三、判断题

1. 任何人发现有违反《电力安全工作规程》的情况，应立即制止，经纠正后方可恢复作业。（　　）

答案：√

2. 各级管理人员不得发出违反安全规定的命令。任何工作人员除自己严格执行安全规定外，有责任督促周围的人员共同遵守。（　　）

答案：√

3. 从事有职业病危害岗位的人员，应按照有关规定进行健康检查。（　　）

答案：√

4. 患职业禁忌证的人员，主要负责人批准后可以从事相关工作。（　　）

答案：×（禁止从事相关工作）

5. 特种作业、特种设备操作人员（含高处作业、电工、焊工、起重工等）可根据自身工作经验上岗。（　　）

答案：×（应持证上岗）

6. 无论任何情况下，在检修作业、工作监护、巡视设备、运行操作、监视调整和驾驶车辆期间不得使用手机。（　　）

答案：×（如因工作需要使用手机等通信设备时，应停止工作，在确保安全的前提下使用。禁止在生产现场边移动边使用移动通信设备）

7. 上爬梯前必须逐档检查爬梯是否牢固，上下爬梯时必须抓牢，禁止两手同时抓一个梯阶，禁止手中携物上下爬梯。（　　）

答案：√

8．禁止采用焊接、捻缝、敲打、打卡子、紧螺栓等任何方式，对承压部件进行带压堵漏工作。（ ）

答案：√

9．禁止利用任何管道、栏杆、脚手架、设备底座、支吊架等作为起吊支承点悬吊重物和起吊设备。（ ）

答案：√

10．从事爆破工作，应委托具有专业资质等级的人员进行。（ ）

答案：×（委托具有专业资质等级的单位进行）

11．进入粉尘、噪声超标的作业区域，应正确佩戴防尘口罩、耳罩（耳塞）等防护用品。（ ）

答案：√

12．从事存在有毒有害气体、粉尘或存在易燃易爆隐患作业时，应正确佩戴个人防护用品，保持现场密闭防止有害气体泄漏，并采取防止中毒和防火防爆措施。（ ）

答案：×（保持现场通风良好，并采取防止中毒和防火防爆措施）

13．从事有放射性物质（钴、铯、镅等）的工作时，工作人员应做好屏蔽防护，减少接触时间，并与放射物质保持足够距离。（ ）

答案：√

14．设备的转动部分应装有防护罩或其他防护设备（如栅栏），防护罩应坚固并固定牢靠，露出的轴端应设有护盖，以防绞卷衣物。（ ）

答案：√

15．油系统管路禁止使用铸铁、铸铜阀门、法兰、接头连接。（ ）

答案：×［油系统管路禁止使用铸铁、铸铜阀门，不应用法兰、接头连接。如必须采用法兰连接时，禁止使用塑料垫、橡皮垫（含耐油橡皮垫）、石棉纸垫；禁止使用平口法兰，法兰盘应内外烧焊］

16．生产厂房应备有带盖的铁箱，以便放置擦拭材料（抹布和棉纱等），用过的擦拭材料应另放在废棉纱箱内。含有毒有害工业油品的废弃擦拭材料，应设置专用箱收集，及时清除。（ ）

答案：√

17．所有室内沟道、隧道、地下室和地坑等应有可靠的防水、排水设施。当不能保证自流排水时，应采用机械排水并防止倒灌。（ ）

答案：√

18．易燃、易爆、有毒有害危险品、放射源、高噪声及对周边环境可能产生污染的设备、设施、场所，在符合相关技术标准的前提下，应远离周边道路。（ ）

答案：×（应远离人员聚集场所）

19．工作场所的噪声、粉尘、毒物等超过国家规定的限值时，应采取有效的降噪、防尘、防毒通风等措施。所有作业岗位，应在其醒目位置设置安全警示标识和说明。（　　）

答案：×（产生严重职业危害的作业岗位，应在其醒目位置设置安全警示标识和说明）

四、填空题

1．牢固树立“（　　）”的自主安全意识，做到“四不伤害”。

答案：我要安全

2．工作人员应熟悉本岗位所需的相关应急内容，掌握（　　）、（　　）、（　　）方法，具备必要的安全救护知识，学会紧急救护方法。

答案：逃生；自救；互救

3．应避免靠近或长时间停留在可能受到烧伤、烫伤、有毒有害气体、酸碱泄漏、辐射伤害及（　　）的地方。

答案：其他危及人身安全

4．设备、系统异常运行可能危及人身安全时，应按运行规程规定停止设备、系统的运行。在设备、系统停止运行前，必须采取保证人身安全的可靠措施，禁止（　　）。

答案：冒险作业

5．禁止（　　）栏杆、（　　）防护栏杆或临时遮栏。

答案：倚靠；跨越

6．禁止在栏杆、管道、联轴器、防护罩上或运行中设备轴承上（　　）和（　　）。

答案：行走；坐立

7．油管道应尽量避免装设在热力管道或其他热体（　　）。

答案：上方

8．所有楼梯、平台、步道、栏杆都应保持完整，现场步道的踏板应平整，顶部踏板的上表面应与平台平面一致，踏板与平台间应无（　　）。

答案：间隙

9．生产厂房的取暖用热源，应有专人管理，使用压力应符合取暖设备的要求，如用较高压力的热源时，必须装有减压装置，并装（　　）。

答案：安全阀

10．冬季室外作业临时取暖时，应做好相应的防火措施，高处作业的场所应设置（　　）。

答案：紧急疏散通道

11．钢结构建（构）筑物使用的螺栓等应无（　　），焊接点无开焊现象。

答案：明显锈蚀

12．主厂房、煤棚等建筑物需要人工清除覆冰或积雪时，应采取可靠的防滑、防倒塌、防坠落、防冰砸等安全措施，随时检查除冰建筑物受力情况，防止发生（　　）。

答案：倒塌事件

13．室外设备的通道上、厂区道路上有积雪时，应及时清扫。易滑的作业场所应铺撒防滑砂或采取其他防滑措施，必要的地方设置（　　）。

答案：防滑标识

五、简答题

1．简述“四不伤害”。

答案：不伤害自己、不伤害他人、不被他人伤害、保护他人不被伤害。

2．简述外来参观、学习、检查、指导等人员入厂注意事项。

答案：对外来参观、学习、检查、指导等人员，应进行现场危险有害因素、应急事项等的告知，履行签名确认手续，并在有关人员陪同下方可进入现场。

3．简述工作人员进入生产现场的着装要求。

答案：工作人员进入生产现场，应穿着材质合格的工作服，衣服和袖口必须扣好，着装不应有可能被转动设备绞住或卡住的部分。禁止戴围巾、穿裙子、穿短裤、穿拖鞋、穿凉鞋、穿高跟鞋，辫子、长发必须盘在帽内。

4．按照《电力安全工作规程》，现场工作如需拆除楼梯、平台，移开孔、洞、沟、道等上面的盖板（格栅）或临时拆除栏杆、开凿孔（洞）时，需注意哪些安全事项？

答案：现场工作如需拆除楼梯、平台，移开孔、洞、沟、道等上面的盖板（格栅）或临时拆除栏杆、开凿孔（洞），应办理安全设施异动审批手续，并装设牢靠的硬质围栏和明显的“当心坑洞”“当心坠落”等安全警示标志牌，必要时在夜间应设置红色警示灯，在工作结束后应立即恢复原状。

5．简述厂内道路作业环境的要求。

答案：厂内道路（包括上部有效空间）应随时保持畅通。在厂区道路应设置限速等交通标识，特殊路况临边侧直线段设置反光标识，危险路段需设置防撞墩（防护栏）和安全警示标识，急弯处需设置反光镜。消防道路应建成环形，设环形道路有困难时，应设有回车道或回车场。应急通道不得占用和封闭。

第3章《5　电气安全基本规定》考核题

一、单选题

1. 设置在电气设备上的安全警示标志牌，除原来设置人员或负责的运行值班人员外，其他人员（　　）。

A. 随意移动　　B. 获得批准后可以移动

C. 不得移动　　D. 任意移动

答案：C

2. 任何电气设备在未验明无电之前，应视为（　　）。

A. 低压设备　　B. 带电设备　　C. 无电设备　　D. 高压设备

答案：B

3. 扑救可能产生有毒气体的火灾（如电缆着火等）时，扑救人员应使用（　　）。

A. 防尘口罩　　B. 防毒口罩

C. 口罩　　D. 正压式空气呼吸器

答案：D

4. 现场的临时照明线路应经常检查、维护。照明灯具的悬挂高度应离工作面（　　）m以上，低于（　　）m时应设保护罩。

A. 1　　B. 1.5　　C. 2　　D. 2.5

答案：D

5. 用电设备的电源引线长度不得大于（　　）m，当大于时应设便携式开关箱。

A. 4　　B. 5　　C. 6　　D. 7

答案：B

二、判断题

1. 严禁用湿手触摸电源开关以及电气设备。（　　）

答案：√

2. 电源开关外壳和电缆、电线绝缘必须保持完好，有缺陷时暂时使用，尽快消缺。（　　）

答案：×（有缺陷时禁止使用）

3. 生产现场严禁有裸露的电线头，若有裸露的电线，可以视为无电，可以触碰。（　　）

答案：×（若有裸露的电线，均应视为带电，不应触碰）

4. 遇有电气设备着火时，应首先将有关设备的电源切断，然后进行报告，再进行灭火。（　　）

答案：×（然后进行灭火，同时立即报告）

5. 连接电动机械与电动工具的电气回路应设开关或插座，并有剩余电流动作保护装置。移动式电动机械的电源线应使用橡皮护套铜芯软电缆，一个开关可以接两台电动工具。（ ）

答案：×（严禁一个开关接两台及以上电动工具）

6. 临时电源线应使用橡皮护套铜芯软电缆，且不应有接头，严禁使用花线或塑料线。（ ）

答案：√

7. 电源箱箱体应接地良好，接地、接零标志清晰，分级配置的剩余电流动作保护装置应定期检验合格，不宜采用插座式接线方式。（ ）

答案：×（宜采用插座式接线方式）

8. 铜丝、铁丝等可以代替熔体，熔体容量应与熔断器及被保护设备的容量相匹配。（ ）

答案：×（严禁用铜丝、铁丝等代替熔体）

9. 在井坑、沟道内及独立高层构筑物上的警示灯应使用独立的电源。（ ）

答案：√

三、填空题

1. 所有电气设备的金属外壳均应有良好的（ ）装置。使用中不应拆除或对其进行任何工作。

答案：接地

2. 发现有人触电，不应（ ），应首先（ ），使触电人脱离电源，并进行急救，如在高处工作，抢救时必须采取防止（ ）的措施。

答案：盲目施救；切断电源；高处坠落

3. 旋转电动机发生火灾时，禁止使用（ ）和（ ）直接灭火。

答案：干粉灭火器；干沙

4. 对可能带电的电气设备及发电机、电动机等，应使用（ ）、（ ）或（ ）等灭火，600V 以上可能带电的电气设备禁止使用（ ）。

答案：干粉灭火器；CO_2 灭火器；六氟丙烷灭火器；CO_2 灭火器

5. 对油断路器、变压器（已隔绝电源）可使用（ ）或（ ）等灭火，不能扑灭时再用（ ）灭火，不得已时可用（ ）灭火。

答案：干粉灭火器；六氟丙烷灭火器；泡沫灭火器；干沙

6. 地面上的绝缘油着火，应用（ ）灭火。

答案：干沙

7. 临时电源线应正确接线，压接牢靠，并采取防拽脱措施，做到“（ ）”，每次使用前应经试验确认完好。

答案：一机一闸一保护

8. 现场检修电源箱、临时电源箱必须上锁，并能在箱外实现紧急断电。临时电源用电负荷应合理分配，禁止（　　）使用。

答案：超负荷

四、简答题

1. 简述临时电源线的布置要求。

答案：临时电源线应合理布置，禁止接触高温及尖锐物，禁止直接绑挂在金属构件上或放在潮湿的地面上，室内架空高度应大于 2.5m，室外大于 4m，跨越道路时大于 6m。若需放在地面上，应做好防止碾压的措施；对埋地敷设的电缆线路，应设有走向标志和安全警示标识，电缆埋地深度不应小于 0.7m，穿越公路时应加设防护金属套管。靠近热源敷设时，应采取隔热措施。电源线固定应使用绝缘体绑扎。

第4章《6 保证安全的组织措施》考核题

一、单选题

1．已执行的纸质工作票应由各企业指定部门按编号顺序收存，保存期不少于（ ）个月。

A．3　B．6　C．9　D．12

答案：B

2．工作票必须实行（ ）制度，承包单位工作票签发人签发后，发包单位的工作票签发人必须再次审核、签发。

A．双签字　B．双管理　C．双签发　D．双审核

答案：C

3．两份纸质工作票中的一份必须保存在工作地点，由工作负责人收执。另一份由（ ）收执，按值移交。

A．值长　B．值班负责人

C．工作许可人　D．专职监护人

答案：C

4．在同一设备系统、同一安全措施范围内有多个班组同时进行工作时，可以发给（ ）一张工作票，但要详细填明主要工作内容。

A．值长　B．总的负责人

C．工作许可人　D．专职监护人

答案：B

5．工作票一般应在开工前一天、当日消除缺陷的工作票应在开工前（ ）h，送交运行值班负责人。

A．1　B．2　C．3　D．4

答案：A

6．已填写因故不再执行或填写错误等导致工作票作废时，在该份工作票工作任务栏内盖（ ）章。

A．作废　B．不再执行　C．填写错误　D．个人公章

答案：A

7．每张工作票的修改不应超过（ ）处，否则重新填票。

A．1　B．2　C．3　D．4

答案：B

8．工作票“工作终结”栏：工作负责人填写并签名，（ ）签名确认。

A．工作许可人　B．专职监护人　C．总负责人　D．值长

答案：A

9．接到工作票后，（　）应及时对工作票全部内容进行审查，审查发现问题应向工作负责人询问清楚，如安全措施有错误或遗漏，应要求工作票签发人重新签发工作票。

A．工作许可人　B．专职监护人

C．运行值班负责人　D．值长

答案：C

10．根据工作票计划开工时间、安全措施内容、机组启停计划和值长（或单元长）意见，由（　）安排运行值班人员执行工作票所列安全措施。

A．工作许可人　B．专职监护人　C．值班负责人　D．值长

答案：C

11．按照《电力安全工作规程》，离开工作地点超过（　）h 者，必须由原工作票签发人变更新工作负责人，并应做好交接。

A．1　B．2　C．3　D．4

答案：B

12．工作票的有效期，以（　）批准的有效期为准。

A．工作许可人　B．工作票签发人

C．工作负责人　D．值长（值班负责人）

答案：D

13．工作不能按批准工期完成时，工作负责人必须提前（　）h 向工作许可人申明理由，办理申请延期手续。

A．1　B．2　C．3　D．4

答案：B

14．延期手续只能办理（　）次，如需再延期，应重新签发新的工作票。

A．1　B．2　C．3　D．4

答案：A

15．工作完工后，（　）应全面检查并组织清扫、整理工作现场，做到“工完、料净、场地清”，拆除“检修自理的安全措施”，保留运行人员所做的安全措施，确认无误后，带领全体工作班成员撤离工作现场。

A．工作许可人　B．工作票签发人

C．工作负责人　D．值长（值班负责人）

答案：C

16．（　）向工作票签发人汇报工作任务完成情况及存在的问题，并持工作票会同工作许可人共同到现场检查验收。

A. 工作许可人　　B. 工作票签发人

C. 工作负责人　　D. 值长（值班负责人）

答案：C

17. 设备、系统变更后，（　　）应将检修情况、设备变动情况以及运行人员应注意的事项向运行人员进行交代，并在检修交代记录簿或设备变动记录簿上登记清楚后方可离去。

A. 工作许可人　　B. 工作票签发人

C. 工作负责人　　D. 值长（值班负责人）

答案：C

18. 已执行的操作票应由各企业指定部门按编号顺序收存，保存期不少于（　　）个月。

A. 3　　B. 6　　C. 9　　D. 12

答案：B

19. 动火工作票保存期不少于（　　）个月。

A. 3　　B. 6　　C. 9　　D. 12

答案：B

20. 根据火灾危险性、发生火灾损失、影响等因素将动火级别分为（　　）个级别。

A. 一　　B. 二　　C. 三　　D. 四

答案：B

21. 一级、二级动火工作票的签发人、运行许可人、动火工作负责人应每年进行（　　）次考试，考试合格后，经本企业主管生产的领导（总工程师）批准并书面通知相关岗位。

A. 一　　B. 二　　C. 三　　D. 四

答案：A

22. 从事焊接、气割作业的动火执行人必须取得（　　）；其他动火执行人应具备必要的作业技能，经本企业考核合格后上岗作业。

A. 特种作业操作资格证书　　B. 岗位资格证

C. 开工许可证　　D. 上岗证

答案：A

23. 动火前可燃性、易爆气体含量或粉尘浓度检测的时间距动火作业开始时间不应超过（　　）h。

A. 1　　B. 2　　C. 3　　D. 4

答案：B

24. 一级动火作业过程中，应每间隔（　　）min 检测动火现场可燃性、易爆气体含量或粉尘浓度是否合格，当发现不合格或异常升高时应立即停止动火，在未查明原因或排除险情前不得重新动火。

A. 10　　B. 15　　C. 20　　D. 30

答案：B

25. 一级动火工作票一般应提前（　　）h 办理。

A. 2　　B. 4　　C. 6　　D. 8

答案：D

26. 一级动火工作票的有效期为（　　）h。

A. 12　　B. 24　　C. 36　　D. 48

答案：B

27. 二级动火工作票有效期为（　　）h。

A. 60　　B. 90　　C. 120　　D. 180

答案：C

28. 动火执行人、消防监护人同时离开作业现场，间断时间超过（　　）min，继续动火前，动火执行人、消防监护人应重新确认安全条件。

A. 20　　B. 30　　C. 40　　D. 60

答案：B

29. 动土作业票负责人、许可人应每（　　）月进行《电力安全工作规程》及相关制度的培训，并考试合格，经本企业主管生产的领导（总工程师）批准后，书面通知有关工作岗位。

A. 3　　B. 6　　C. 12　　D. 18

答案：C

30. 动土作业票由设备（设施）主管部门保存，已执行的动土作业票保存期不少于（　　）个月。

A. 3　　B. 6　　C. 12　　D. 18

答案：B

31. 挖掘坑、槽、井、沟等作业，在拆除固壁支撑时，应（　　）进行。更换支撑时，应先装新的，后拆旧的。

A. 从上而下　　B. 从下而上　　C. 从左向右　　D. 从右向左

答案：B

32. 多人同时挖土作业时，应相距（　　）m 以上。作业人员发现异常时，应立即撤离作业现场。

A. 2　　B. 3　　C. 4　　D. 6

答案：A

33．在危险场所动土作业时，应与（　　）建立联系，当生产场所发生突发性事件时，应立即通知动土作业人员停止作业，迅速撤离现场。

A．工作许可人　　B．运行值班人员

C．工作负责人　　D．值长（值班负责人）

答案：B

34．有限空间作业票由设备（设施）主管部门保存，已执行的有限空间作业票保存期不少于（　　）个月。

A．3　　B．6　　C．12　　D．18

答案：B

35．停（送）电申请单应保存在执行停（送）电措施的班组，保存期不少于（　　）个月。

A．3　　B．6　　C．12　　D．18

答案：B

二、多选题

1．风险管控级别分为（　　）。

A．重大风险　　B．较大风险　　C．一般风险　　D．低风险

答案：ABCD

2．在热力机械和热控设备系统上进行安装、检修、维护和试验等工作，需要对设备系统采取安全措施或需要运行人员在运行方式、操作调整上采取保障人身、设备安全措施的工作时，应分别填用（　　）。

A．热力机械工作票　　B．风险辨识卡

C．开工许可　　D．热控工作票

答案：AD

3．各企业应每年对工作票中的工作负责人、工作票签发人、工作许可人进行（　　）的培训和考试，考试合格的，经本企业主管生产的领导（总工程师）批准，并书面通知相关岗位。

A．安全规程　　B．运行规程　　C．检修规程　　D．生产技能

答案：ABC

4．各企业应明确热工控制系统安全措施票的填票人、操作人、监护人、审批人的（　　），经本企业主管生产的领导（总工程师）审批，并书面通知相关岗位。

A．资格　　B．权限　　C．岗位　　D．年龄

答案：AB

5．下列属于工作票签发人安全职责的是（　　）。

A．确认工作是否必要和可能

B．确认工作票上所填安全措施是否正确完备

C．确认所派工作负责人和工作班成员是否适当和足够，精神状态是否良好，能否胜任所承担的工作

D．经常到现场检查工作是否安全进行

答案：ABCD

6．下列属于工作票工作许可人安全职责的是（　　）。

A．审查工作票所列安全措施是否正确、完备，是否符合现场实际安全条件

B．确认工作现场布置的安全措施是否完善，必要时予以补充

C．检查检修设备与运行设备确已隔断，安全措施确已正确执行

D．会同工作负责人到现场共同确认工作票所列安全措施已正确执行

答案：ABCD

7．下列属于工作票值班负责人安全职责的是（　　）。

A．接收工作票，并审查工作的必要性

B．审查工作票所列工作负责人、工作票签发人是否具备资格

C．审查工作任务内容是否填写详细、清楚，设备名称和设备编号是否正确

D．审查工作票所列安全措施、注意事项是否正确完备

答案：ABCD

8．下列属于工作票值长安全职责的是（　　）。

A．对工作负责人具体指明哪些设备有压力、高温和有爆炸危险

B．审查工作的必要性

C．审查工作票所列安全措施、注意事项是否正确完备

D．根据批准权限，批准工作结束时间和工作延期时间

答案：BCD

9．下列属于工作票工作班成员安全职责的是（　　）。

A．工作开工前参加风险辨识，熟悉工作任务及安全风险、管控措施和注意事项，并在作业风险分级管控卡相应栏内确认签名

B．认真执行《电力安全工作规程》有关要求和现场安全措施

C．遵守安全规程和规章制度，规范作业行为，确保自身、他人和设备安全

D．正确使用安全工器具和劳动保护用品

答案：ABCD

10．需要变更工作负责人时，原工作票签发人将变更情况通知工作许可人，在工作票“工作负责人变更”栏内填写离去和变更后新的工作负责人（　　），工作票签发人、工作许可人签名。

A．姓名　　B．变更日期　　C．变更时间　　D．变更原因

答案：ABC

11. 下列情况中，应重新签发工作票，并重新履行工作许可手续的是（ ）。

A. 部分检修的设备将加入运行时

B. 值班人员发现检修人员严重违反安全工作规程或工作票内所填写的安全措施，制止检修人员工作并将工作票收回时

C. 必须改变检修与运行设备的隔断方式或改变工作条件时

D. 检修工作延期一次后仍不能完成，需要继续延期者

答案：ABCD

12. 工作票中“工作负责人变更”栏：工作票签发人在纸质票上填写，（ ）在纸质工作票上确认签名。

A. 工作许可人　B. 原工作负责人　C. 现工作负责人　D. 值长

答案：ABC

13. （ ）或（ ），应根据现场的安全条件、施工范围、工作需要等具体情况，增设专职监护人和确定被监护的人员。

A. 工作许可人　B. 工作票签发人　C. 工作负责人　D. 值长

答案：BC

14. （ ）现场检查确认无误后，在工作票上填写工作结束时间，双方签名，工作方告终结。

A. 工作许可人　B. 工作票签发人　C. 工作负责人　D. 值长

答案：AC

15. 各企业应明确填用热机操作票的具体任务清单，以及相应的（ ）名单，经企业主管生产的领导（总工程师）批准后，书面通知有关工作岗位。

A. 工作许可人　B. 监护人　C. 工作负责人　D. 操作人

答案：BD

16. 下列操作应填用操作票是（ ）。

A. 锅炉的启动与停止　B. 循环水泵等的启动与停止

C. 汽轮机冷油器的投入和停用　D. 氢冷发电机的气体置换

答案：ABCD

17. 下列操作可不填用操作票的是（ ）。

A. 锅炉、汽轮机的启动与停止　B. 事故处理

C. 开、关单一阀门　D. 按下单一操作按钮

答案：BCD

18. 下列属于操作票中操作人安全职责的是（ ）。

A. 正确填写操作票

B．正确执行操作票和监护人的指令

C．在操作过程中出现疑问及异常时，应立即停止操作并汇报

D．单人操作时，对操作的正确性负责

答案：ABCD

19．下列属于操作票中操作监护人安全职责的是（　　）。

A．审查操作票的正确性

B．按操作票顺序正确发出操作命令并监护执行

C．会同操作人对执行操作指令的正确性负责，监护人负主要责任

D．在操作过程中出现疑问及异常时，应立即停止操作，并汇报值长（值班负责人）

答案：ABCD

20．下列属于值长（值班负责人）安全职责的是（　　）。

A．指派适当人员担任操作人、监护人

B．审核并批准操作票

C．对整个操作任务的正确性负责

D．在操作过程中出现疑问及异常时，应立即停止操作，并汇报上级领导

答案：ABC

21．填写操作票时，下列项目应填入操作票的是（　　）。

A．应关闭或开启的汽（气）、水、油等热力系统的阀门

B．应打开的泄压阀（闸）门

C．按规定应加锁的阀（闸）门

D．要求值班人员在运行方式、操作调整上采取的其他措施

答案：ABCD

22．（　　）是操作票制度执行的监督考核部门，对执行全过程进行监督，并对责任部门进行考核。

A．运行管理部门　　B．安全监督部门

C．生产技术部门　　D．人力资源部门

答案：AB

23．在（　　）区域动火作业，应填用动火工作票。

A．防火重点部位或场所　　B．禁止明火区

C．办公区域　　D．员工宿舍

答案：AB

24．下列属于一级动火区的是（　　）。

A．废油储放区

B．制氢站围墙内

C．储存过可燃气体、易燃液体的容器及与此连接的系统和辅助设备

D．电缆间

答案：ABCD

25．下列属于二级动火区的是（　　）。

A．通信机房　　B．档案室　　C．调度室　　D．控制室

答案：ABCD

26．消防监护人应由本企业（　　）或（　　）担任。

A．专职消防员　　B．志愿消防员

C．安监负责人　　D．生产负责人

答案：AB

27．外协用工人员在生产现场动火时，（　　）及（　　）应符合相应条件，并经过考试、审核合格。

A．动火工作负责人　　B．动火执行人

C．监护人员　　D．动火许可人

答案：AB

28．下列属于动火工作票各级审批人员及动火工作票签发人安全职责的是（　　）。

A．审查动火工作的必要性和安全性

B．审查申请动火工作时间的合理性

C．审查动火工作票上所列安全措施是否正确、完备

D．审查动火工作负责人、动火执行人是否符合要求

答案：ABCD

29．下列属于动火工作票动火运行许可人安全职责的是（　　）。

A．核实动火工作时间、部位

B．核实动火工作票所列有关安全措施是否正确、完备，是否符合现场条件

C．核实动火设备是否与运行设备确已隔绝，是否完成相应安全措施

D．向动火工作负责人交代运行所做的安全措施

答案：ABCD

30．下列属于动火工作票消防监护人安全职责的是（　　）。

A．检查动火现场是否配备必要、足够、有效的消防设施、器材

B．检查现场防火和灭火措施是否正确、完备

C．检查动火部位或现场可燃性、易爆气体含量、粉尘浓度是否符合安全要求

D．始终监督现场动火作业情况，如发现违章应立即制止，发现起火及时扑救

答案：ABCD

31．下列情况中，严禁动火的是（　　）。

A．油船、油车停靠区域

B．压力容器或管道未泄压前

C．存放易燃易爆危险物品的容器未清理干净

D．作业现场附近堆有易燃易爆物品，未彻底清理或者未采取有效安全措施前

答案：ABCD

32．下列情况中，严禁动火的是（　　）。

A．风力达5级以上的露天动火作业

B．附近有与明火作业相抵触的工种在作业

C．遇有火险异常情况未查明原因和消除前

D．带电设备未停电前

答案：ABCD

33．纸质动火工作票一式三份，（　　）各执一份。

A．动火工作负责人　　B．动火执行人

C．监护人员　　D．运行许可人

答案：ABD

34．一级动火时，（　　）必须始终在现场监护。

A．工作负责人　　B．消防监护人

C．动火部门（车间）安全监督人员　　D．运行许可人

答案：ABC

35．二级动火时，（　　）必须始终在现场监护。

A．工作负责人　　B．消防监护人

C．动火部门（车间）安全监督人员　　D．运行许可人

答案：AB

36．动火作业完毕，（　　）应清理现场，确认无残留火种等，确认安全后，在动火工作票上填明动火工作结束时间，经各方签名，盖“已终结”印章，动火工作方告终结。

A．工作负责人　　B．消防监护人

C．动火执行人　　D．运行许可人

答案：ABC

37．办理有限空间作业票应在履行工作票（主票）手续（　　）或（　　）进行。

A．之前　　B．同时

C．之后　　D．之前、之后均可

答案：BC

38．下列关于工作负责人、操作监护人、工作班成员及相关负责人的风险分级管控职责的描述，正确的有（　　）。

A．工作负责人、操作监护人负责在开工前组织工作班成员进行风险辨识，制订风险管控措施

B．工作负责人、操作监护人应在开工前对工作班成员交代作业已采取的安全措施、作业现场风险及管控措施，并确认每一位工作班成员都已知晓

C．工作班成员应熟悉工作内容、工作流程

D．操作监护人应在操作开始前与操作人共同检查、确认风险辨识及管控措施已执行

答案：ABCD

39．工作终结前，设备需进行送电试运的，应遵守的安全要求包括（　　）。

A．全体工作人员撤离工作地点

B．工作负责人和运行值班人员应进行全面检查

C．如试运后工作需要改变原工作票安全措施范围时，应重新签发新的工作票

D．以口头方式联系试运设备

答案：ABC

40．下列关于动土作业施工安全要求的描述，正确的有（　　）。

A．动土施工现场设置安全围栏、盖板和“禁止入内”“当心坑洞”“当心坠落”等安全警示标志牌

B．动土作业应按动土作业票的内容进行

C．经现场负责人同意，采取安全措施后，可变更动土作业内容、扩大作业范围或转移作业地点

D．动土作业中如暴露出电缆、管线及不能辨认的物品时，应立即停止作业

答案：ABD

三、判断题

1．对电力生产区域、人员、设备安全可能造成直接影响的工作，如土建、装修、防腐、保温、搭设及拆除脚手架等工作应填用热控工作票。（　　）

答案：×（应填用热力机械工作票）

2．负压系统、油系统、温度超过 50℃或带压设备上测量仪表的检修和校验工作应填用热力机械工作票。（　　）

答案：×（应填用热控工作票）

3．在危及人身和设备安全的紧急情况下，可不填用工作票进行处置，但必须由运行值班负责人（或值长）将采取的安全措施、工作负责人姓名、工作开始时间、工作结束时间、处理情况和没有工作票而必须进行工作的原因记入值班记录簿。（　　）

答案：√

4. 合同期半年及以上的承担检修、维护、施工、安装任务的承包单位的有关人员，资格符合要求的，可以担任发包单位相关工作的工作票签发人、工作负责人，但发包单位必须对其进行培训，考试合格者取得相应资格，并书面通知相关岗位。（　　）

答案：×［长期（指合同期一年及以上）承担检修、维护、施工、安装任务的承包单位的有关人员，资格符合要求的，可以担任发包单位相关工作的工作票签发人、工作负责人］

5. 工作票应使用统一格式，各企业可以根据实际情况进行补充和删减。（　　）

答案：×（各企业可以根据实际情况进行补充，但不应删减）

6. 工作票应统一编号，按顺序使用，编号原则由各企业自行确定。纸质工作票应在印刷时排印编号，每份工作票的编号应是唯一的。（　　）

答案：√

7. 一份工作票中，工作票签发人、工作负责人和工作许可人三者不应相互兼任。（　　）

答案：√

8. 一个工作负责人只能担任一项工作任务的工作负责人，担任工作负责人期间可以担任其他工作任务的工作组成员。（　　）

答案：×（担任工作负责人期间不得担任其他工作任务的工作组成员）

9. 在不同地点同一设备系统依次进行同类型的检修工作时，不可以使用一张工作票，应分别办理工作票。（　　）

答案：×（如全部安全措施能在工作开始前一次完成，可以使用一张工作票；如全部安全措施不能在工作开始前一次完成，应分别办理工作票）

10. 工作票中工作负责人、工作许可人中一方同意批准，可变更安全措施。（　　）

答案：×（工作负责人、工作许可人任何一方不得擅自变更安全措施）

11. 工作票中的工作内容由工作负责人决定和更改。（　　）

答案：×（工作负责人不得擅自扩大工作内容）

12. 工作票只能由工作负责人填写，填写后交工作票签发人审核。（　　）

答案：×（工作票一般由工作负责人填写，也可由工作票签发人填写）

13. 纸质工作票应用钢笔或签字笔填写，一式两份，填写应正确清楚，使用标准的术语，设备名称、设备编号、连接片、插头、操作动词、日期、时间、人员姓名一旦填写，不准修改。（　　）

答案：×（不应涂改，如有其他个别错、漏字需要修改时，应字迹清楚）

14. 工作票中不需要做安全措施的，则在相应栏内留着空白即可。（　　）

答案：×（在相应栏内填写“无”，不应空白）

15．多个班组工作时，由总工作负责人向各工作班成员交代。（　　）

答案：×（由总工作负责人向各班组负责人交代，再由班组负责人向各自工作班成员交代）

16．开工后，工作负责人（监护人）应始终在现场履行自己的安全职责，及时纠正工作人员的不安全行为，不得参加工作班工作。（　　）

答案：×［开工后，工作负责人（监护人）在确认安全措施可靠、不致影响人身和设备安全的情况下，可以参加工作班工作］

17．专职监护人不应兼做其他工作。（　　）

答案：√

18．专职监护人临时离开时，应通知被监护人员认真工作。（　　）

答案：×（通知被监护人员停止工作或离开工作现场，待专职监护人回来后方可恢复工作）

19．工作期间，工作负责人若因故暂时离开工作现场超过 1h，必须由原工作票签发人变更新工作负责人，并应做好交接。（　　）

答案：×（工作期间，工作负责人若因故离开工作地点超过 2h，必须由原工作票签发人变更新工作负责人，并应做好交接）

20．在未办理工作票终结手续以前，任何人不得将检修设备投入运行。（　　）

答案：√

21．只有在同一停役隔离系统的所有工作票都已终结，并得到值班负责人许可指令后，方可进行复役操作。（　　）

答案：√

22．监护操作可不填用操作票，按照有关规范执行，或使用经批准的标准操作票。（　　）

答案：×（监护操作应填用操作票，单人操作可不使用操作票）

23．每份操作票只能填写一个操作任务，操作任务和内容应填写完整的设备名称和编号，并使用标准术语。（　　）

答案：√

24．操作人和监护人在操作中应认真执行监护复诵制度，按操作票填写的顺序逐项操作，每操作完一项，应检查无误后在对应的栏目内打“√”，对较大、关键项目（如点火、冲转、启动设备、打开关闭阀门、投入退出保护等）应记录操作时间。（　　）

答案：√

25．监护操作时，监护人应自始至终认真监护，不得离开操作现场或进行其他工作。（　　）

答案：√

26．操作人员在操作过程中，有监护人在场，可以自由操作，严禁监护人动手操作。（　　）

答案：×（操作人员在操作过程中不应有任何未经监护人同意的操作行为）

27．操作中产生疑问时，应立即停止操作并向发令人报告，待发令人明确答复后，方可继续操作。监护人和操作人可以根据工作需要修改操作票。（　　）

答案：×（不得自行修改操作票）

28．当班操作中途可根据工作需要换人，操作人、监护人不得做与操作无关的事情。（　　）

答案：×（当班操作中途不得换人）

29．气体或粉尘浓度检测的部位和所采集的样品应具有代表性，必要时分析的样品应留存到动火结束。（　　）

答案：√

30．动火工作票签发人可以兼任该项工作的工作负责人。动火工作票由动火工作负责人填写。（　　）

答案：×（不应兼任）

31．一级动火工作票由本企业安全监督部门负责人、消防管理部门负责人审核，本企业主管生产的领导（总工程师）批准，必要时还应报当地消防部门批准；二级动火工作票由动火部门（车间）安全监督人员、本企业消防管理人员审核，动火部门负责人或技术负责人批准。（　　）

答案：√

32．未在批准的有效期内进行动火工作，可申请延期动火工作票。（　　）

答案：×（必须在批准的有效期内进行动火工作，需延期时应重新办理动火工作票）

33．停（送）电工作应有书面依据，并应做好记录，可以口头联系或约时停（送）电。（　　）

答案：×［严禁口头联系或约时停（送）电］

四、填空题

1．实施检修、操作任务前，应对作业任务全过程进行（　　）。

答案：风险辨识

2．填用工作票、操作票时，应同时填用作业（　　），或采用与工作票、操作票融合的形式。

答案：风险分级管控卡

3．复杂的保护装置或有联跳回路的保护装置，如锅炉 FSSS 保护、汽轮机主保护等的现场维护、解投、校验工作，还应填用（　　）。

答案：热工控制系统安全措施票

4．执行安全措施中若工作许可人所在班组不具备相应的停（送）电工作资格，应办理（　　）。

答案：停（送）电申请单

5．企业应编制需要填用热力机械工作票、热控工作票和热工控制系统安全措施票的（　　），经本企业主管生产的领导（总工程师）批准后，书面通知有关工作岗位。

答案：具体工作任务清单

6．一台机组的一组热力设备或一个管路系统的检修工作，若能全部有效采取隔离、泄压、放水、降温等安全措施时，可以签发（　　）份工作票。

答案：一

7．工作票中在工作班成员接受交代签名栏内，各个班组所有工作班成员应接受安全交代并在作业风险分级管控卡签名栏内（　　）。

答案：确认签名

8．工作票签发人或者工作负责人组织全体工作班成员对作业全过程进行（　　），评估（　　），制订（　　）和安全注意事项，填入工作票。

答案：风险辨识；风险等级；风险控制措施

9．工作票许可手续完成后，工作负责人（监护人）应向工作班成员交代工作内容、人员分工、危险部位和现场安全措施，进行安全风险告知，并履行（　　），工作班方可开始工作。

答案：确认手续

10．操作票由（　　）填写，（　　）审核，值班负责人或其他经企业审批的人员审查批准后执行。

答案：操作人；监护人

11．操作前应核对实际运行方式，核对系统图，明确操作任务和操作目的，必要时应向（　　）或（　　）询问，确认无误。

答案：监护人；值班负责人

12．（　　）和（　　）核对所填写的操作项目是否正确，核对无误后分别签名，送交审批人签字批准。

答案：监护人；操作人

13．操作过程中如因设备缺陷或其他原因而中断操作时，应待缺陷处理好后继续操作；如缺陷暂时无法处理且对下面的操作安全无影响时，经（　　）书面同意后方可继续操作，未操作的项目应在备注栏内注明原因。

答案：发令人

14．作废的操作票应注明“（　　）”字样，未执行的应注明“（　　）”字样，操作完毕的操作票应在终止符上盖“（　　）”章。

答案：作废；未执行；已执行

15．不填用操作票的操作任务在完成后，（　　）必须在值班记录簿内做好详细记录。

答案：值班负责人

16．动火作业应落实（　　），应包括对管道、设备、容器等的隔离、封堵、拆除、阀门上锁、挂牌、清洗、置换、通风、停电及检测可燃性、易爆气体含量或粉尘浓度等。

答案：动火安全技术措施

17．动火点与易燃易爆物容器、设备、管道等相连的，应与其可靠隔离、封堵或拆除，与动火点直接相连的阀门应上锁挂牌，检测动火点（　　）应合格。

答案：可燃气体含量

18．在易燃易爆物品周围进行动火作业，应保持足够的安全距离，确保（　　）良好，使可能泄漏的气体能顺畅排走，如有必要，检测动火场所可燃气体含量应合格。

答案：通排风

19．动火工作票由动火工作票（　　）或其指派的动火工作负责人填写。

答案：签发人

20．一级动火作业在首次动火时，（　　）和（　　）均应到现场检查防火安全措施是否完备，可燃气体、易燃液体的可燃蒸气含量或粉尘浓度是否合格，并在监护下做明火试验，确无问题后方可动火作业。

答案：各级审批人；动火工作票签发人

21．外协用工人员在生产现场动火时，应由本企业具备资格人员按动火等级履行动火工作票审查手续，并派本企业（　　）现场监督。

答案：安全监督、消防管理及设备管辖人员

22．一级、二级动火作业，在次日动火前必须重新测定（　　），合格后方可重新动火。

答案：可燃性、易爆气体含量或粉尘浓度

23．所有动火工作票随检修工作票一同保存。一级动火票一份留存班组，一份交给（　　）；二级动火一份留在班组，一份交给（　　）。

答案：企业消防管理部门；动火部门（车间）

24．挖掘坑、槽、井、沟等作业，作业时应注意对（　　）的检测，保持通风良好。发现（　　）时，应采取可靠的安全措施后，方可施工。

答案：有毒有害物质；有毒有害气体

25．各企业应制订需要执行有限空间作业项目清单，经本企业主管生产的领导（总工程师）批准后，（　　）有关工作岗位。

答案：书面通知

26．各企业应根据风险辨识结果对有限空间作业进行分级管控。对可能含有有毒有害、易燃易爆介质的容器内的有限空间作业应列为（ ）；对金属容器内或潮湿环境内的有限空间作业应列为（ ）。

答案：重大风险；较大风险

五、简答题

1．简述作业风险辨识内容。

答案：（1）因人的作业行为不当、安全技能不足、精神状态不良等可能导致的风险。

（2）因设备设施系统、机具的不安全状态等可能导致的风险。

（3）因作业环境不良、防范措施不完善等可能导致的风险。

（4）因作业过程组织、协调、管理不善等因素可能导致的风险。

（5）其他风险。

2．简述工作票签发人必须具备的条件。

答案：（1）熟悉设备系统及设备性能。

（2）熟悉《电力安全工作规程》、检修制度及运行规程的有关部分。

（3）掌握人员安全技术条件。

（4）了解检修工艺。

3．简述工作票中工作负责人必须具备的条件。

答案：（1）熟悉《电力安全工作规程》的有关部分。

（2）掌握检修设备情况（如结构、性能等）及与检修设备有关的系统。

（3）掌握安全施工方法、检修工艺和质量标准。

4．简述工作票中工作许可人必须具备的条件。

答案：（1）熟悉所辖设备系统及设备性能。

（2）熟悉《电力安全工作规程》及运行规程的有关部分。

（3）有能力正确执行、检查安全措施。

5．简述工作票工作负责人（监护人）的安全职责。

答案：（1）正确、安全地组织工作，对工作人员给予必要指导。

（2）检查工作票所列安全措施、注意事项是否正确完备，会同工作许可人检查所有安全措施的执行情况，是否达到全过程安全检修工作条件，是否符合现场实际。

（3）工作前对工作班成员交代工作任务及安全风险、管控措施和注意事项，并对其完备性负责。督促所有工作班成员在作业风险分级管控卡相应栏内确认签名；结合实际对工作班成员进行安全思想教育。

（4）随时督促、监护工作班成员遵守《电力安全工作规程》和安全措施。

（5）确认工作班成员精神状态是否良好、工作班成员变更是否合适。

6．简述工作票中专职监护人的安全职责。

答案：（1）明确被监护人员和监护范围。

（2）每次工作前对被监护人交代安全措施，告知风险及管控措施、安全注意事项。

（3）监督被监护人员执行《电力安全工作规程》和现场安全措施，及时纠正不安全行为。

7. 工作许可人会同工作负责人到现场对照工作票所列安全措施逐项检查，确认所做的安全措施完善和正确执行后，工作班开始工作前，还应完成哪些工作？

答案：（1）对工作负责人指明采取的隔离措施，确认检修设备确已泄压、降温和没有汽、水、油或燃气等介质流入的危险。

（2）验明检修设备确无电压。

（3）对工作负责人指明哪些设备有压力、高温和爆炸、触电等危险因素，交代工作过程中的注意事项。

（4）对工作负责人指明带电设备的位置和注意事项。

（5）与工作负责人在工作票上分别确认、签名。

8. 简述动火工作票中动火工作负责人的安全职责。

答案：（1）正确、安全地组织动火工作。

（2）确认动火安全措施是否正确、完备，是否符合现场实际条件，必要时进行补充。

（3）核实动火执行人是否持有允许进行焊接与热切割作业的有效证件，督促其在动火工作票上签名。

（4）向有关人员布置动火工作，交代危险因素、防火和灭火措施。

（5）始终监督现场动火工作。

（6）办理动火工作票开工和终结手续。

（7）动火工作间断、终结时检查现场有无残留火种。

9. 简述动火工作票中动火执行人的安全职责。

答案：（1）在动火前应收到经审核批准且允许动火的动火工作票。

（2）核实动火时间、动火部位。

（3）做好动火现场及本工种要求做好的防火措施。

（4）全面了解动火工作任务和要求，在规定的时间、范围内进行动火作业。

（5）发现不能保证动火安全时应停止动火，并报告部门（车间）负责人。

（6）动火工作间断、终结时清理并检查现场有无残留火种。

10. 简述动火作业的安全措施。

答案：（1）动火作业前应清除动火现场、周围及上下方的易燃易爆物品。

（2）高处动火应采取防止火花溅落措施，并应在火花溅落的部位安排监护人。

（3）动火作业现场应配备足够、适用、有效的灭火设施、器材。

（4）应辨别危害因素，进行风险评估，必要时编制安全工作方案及火灾现场处置预案。

（5）各级人员发现动火现场消防安全措施不完善、不正确，或在动火工作过程中发现有危险或有违反规定现象时，应立即阻止动火工作，并报告消防管理或安全监督部门。

11．简述一级动火工作票经批准后，允许实施的动火条件。

答案：检查应配备的消防设施和采取的消防措施、安全措施已符合要求，可燃性、易爆气体含量或粉尘浓度检测合格，动火执行人、消防监护人、动火工作负责人、动火部门负责人、企业安全监督部门负责人、企业主管生产的领导（总工程师）分别在动火工作票签名确认，并由企业主管生产的领导（总工程师）填写允许动火时间。

第 5 章《7 保证安全的技术措施》考核题

一、单选题

1．在有限空间（燃烧室、容器、管道等）内作业，作业前应采取充分的通风换气措施，使该环境空气中含氧量在作业过程中始终保持在（　　）。

A．16%～19.5%　　B．19.5%～21%

C．21%～24.5%　　D．24.5%～28%

答案：B

2．在氢冷发电机及其氢冷系统进行检修、试验工作，在做好可靠的隔离措施后，应用 CO_2、N_2 或其他惰性气体对工作的系统进行置换、吹扫，经排放管将残留的氢气或其他可燃气体排放到屋顶（　　）m 以上。

A．1　　B．2　　C．3　　D．4

答案：B

二、多选题

1．进入锅炉燃烧室或烟道前，应先打开各人孔门，充分（　　），满足条件后方可进入工作。

A．通风　　B．降温　　C．排尘　　D．除湿

答案：ABC

2．在盛装易燃易爆和有毒有害介质的容器、系统内，工作前应做好（　　）的措施。

A．置换　　B．吹扫　　C．除湿　　D．清洗

答案：ABD

三、判断题

1．设备运行时可执行停电措施。（　　）

答案：×（设备停止运行后方可执行停电措施）

2．在下水沟（含除灰沟）、疏水沟或敷设有汽、水等管道、阀门的地下沟道和井下进行检修工作，应关闭可能向工作地点流入蒸汽或水等介质的所有阀门或闸板，并做好防止突然开启的措施，如需冲洗沟道，先清点人数和工器具无误后，工作人员再撤离，再开启有关阀门或闸板。（　　）

答案：×（如需冲洗沟道，工作人员应先撤离，清点人数和工器具无误后，再开启有关阀门或闸板）

3．泄压前应先检查确认检修的设备、系统确已可靠隔离；泄压操作时，人员应正对压力释放的方向。（　　）

答案：×（人员不应正对压力释放的方向）

4. 若关闭的阀门后的管段仍有汽、水等介质流动的声音等现象，但压力表指示在“零”位，则认为设备和系统内部无压力，可以开工。（ ）

答案：×（应认为设备和系统内部仍有压力，在未查明原因前，不应开工）

5. 不得随意移动、变动或拆除临时遮栏、安全警示标志牌等设施，在必须拆除方能工作时，应采取不间断监护等措施。（ ）

答案：√

四、填空题

1. 从事电源线拆接等工作时，必须由（ ）操作。

答案：有资质的电工

2. 转动机械设备的检修，应关闭阀门、闸板、挡板，切断可能进入的（ ），包括汽、气、水、油、烟、风、粉、煤、灰等。

答案：介质

3. 设备或系统隔离时，应先关闭（ ）压侧阀门。

答案：高

4. 氢气及油等易燃、易爆或可能引起人员中毒、窒息的系统检修，应关闭有关阀门，在关闭的门后加装带尾巴的堵板（盲板），确认无（ ）。

答案：泄漏

5. 在设备内部工作，如设备下部有与系统连接的管口、孔洞等，应对这些管口、孔洞采取（ ）措施。

答案：封闭隔离

6. 设备检修前，应放尽设备及相关系统内的工作介质，确认已（ ）并符合其他工作条件后，方可开始工作。

答案：泄压

7. 在可能存在火灾、爆炸、中毒、窒息、灼烫伤、粉尘等危险有害因素场所或设备内工作，应首先做好（ ）。

答案：通风措施

8. 进入容器内部工作前，应打开各孔口进行（ ）。

答案：通风换气

9. 工作人员进入地下井、坑、孔、洞、管沟、排水沟、阀门井、电缆隧道和地下室等场所之前，应使用检测仪器或其他方式检测（ ），合格后方可进入工作。

答案：含氧量及有毒有害气体含量

10. 对油系统及其他设备、管道中未排尽的易燃、有毒液（气）体，一般使用（ ）或（ ）进行吹扫清除，不应使用（ ）吹扫。

答案：蒸汽；惰性气体；压缩空气

11．在禁火区域内动火或在可能存在易燃易爆、有毒有害气体的场所内作业，应做好（　　）与（　　）。

答案：检测；分析

12．检修或施工现场临近高温、陡坎、井、坑、孔、洞及高压带电区等场所，均应分别设置临时遮栏及“当心烫伤”“当心坠落”“当心坑洞”“止步　高压危险”等（　　）；夜间应设红色警示灯，必要时应派专人看守。

答案：安全警示标志牌

第6章《8　工器具的使用》考核题

一、单选题

1．大锤和手锤的锤头应完整，其表面应光滑微凸，不应有歪斜、缺口、凹入及裂纹等情形。锤柄应用整根的硬木制成，头部用楔栓固定，楔栓应采用金属楔，楔子长度不应大于安装孔的（　　）。

A．1/4　　B．1/3　　C．1/2　　D．2/3

答案：D

2．台虎钳的钳把不应用套管接长加力或用手锤敲打，所夹工件不应超过钳口最大行程的（　　）。

A．1/4　　B．1/3　　C．1/2　　D．2/3

答案：D

3．安全带使用期为（　　）年，发现异常应提前报废。

A．1～2　　B．2～4　　C．3～5　　D．4～6

答案：C

4．使用防毒面具时，空气中 O_2 浓度不应低于（　　）。

A．17.5%　　B．19.5%　　C．21.5%　　D．23.5%

答案：B

5．电动工具应由专人保管，每（　　）个月测量一次绝缘，绝缘不合格或电线破损的不应使用。

A．3　　B．6　　C．9　　D．12

答案：B

6．剩余电流动作保护装置应每（　　）个月进行一次试验检查，每次使用前确认动作正常。

A．3　　B．6　　C．9　　D．12

答案：B

7．在金属容器（如汽包、凝汽器、槽箱等）内或工作潮湿、含有酸类的场地上工作时，应使用（　　）V 以下的电动工具，或选用Ⅱ类手持式电动工具。必须设专人不间断监护，监护人可以随时切断电动工具的电源。

A．220　　B．110　　C．48　　D．24

答案：D

8．长期停用或新领用的电动工具，应用 500V 的绝缘电阻表测量其绝缘电阻，如带电部件与外壳之间的绝缘电阻值达不到（　　）MΩ，应进行维修处理。

A．1　　B．2　　C．3　　D．4

答案：B

9．气压大于（　）MPa 时，不应用供气管路中的压缩空气清洁机器和吹扫。

A．0.1　　B．0.2　　C．0.3　　D．0.4

答案：B

10．砂轮机使用前必须检查砂轮片，应无裂纹及其他缺陷。砂轮片磨损到原直径的（　）时，必须更换。

A．1/4　　B．1/3　　C．1/2　　D．2/3

答案：B

11．砂轮应使用法兰盘固定，法兰盘的直径应大于砂轮直径的（　）。

A．1/4　　B．1/3　　C．1/2　　D．2/3

答案：B

12．固定式砂轮机防护罩在轮轴水平中心线以上开口角度大于 30°时，应装设挡屑板。挡屑板安装于防护罩开口正端，宽度大于砂轮防护罩宽度，与砂轮圆周的间隙应小于（　）mm。

A．3　　B．6　　C．9　　D．12

答案：B

13．固定式砂轮机托架高度不超过砂轮轴水平中心线，与砂轮圆周的最大间隙应不大于（　）mm。

A．3　　B．6　　C．9　　D．12

答案：A

14．角向磨光机的砂轮应选用增强纤维树脂型，其安全线速度不应小于（　）m/s。

A．30　　B．60　　C．80　　D．100

答案：C

15．使用手提电动砂轮、坡口机，应选用结构特性符合削磨材料的砂轮，选用可调式砂轮防护罩，其圆周和侧面的最大外露角不应大于（　）。

A．90°　　B．120°　　C．150°　　D．180°

答案：D

二、多选题

1．安全工器具必须选用有资质生产厂家的合格产品，应有（　）。

A．产品铭牌　　B．产品合格证

C．产品保修卡　　D．使用说明书

答案：ABD

2．在有可能对眼、面部造成伤害的场所使用气动工具时，操作人员应佩戴（　）。

A．防护眼镜　　B．其他眼部防护用品
C．其他面部防护用品　　D．耳塞

答案：ABC

3．使用射钉枪前应检查各部件情况完好，应有（　　）。

A．产品铭牌　　B．产品使用许可证
C．出厂试验合格证　　D．使用说明书

答案：ABC

三、判断题

1．锉刀、手锯、木钻、螺丝刀等的手柄应安装牢固，没有手柄时可暂时使用并尽快修复。（　　）

答案：×（没有手柄的不得使用）

2．速差自控器外观应平滑，无材料和制造缺陷，无毛刺和锋利边缘；各部件应完整无缺失，无伤残破损。（　　）

答案：√

3．使用电动工具的人员必须经过培训，了解其结构和性能，熟练掌握使用方法。不熟悉电动工具使用方法的工作人员不得擅自使用。（　　）

答案：√

4．在有易燃气体和液体、粉尘和煤尘等的环境中，使用能够产生火花的电动工具需要开工作票。（　　）

答案：×（不得在有易燃气体和液体、粉尘和煤尘等的环境中使用能够产生火花的电动工具）

5．电动工具的电源线禁止接触热体、尖锐物体、腐蚀性物品或放在潮湿的地面上，经过通道时必须采取架空或套管等保护措施，有保护措施后，重载车辆或重物方可压在电线上。（　　）

答案：×（严禁重载车辆或重物压在电线上）

6．在使用电动工具工作中，因故离开工作场所或暂时停止工作以及遇到临时停电时，必须切断电源。（　　）

答案：√

7．工作结束应先关闭电动工具的电源，必要时可以侧压转动部分的方式来制动，待转动部分完全静止后方可将其放下。（　　）

答案：×（禁止以侧压转动部分的方式来制动）

8．使用电钻等电动工具时应戴绝缘手套。装卸钻头应在断电情况下进行，应使用专用钥匙，不得用锤子或其他物件敲击。（　　）

答案：√

9．气动工具的送风软管必须与工具连接牢靠；连接前应把软管吹净；只有在停止送风时才可拆装软管；工作中可以采用折弯软管的方法停止供气。（　　）

答案：×（工作中禁止采用折弯软管的方法停止供气）

10．禁止使用氧气瓶等高压气源作为气动工具的气源。（　　）

答案：√

11．使用无齿锯时，操作人员应站在锯片的侧面，工作时锯片应缓慢地靠近被锯物件，不得用力过猛。火花飞溅方向不得有人停留或通过。（　　）

答案：√

12．不得使用砂轮机、无齿锯的轮片侧面进行研磨，不得站在砂轮机的正面操作，两人可以同时使用一个砂轮机。（　　）

答案：×（不得两人同时使用一个砂轮机）

13．射钉枪击发时，应将射钉枪垂直压紧在工作面上，当两次扣动扳机，子弹均不击发时，立即退出射钉弹。（　　）

答案：×（子弹均不击发时，应保持原射击位置数秒钟后，再退出射钉弹）

14．高压枪头固定不牢不得加压。加压过程应缓慢进行，不应突然加压，不应超过铭牌最大压力的120%。（　　）

答案：×（不应超过铭牌最大压力）

四、填空题

1．使用安全工器具的人员必须经过培训并考试合格，了解其（　　），熟练掌握（　　）。

答案：结构和性能；使用方法

2．安全工器具必须定期检验，经检验合格张贴（　　）后方可使用。严禁使用不合格的安全工器具。

答案：合格证

3．对不符合安全技术标准的安全工器具应予以（　　）。

答案：报废

4．安全带在使用前应进行检查，并应每年按批次进行（　　）试验。

答案：静载

5．使用安全带时应（　　），挂钩和绳子应挂在牢固的构件上或专为安全带用的钢架或安全绳上，禁止挂在移动或不牢固的物件上。

答案：高挂低用

6．使用防毒面具前必须检查确认面具的（　　）和（　　）良好，滤毒罐有效。

答案：完整性；气密性

7．手持和移动电动工具的电源线应采用三芯（单相工具）或四芯（三相工具）多股铜芯橡皮护套软电缆，并不应有接头。其中，（　　）双色线在任何情况下只能用作保护接地或接零线。

答案：绿/黄

8．使用磁力吸盘电钻进行侧钻或仰钻时，应采取（　　）的保护措施。

答案：防止失电后钻体坠落

9．电动工具的电气部分经维修后，应进行（　　）测量及（　　）试验。

答案：绝缘电阻；绝缘耐压

10．固定式砂轮机磨削产生的火花应向（　　），移动式砂轮机磨削时产生的火花应向（　　）。

答案：下；远离使用者方向

11．行灯电压不应超过（　　）V，在周围均是金属导体的场所和容器内工作时，不应超过（　　）V；在潮湿的金属容器内、有爆炸危险的场所、脱硫烟道系统等处工作时，不应超过（　　）V。

答案：36；24；12

12．空气压缩机应保持润滑良好，压力表准确，自动启、停装置灵敏，安全阀可靠，并应有运行维护制度；压力表、安全阀、调节器及储气罐等应定期进行（　　）和（　　）。

答案：校验；检验

五、简答题

1．简述安全帽的检查和使用注意事项。

答案：安全帽的帽壳应完整、无变形和损伤，禁止在安全帽上自行打孔、拆卸或添加附件；帽衬组件齐全牢固，帽壳与顶衬有足够的缓冲空间。

使用安全帽时，后箍应调整到松紧合适的位置，帽带应适度紧系于下颚，防止脱落。禁止使用不合格或超期的安全帽。到期的安全帽必须销毁。

2．使用正压式空气呼吸器前应进行哪些检查？

答案：（1）储气瓶压力不低于 27MPa。

（2）供气管路系统完整无损伤，配件间连接正常，气密性完好。

（3）余气报警器工作正常。

（4）正压测试面罩气流流出正常。

3．使用电动工具前应进行哪些检查？

答案：（1）是否有出厂合格证。

（2）定期检验合格证是否在有效期内。

（3）电线是否完好。

4．简述使用喷灯时的点火条件。

答案：（1）油桶不漏油，喷火嘴无堵塞，丝扣不漏气。

（2）油桶内的油量不超过油桶容积的3/4。

（3）加油的螺栓塞拧紧。

5．使用喷灯时，应遵守的一般要求有哪些？

答案：（1）点火时不得将喷嘴正对着人或易燃物品。

（2）油桶内压力不可过高。

（3）工作地点不得靠近易燃物品和带电体。

（4）应在空气流通的地方工作，以免可燃气体充满室内。

（5）不得将喷灯放在温度高的物体上。

（6）禁止在使用煤油或酒精的喷灯内注入汽油。

（7）喷灯用完后，应放尽压力，待冷却后，方可放入工具箱内。

（8）喷灯的加油、放油以及拆卸喷火嘴或其他零件等工作，必须待喷火嘴冷却泄压后再进行。

（9）不熟悉喷灯使用方法的人员不得擅自使用喷灯。

6．简述使用潜水泵前应重点检查的内容。

答案：（1）外壳不应有裂缝、破损。

（2）保护线连接应正确、牢固可靠。

（3）电源线应完整无损。

（4）电源插头应完整无损。

（5）电源开关动作应正常、灵活。

（6）机械防护装置应完好。

（7）转动部分应灵活、轻快，无阻滞现象。

（8）电气保护装置应良好。

（9）校对电源的相位，通电检查空载运转，防止反转。

第7章《9 锅炉及相关设备的运行与检修》考核题

一、单选题

1. 锅炉灭火后，必须立即停止给粉、给油、给气，只有经过充分吹扫（　　）min后，方可重新点火。

A. 3　　B. 5　　C. 10　　D. 15

答案：B

2. 锅炉检修后，水压试验或点火过程中热紧法兰等处的螺栓时，额定汽压不大于5.884MPa的锅炉汽压不准超过（　　）MPa。

A. 0.194　　B. 0.294　　C. 0.390　　D. 0.490

答案：B

3. 锅炉检修后，水压试验或点火过程中热紧法兰等处的螺栓时，额定汽压大于5.884MPa的锅炉汽压不准超过（　　）MPa。

A. 0.194　　B. 0.294　　C. 0.390　　D. 0.490

答案：D

4. 燃烧室及烟道内的温度在（　　）℃以上时，不准入内进行检修及清扫工作。

A. 30　　B. 50　　C. 60　　D. 80

答案：C

5. 除焦工作开始前，应先征得（　　）同意。

A. 安监人员　　B. 值班人员

C. 运行人员　　D. 集控主值班员

答案：D

6. 向灰车中的灰渣浇水时，工作人员站立的位置至少距离灰车（　　）m。浇水时，禁止无关人员在旁逗留。

A. 1～1.5　　B. 1.5～2　　C. 2～2.5　　D. 2.5～3

答案：B

7. 检查液态除渣的除渣口时，工作人员必须戴上（　　），并应避开通渣孔的正面。

A. 手套　　B. 口罩

C. 耳塞　　D. 有色防护眼镜

答案：D

8. 灰渣斗检修前，应将捞渣机和关断门电源切断，防止（　　）。

A. 刮碰　　B. 误伤　　C. 触电　　D. 误动

答案：D

9．灰渣斗内温度降至（　　）℃以下，方可打开所有烟风道人孔门通风。

A．30　　B．50　　C．60　　D．80

答案：C

10．灰渣斗内照明应充足，行灯的电压不超过（　　）V。

A．12　　B．24　　C．48　　D．110

答案：B

11．必须进入煤粉仓进行清扫等工作时，应与（　　）取得联系，将仓内煤粉用尽，特殊情况下可以把仓内煤粉放净。

A．安监人员　　B．值班人员

C．运行人员　　D．运行值班负责人

答案：D

12．煤粉仓内必须使用（　　）V 的防爆型行灯，橡皮护套软电源线和灯具绝缘应良好，行灯不得埋入积粉内，防止积粉自燃。

A．12　　B．24　　C．48　　D．110

答案：A

13．升降平台上应设置应急照明，电压不大于（　　）V；采用蓄电池供电的应急照明灯具，使用前应检查电量满足工作时间需要。

A．12　　B．24　　C．48　　D．110

答案：B

14．炉内升降平台四周存在人员和物品跌落的部位，应安装固定式安全护栏，工作面的护栏高度应不低于（　　）mm，其余部位则应不低于 1200mm，并采取可靠的连接以防止护栏拔出。

A．1500　　B．1200　　C．1050　　D．800

答案：D

15．炉内升降平台搭设完毕后，应进行升降运行试验和（　　）倍的均匀静载试验合格。

A．1.1　　B．1.2　　C．1.25　　D．1.35

答案：C

16．炉内升降平台应缓慢升降，一般每次升降（　　）m 左右应停止升降，进行检查，检查无误后才能继续升降，不得一次大幅度升降到指定位置。

A．2　　B．3　　C．4　　D．5

答案：D

17．进入汽包前，检修工作负责人应测试汽包内的温度不宜超过（　　）℃，并有良好的通风后方可允许进入。

A．40　　B．50　　C．60　　D．80

答案：A

18．汽包内禁止放置电压超过（　　）V的电气装置。

A．12　　B．24　　C．48　　D．110

答案：B

19．在烟道内进行检修工作，使用爬梯高度超过（　　）m时，应在爬梯上方固定方便上下的防坠安全绳。

A．2　　B．3　　C．4　　D．5

答案：D

20．在烟道内检修时，应在垂直烟道临空面前约（　　）m的水平烟道处加装牢固的临时护栏，以防人员坠落。

A．1　　B．2　　C．3　　D．4

答案：A

21．在空气预热器内进行检修工作前，应办理（　　），内外部人员信息必须保持通畅；回转式空气预热器盘车时，内部人员应撤离至安全位置。

A．有限空间作业票　　B．开工许可

C．动火作业票　　D．检修操作票

答案：A

22．锅炉进行（　　）倍工作压力的超压试验时，在升压和保持超压试验压力的时间内不准进行任何检查，应待压力降到工作压力稳定后，方可进行检查工作。

A．1.1　　B．1.2　　C．1.25　　D．1.35

答案：C

二、多选题

1．进入燃烧室、烟道、压力容器、脱硫吸收塔前，应充分通风，不准进入空气不流通的系统或容器内。下列不应漏进检修中的锅炉的是（　　）。

A．炉烟　　B．热风

C．煤粉　　D．油、气、蒸汽

答案：ABCD

2．使用移动式吹灰设备时，工作人员应戴（　　）。

A．手套　　B．防护眼镜　　C．口罩　　D．耳塞

答案：AB

3．除焦时工作人员必须穿着（　　），并使用必要的安全工器具。

A．防烫耐高温工作服　　B．工作鞋

C．防护眼镜　　D．防烫手套

答案：ABCD

4．必须进入炉膛除焦时，应制订可靠的专项方案，包含（　　）等，并经企业主管生产的领导（总工程师）批准。

A．组织措施　　B．安全措施　　C．技术措施　　D．应急措施

答案：ABCD

5．除灰时，工作人员应穿戴（　　）。

A．防烫手套　　B．防护眼镜　　C．防烫耐高温工作服　D．长筒靴

答案：ACD

6．如煤粉仓四角有积粉，作业人员需靠近铲除时，应先放置木跳板，木跳板应有足够的强度和宽度，并应固定牢靠。下列工具中可以用来铲除积粉使用的是（　　）。

A．铁质工具　　B．不锈钢工具　　C．铝质工具　　D．铜质工具

答案：CD

7．在燃烧室内从事检修工作如需加强照明时，应由电气专业人员安设（　　）V临时性的固定照明，照明灯具及线路须绝缘良好并接剩余电流动作保护装置，灯具必须安装牢固，放在人碰不到的高处。

A．12　　B．24　　C．110　　D．220

答案：CD

8．炉内升降平台应设置清晰的产品标牌，标牌内容应包括平台（　　）等内容，并在明显位置设置操作规程。

A．制造厂家信息　　B．产品信息

C．额定载荷　　D．均布载荷限制

答案：ABCD

三、判断题

1．对于循环流化床等正压锅炉，巡检时应避免在封闭的人孔门及与炉膛连接的膨胀节处长期停留；在锅炉运行时，严禁打开任何门、孔。（　　）

答案：√

2．开启锅炉的看火孔、检查门、灰渣门时，应缓慢小心，工作人员应站在门后，并选好向后方躲避的退路。（　　）

答案：×（工作人员应站在门后，并选好向两旁躲避的退路）

3．当锅炉濒临灭火时，可以投油、气助燃。当发现锅炉灭火时，禁止采用关小风门、继续给粉、给油、给气使用爆燃的方法来引火。（　　）

答案：×（禁止投油、气助燃）

4．热紧螺栓只能由有经验的人员进行，最好使用标准扳手或力矩扳手，也可以使用接长手把的扳手强力紧固，紧力达到规定值后，立即停止。（　　）

答案：×（必须使用标准扳手或力矩扳手，不应使用接长手把的扳手强力紧固）

5．吹灰时，有工作需要的情况下可以打开检查孔、人孔门进行人工除焦或观察燃烧情况。（　　）

答案：×（禁止打开检查孔、人孔门进行人工除焦或观察燃烧情况）

6．开启排污门应使用专用的扳手，禁止将套管套在扳手上开启排污门，锅炉运行中有工作需要可以修理排污一次门。（　　）

答案：×（锅炉运行中禁止修理排污一次门）

7．几台锅炉排污系统合用一根总排污管时，不应有三台或以上的锅炉同时排污。（　　）

答案：×（两台或两台以上）

8．对于没有设计定期排污装置的亚临界参数自然循环或强制循环锅炉（锅炉设计出口过热蒸汽压力超过16MPa时），可以利用水冷壁下联箱的疏水管路进行排污。（　　）

答案：×（不得利用水冷壁下联箱的疏水管路进行排污）

9．除焦工作应由经培训合格的工作人员或实习人员进行。（　　）

答案：×（实习人员不准单独进行除焦工作）

10．当燃烧不稳定或有烟灰向外喷出时，禁止除灰。除灰时应适当提高燃烧室的负压。（　　）

答案：√

11．放灰时，除灰设备和排灰沟附近只允许安监人员停留。（　　）

答案：×（禁止工作或逗留）

12．放入灰车内的灰渣，如尚未完全熄灭，应用水浇灭。不准推运灰渣尚未熄灭的灰车。掉落在除灰地点的灰渣应用水浇灭，并随时清除。（　　）

答案：√

13．从锅炉的烟道下部灰斗放灰时，工作人员必须缓慢地打开灰斗的挡板，操作前应先确定撤离路线，并站在正面。（　　）

答案：×（站在侧边）

14．发现积粉自燃时，应用喷壶或其他器具把水喷成雾状，熄灭着火的地方，不得用压力水管直接浇注着火的煤粉，以防煤尘飞扬引起爆燃。（　　）

答案：√

15．制粉设备内部有煤粉空气混合物流动时，可以打开检查门。（　　）

答案：×（严禁打开检查门）

16．禁止清理运行中的给煤机链轮、拨轮、滚筒、联轴器等转动部件上缠绕的异物。如给煤机运行中发生卡、堵，清理时应将给煤机、给煤机清扫机停止运行，设备停电并做好防止转动的措施。（　　）

答案：√

17．制粉系统应设置足够的防爆门。选择防爆门的结构形式和安装地点时，应注意到防爆门动作时不致烫伤工作人员，不应正对人行道和电缆。（　　）

答案：√

18．燃烧室内更换水冷壁管或拆砌炉墙时，任何情况下面禁止有人工作。（　　）

答案：×（如没有可靠的隔离措施，下面禁止有人工作）

19．炉内升降平台安装前应进行清渣，使用时可以上下交叉作业。（　　）

答案：×（使用时严禁上下交叉作业）

20．进入燃烧室进行工作前，应先通过人孔、手孔、看火孔等处向热灰和焦渣浇水。（　　）

答案：√

21．禁止一人进入炉内升降平台作业。（　　）

答案：√

22．烟道灰斗内的灰渣，在任何情况下均应事先清除。（　　）

答案：√

23．安全阀调整时各受热面壁温不准超限，控制压力稳定，否则停止校验。（　　）

答案：√

24．高处作业必须使用安全带，并至少有一人在外监护。（　　）

答案：×（至少有两人在外监护）

四、填空题

1．观察锅炉燃烧情况时，应站在看火孔（　　），并戴防护眼镜或用有色玻璃遮护眼睛，并选好躲避路线。严禁站在看火孔、检查门或燃烧器检查孔的（　　）。

答案：侧面；正对面

2．投运、解列及冲洗水位计时，应站在水位计的侧面，操作阀门时应缓慢，操作人员必须穿（　　），戴（　　）。

答案：防烫耐高温工作服；防护面罩

3．进入燃烧室及烟道内部进行清扫和检修工作前，应把该炉的烟道、风道、燃油系统、燃气系统、吹灰系统、脱硝供氨系统等与运行中的锅炉可靠地隔断，将给粉机、排粉机（一次风机）、送风机、回转式空气预热器（含烟气换热器）、除尘器、增压风机、捞渣机、碎渣机、炉排减速机、高能点火器、等离子点火器、微油点火燃烧器等设备电源切断，并设置“（　　）”安全警示标志牌。

答案：禁止合闸　有人工作

4．进入循环流化床炉膛内部检修时，必须将炉膛出口及分离器入口烟道进行有效隔离，防止工作人员（　　）或防止（　　）。

答案：高处坠落；高处落物

5．备用锅炉保养时，应详细检查保养锅炉与其他锅炉所有系统确已隔绝。进行充氨法保养的锅炉退出保养后，如检修人员进入设备内部工作，开工前应进行充分通风，（ ）后方可进入。

答案：检测合格

6．吹灰器有缺陷、锅炉燃烧不稳定或有炉烟、炉灰从炉内喷出时，禁止吹灰。如在吹灰过程中，遇有上述情况时，应立即（ ）。

答案：停止吹灰

7．在低负荷煤油混烧、等离子点火期间，脱硝反应器内必须加强吹灰，监控反应器前后阻力及烟气温度，防止反应器内催化剂区域有未燃尽物质燃烧，反应器灰斗需要（ ）。

答案：及时排灰

8．使用燃气吹灰器吹灰，放置燃气的房子、燃气容器、燃气管道的布置应远离火源和热源，在明显的位置设置“禁止烟火”等安全警示标志牌，并对其进行定期（ ）检测。

答案：泄漏

9．排污过程中，若发生排污系统汽、水外漏，应立即停止排污，必要时应进行锅炉（ ）或（ ）。

答案：降压；停炉

10．排污管道易被人碰触的部分，应加（ ）。

答案：保温层

11．除焦时，通行平台及两旁应无障碍物。除焦时，禁止（ ）进入除焦作业区。

答案：非除焦人员

12．在结焦严重或有大块焦渣掉落可能时，应停炉除焦。停炉采用水力除焦时，应做好（ ）的措施。

答案：防止烫伤

13．除焦时不准用身体顶着工具。工作人员应站在除焦口的侧面，斜着使用工具，并安排（ ）进行监护。

答案：专人

14．采用定期除灰或异常情况下除灰时，除灰前应取得集控主值班员同意，并做好值班记录，在工作现场应有明显的“正在除灰”安全警示标志牌。除灰完毕后，应及时通知（ ）。

答案：集控主值班员

15．捣碎灰渣斗内较大的渣块时，事先应做好安全措施。工作人员禁止（ ）对灰渣门，应站在灰渣门的（　　），（　　）使用工具。

答案：正；一侧；斜着

16．冷却灰堆时，禁止直接将水冲入灰堆，应采取（　　）逐步冷却的方法。

答案：从外到里

17．在几个人同时推灰车时，灰车之间应保持足够的（　　）。

答案：安全距离

18．不停炉检修干渣机时应戴长管式正压空气呼吸器，并做好（　　）的措施。

答案：防止烫伤

19．捅下煤管堵煤时，不准用身体顶着工具或放在胸前用手推着工具，工具用毕，应立即取出。捅煤仓堵煤时，应站在（　　）上进行，严禁（　　）捅堵煤。

答案：煤仓上面的平台；进入煤仓内在煤层上

20．紧急停炉或紧急停运的制粉系统，无法将煤粉烧尽时，应采取防止（　　）的措施。

答案：系统积粉自燃或爆炸

21．制粉设备检修工作开始前，应将有关设备内部的积粉完全清除，确保无残留煤粉、无煤粉自燃现象，并与有关的制粉系统可靠隔绝，如需进入内部工作时，需办理（　　），检测煤粉浓度合格，并采取防止火灾及防范人员中毒、窒息、滑倒（坠落）、吸入粉尘等措施。

答案：有限空间作业票

22．进入煤粉仓前，应确认边角积粉无自燃现象后，按照有限空间作业要求进行（　　），经过工作负责人检查、测量合格后，方可进入工作。

答案：彻底通风

23．清扫完毕后，清扫工作负责人应清点人员和工具，确认人员已撤离、工器具和材料已撤出后，关闭（　　）和（　　）。

答案：人孔门；防爆门

24．在燃烧室内工作如需要开启引风机通风或降温时，应先通知内部工作人员撤出。燃烧室内有人工作时，禁止（　　）。

答案：调整风压

25．炉内升降平台炉顶驱动装置部位照明应充足，驱动装置平台、各导向滑轮及支座部位应设置便于检查、监护人员行走的通道，通道两侧设置（　　）或（　　），且牢固可靠。

答案：栏杆；临时围栏

26．炉内、炉外控制器或控制手柄应分别设置能独立切断电源的紧急停止按钮，操作人员对任何人发出的紧急停车信号，都应（　　）。

答案：立即执行

27．炉内升降平台升降过程中，如发现平台偏斜、晃动、安全保护装置报警等非正常现象，必须（ ），待查明原因并做出相应处理，恢复正常后，方可（ ）。

答案：立即停止；继续操作

28．清除炉墙或水冷壁焦渣时，应从（ ）开始，逐步（ ）进行，不应先从（ ）开始。

答案：上部；向下；下部

29．锅炉放水和冷却后，在打开汽包人孔门以前，检修工作负责人应确认该炉与各母管和总管已可靠隔断，汽包与大气已连通，并检查压力表指示为（ ），汽包加药阀已关闭并上锁。

答案：零

30．使用高压水清洗受热面工作开始前，应检查洗管器的电动机、水泵、电线和行灯是否完好，电动机外壳必须有良好接地，开关应有良好的（ ）。

答案：绝缘把手

31．采用化学清洗时，禁止在清洗系统上进行（ ）和（ ）。

答案：明火作业；其他工作

32．未完全燃烧的燃料含有大量可燃的细灰，在猛烈拨动时，可能（ ），因此在清除时应特别小心。

答案：燃烧起来

33．清扫过热器、再热器、省煤器等设备以前，必须打开空气门和放水门或抬起安全门，受热面内压力应为（ ）。

答案：零

34．新安装及检修后的安全阀校验工作应在一定（ ）下进行。

答案：热负荷

35．有压缩空气控制的气室安全阀应配置可靠的（ ）、（ ）供气系统及可靠的控制气源。

答案：除油；除湿

36．进入燃烧室、汽包、烟风道、回转式空气预热器、除尘器、煤粉仓、压力容器、脱硫吸收塔等封闭有限空间内工作，工作人员应至少（ ）人成组进行作业，且外面必须有一名工作人员监护，所有工作人员必须进行登记。

答案：两

五、简答题

1．在锅炉内部进行检修工作前，应做好哪些工作？

答案：必须将该炉与蒸汽母管、给水母管、排污母管、疏水总管、加药管等的联通处用带有尾巴的堵板（盲板）隔断，或将该炉与各母管、总管间严密不漏的阀门关严并上锁，然后设置“禁止操作　有人工作”安全警示标志牌，并打开门后疏水门、放空门。电动阀门、气动阀门的控制装置，应切断其电源或气源，并设置“禁止合闸　有人工作”等安全警示标志牌。

2．清扫煤粉仓的工作人员应注意哪些安全事项？

答案：清扫煤粉仓的工作人员必须戴防毒面罩、防护眼镜、手套，服装应合身，袖口、裤脚应用带子扎紧或穿专用防尘服。工作人员进出煤粉仓时，应使用梯子上下。进入煤粉仓内时，必须使用安全带和防坠器，防坠器应挂在仓外固定物上，并至少有两人在外严密监护。监护人在监护中应抓紧固定在安全带上的绳子，根据作业范围控制绳子的长度，并能看见工作人员的动作，确保联系信息畅通。如发生意外，应立即将工作人员解救上来，不应盲目施救。

3．简述进入炉内升降平台人员使用安全带的注意事项。

答案：所有进入炉内升降平台的人员必须首先系好安全带，安全带系在安全绳或防坠器上。炉内升降平台工作前，工作人员应检查安全带是否正确系好；升降平台动作后，工作人员应监护安全带的状态；升降平台到达工作高度停止后，工作人员应合理规划工作区域，避免因走动造成安全绳或防坠器交错缠绕。

4．简述清扫烟道、省煤器、过热器、再热器时的安全注意事项。

答案：清扫烟道、省煤器、过热器、再热器时，必须打开所有的人孔门，以保证足够的通风。如在清扫过程中，需开启引风机加强通风时，应在执行工作票有关规定后，工作人员先离开有限空间，然后启动引风机，等待烟道内的灰尘减少，并经工作负责人检查认为可以工作时，方可允许工作人员戴上防护眼镜和口罩进入有限空间内工作。但此时在引风机入口前一段烟道内不准有人工作。

第8章《10　汽轮机及相关设备的运行与检修》考核题

一、单选题

1．由熟练人员在运行中的汽轮机上进行调速系统或油系统调整工作（调整油压，更换伺服阀、电磁阀等）时，首先应汇报（　　），同意后，制订专项方案（含组织、安全、技术、应急措施等），经企业主管生产的领导（总工程师）批准后，方可执行，并应尽可能在空负荷状态下进行。

A．安监人员　　B．值班人员　　C．运行人员　　D．值长

答案：D

2．打开凝汽器人孔门时，人员应避免正对人孔门站立。进入凝汽器工作时，应打开人孔门进行通风，并对凝汽器内含氧量进行测量，含氧量在（　　）合格后，方可进入工作。

A．16%～19.5%　　B．19.5%～21%

C．21%～24.5%　　D．24.5%～28%

答案：B

3．进入凝汽器内工作时，应使用（　　）V 行灯和手电筒等安全照明，行灯变压器应放在人孔门外边干燥处。

A．12　　B．24　　C．36　　D．42

答案：A

4．检修、清理完毕后，应拆除临时盖板，工作负责人应清点人员和工具，确认人员已撤离、工器具和材料已撤出后，方可关闭人孔门，然后报告（　　），办理工作票终结手续。

A．值长　　B．总的负责人

C．工作许可人　　D．专职监护人

答案：A

5．进入热交换器内部工作时，应测量容器内含氧量和温度合格后，即温度在（　　）℃以下，方可进行热交换器的检修工作。

A．30　　B．40　　C．50　　D．60

答案：C

6．喷水池四周的池壁应高出地面至少（　　）mm，旁边应有便道。

A．50　　B．100　　C．150　　D．200

答案：D

7．油箱事故排油阀应设两个钢质截止阀（闸阀），其操作手轮应设在距油箱（　　）m以外的地方，并有两个以上的通道，操作手轮不允许加锁，应设置“禁止操作”安全警

示标志牌。

A．5　　B．4　　C．3　　D．2.5

答案：A

8．进入油箱应穿专用工作服（连体服等），身上禁止带任何物品，穿干净的布底鞋，照明应使用不大于（　　）V 的行灯或防爆手电筒。

A．12　　B．24　　C．36　　D．42

答案：A

9．在对 EH 油系统进行检修时，应注意通风，穿着合适的防护服，戴手套、防护眼镜，不应使 EH 油接触到皮肤和眼睛，严禁吸入人体内，工作后应彻底洗手和洗脸以确保安全。人体接触 EH 油后，应立即采用（　　）冲洗，必要时立即到医院治疗。

A．清水　　B．弱酸水　　C．弱碱水　　D．盐水

答案：A

10．如果 EH 油渗入保温层并着火，禁止用（　　）灭火。

A．水　　B．CO_2 灭火器

C．干粉灭火器　　D．气体灭火器

答案：A

11．进入循环水管道的工作人员每隔（　　）min 应轮换一次。

A．30　　B．40　　C．50　　D．60

答案：A

二、多选题

1．喷水池、冷却塔和空冷塔的检修与维护，使用吊台必须有可靠的升降联系制度和操作方法，每次开始工作前，应对（　　）进行详细检查。

A．卷扬机　　B．钢丝绳　　C．安全绳　　D．滑车

答案：ABCD

2．汽轮机超速试验，汽轮机升速过程中，应严密监视汽轮机的（　　）等变化情况，发现异常应立即打闸停机，查明原因并消除后方可继续进行超速试验。

A．振动　　B．声音　　C．轴温　　D．转速

答案：ABCD

3．拆装滑动轴承工作应遵守的要求有（　　）。

A．揭开或装复可倾轴承上盖时，在起吊前应使用工艺螺栓将上半可倾轴承内瓦块固定牢固，方可起吊

B．为检查下轴承或校正转子轴系中心而需为转动轴承加装垫片时，必须将所转动的轴瓦固定牢靠后，方可进行下一步工作

C．在轴瓦就位时严禁用手拿轴瓦的边缘

D．用吊车直接对装在汽缸盖内的转子进行微吊工作时，必须认真检查吊车的制动装置动作灵活可靠

答案：ABCD

4．进行翻缸工作时，应遵守的安全要求包括（　　）。

A．翻缸时严禁工作人员在汽缸盖下方进行工作

B．场地应足够宽大，无障碍物

C．选择适当的钢丝绳和专用吊具，应能承受翻转时受到的动载

D．指挥人员和工作人员应站在安全的位置，防止汽缸盖翻转时被打伤

答案：ABCD

5．校转子动平衡时，应遵守的要求有（　　）。

A．校动平衡工作场所周围应设置围栏，严禁无关人员入内

B．采用电动机和皮带拖动转子时，应有防止皮带断裂时打伤人的措施

C．平衡配重块应装置牢固

D．校验工作中，如发现异常情况时，应立即停止校验工作

答案：ABCD

三、判断题

1．汽轮机运行中，在进行主油箱放水、氢气干燥器放水、内冷水箱取样等重要操作时，单人同时最多进行两个操作。（　　）

答案：×（禁止单人同时进行多个操作）

2．揭开汽轮机上汽缸时，所有上缸人员应穿着专用工作服，如连体服等，身上禁止带任何物品，禁止穿带钉的鞋。（　　）

答案：✓

3．揭开汽轮机上汽缸时，必须在一个负责人的指挥下进行汽轮机上汽缸的起吊工作。（　　）

答案：✓

4．在上汽缸起吊过程中，严禁工作人员将头伸入汽缸或汽缸法兰接合面之间，仅可用手。（　　）

答案：×（严禁工作人员将头或手伸入汽缸或汽缸法兰接合面之间）

5．汽轮机转子起吊前，应确认转子上部无阻碍起吊工作的部件及障碍物。起吊时必须将转子调整水平、起吊重心找正，四周应设专人监护，以防起吊过程中转子窜动、卡涩、倾斜、偏转。转子两端应系好牵引绳，确保行走时不发生旋转碰撞。（　　）

答案：✓

6．应使用硬质工具清理汽缸结合面。（　　）

答案：×（禁止使用）

7. 汽轮机转子吊装工作，应使用专用的直型或弓型铁梁和专用的钢丝绳，仔细检查钢丝绳的捆法是否合适，然后将转子调整平衡。起吊时，人员站在转子上调整平衡。（　　）

答案：×（起吊时，严禁人员站在转子上调整平衡）

8. 使用高压清洗水枪对凝汽器冷却水管进行清洗时，严禁将枪口指向工作人员，冲洗管束的对面禁止有人。清洗水枪暂时不用时应停运清洗泵。（　　）

答案：√

9. 热交换器内部有压力时，严禁进行任何修理或紧固工作。（　　）

答案：√

10. 喷水池或冷却塔运行时，必须做好安全防护措施方可进入其内部进行检修工作。（　　）

答案：×（不得进入其内部进行检修工作）

11. 油系统附近禁止储存其他易燃、易爆物品或堆放杂物。（　　）

答案：√

12. 在拆下的油管道上或放尽油的管道上（容器上）进行动火作业时，必须进行蒸汽吹洗或用热酸水冲洗干净，并通风测量油气含量合格。（　　）

答案：×（必须进行蒸汽吹洗或用热碱水冲洗干净）

13. EH 油废弃后可直接倒入下水道。（　　）

答案：×（EH 油不得随意排放，对报废及泄漏的 EH 油应回收处理）

14. 汽轮机转速表指示（显示）不正确或失效时，严禁做超速试验。（　　）

答案：√

15. 除氧器超压试验过程中，若发现有渗漏或设备有局部变形，应立即停止超压试验，现场人员立即进行处理。（　　）

答案：×（现场人员撤离，泄压后进行处理）

四、填空题

1. 汽轮机各疏放水出口处，应有必要的保护遮盖装置，并设置“（　　）”安全警示标志牌。

答案：当心烫伤

2. 按要求定期进行汽轮机辅助油泵及其自启动装置试验，保证处于良好的备用状态。机组正常停机前，应进行辅助油泵的（　　）试验。

答案：全容量启动

3. 起吊汽轮机上汽缸前应绑好牵引绳，选择可靠的（　　），防止行走时发生碰撞、旋转或伤人。

答案：行走路线

4．使用加热棒拆装汽缸接合面螺栓时，应先检查加热线（　　），测绝缘合格方可使用。

答案：完好无破损

5．如需要在吊起的隔板、隔板套、轴承盖、汽封套、轴瓦及汽缸盖下面进行清理结合面、涂抹涂料等工作时，必须使用（　　），由检修工作负责人检查合格后方可进行。

答案：专用支撑架

6．给水泵在解体拆卸螺栓前，工作负责人必须先检查进出口阀门确已关严，电动机、电动门停电，然后将泵体放水门打开，（　　）。

答案：放尽存水

7．当工作人员在凝汽器内工作时，应有专人在外面监护，在明显位置设置“未经许可　不得入内”和“在此工作”等安全警示标志牌，以防止别人误关人孔门，并在发生意外时进行急救，同时凝汽器循环水进水口应加装（　　）。

答案：临时盖板

8．机组运行中热交换器检修工作前，应将热交换器内的介质放掉，打开（　　）和（　　），检修工作负责人和运行人员应共同检查上述措施符合要求后，方可开始工作。

答案：疏水门；放空气门

9．进入喷水池或冷却塔的储水池及空冷塔内工作不得少于（　　）人，其中一人担任监护。

答案：两

10．从运行中的水池内进行化学取样或加药时应设有（　　）。

答案：工作台

11．检修冷却塔及间接空冷塔筒身时，地面四周应设置（　　）。

答案：围栏

12．喷水池、冷却塔和空冷塔的检修与维护，进水口的旋转滤网（清污机）两侧应装防护罩，如需进入防护罩内进行人工清理时，必须停止旋转滤网（清污机）运行，切断电源，设置“禁止合闸　有人工作”安全警示标志牌，至少应有（　　）人进行工作。如有人员坠落危险时，应使用（　　）。

答案：两；安全带

13．油系统油箱及储油罐附近的明显处应设置“（　　）”安全警示标志牌。

答案：禁止烟火

14．油系统水平管道上的阀门不得（　　）安装。

答案：立式

15．油系统周围通道必须保持畅通，附近应有符合要求的（　　）和足够的（　　），并保处于完好的备用状态。

答案：消防设施；消防器材

16. 储油罐或油箱的电加热投入运行时，必须根据油的种类严格控制（　　）在允许的范围内，且低于油品的闪点。

答案：加热温度

17. 油系统的管道应能够自由膨胀，并采取（　　）、（　　）措施。

答案：防震；防磨

18. 进入油箱工作前必须确认油箱内积油已放净，并进行充分通风，同时应采取（　　）。

答案：防止滑跌措施

19. 在开式水系统开工前，（　　）应同（　　）一起检查循环水泵已停运，循环水泵进、出水门确已关闭，凝汽器水侧放水完毕，虹吸井抽水完毕，工作票所列安全措施已全部执行后方可开始工作。

答案：工作负责人；工作许可人

20. 循环水前池工作中做好防止高处坠落的措施，必须在临空面设置硬质安全围栏，作业人员在靠近临空面作业时，必须使用（　　），安全带应挂在牢固构件或专门设置的安全绳上。

答案：双钩安全带

21. 进行除氧器超压试验时，在（　　）和（　　）的时间内不准进行任何工作，应待压力降到工作压力后，方可进行检查工作。

答案：升压；保持试验压力

22. 除氧器安全阀在检修时应进行冷态校验，运行中应定期进行（　　）试验。

答案：拉起

23. 冬季清除冷却塔进风口和水池的积冰时，应有充足的照明，至少应有（　　）人进行工作，做好防止落冰伤人及人员滑跌摔倒或掉入水池内的措施。

答案：两

24. 在进行空冷风机叶片风道内叶片检查、角度调整、减速箱等转动设备和电气设备等检修工作时，严禁站在（　　）和（　　）上工作。

答案：叶片；散热片

25. 在进行空冷塔蒸汽分配管及间接冷却塔供、回水管道检修工作时，应将其与系统可靠隔离，穿（　　），不得携带零星物品。

答案：专用工作服

26. 循环水管道内部作业人员，应事先学习应知的注意事项，工作人员不少于（　　）人，另派一人在外专职监护。

答案：两

五、简答题

1．简述汽轮机检修中如需转动转子时必须遵守的相关要求。

答案：（1）必须在一个工作负责人的指挥下进行。转子转动前，必须事先通知附近的人员。

（2）如需用吊车转动转子时，严禁站立在拉紧的钢丝绳附近。

（3）如需站在汽缸水平接合面用手转动转子时，严禁戴线手套，鞋底必须擦干净。开始转动前，应先站稳，脚趾不得伸出汽缸接合面。

2．机组运行时进行凝汽器半侧清洗检漏工作，除应制订专项方案（含组织、安全、技术、应急措施等），并经企业主管生产的领导（总工程师）批准外，还应采取哪些措施？

答案：（1）清洗人员应做好防止高处坠落和滑倒的措施，宜在低负荷下进行。

（2）加强通风、降温，监测凝汽器内含氧量和温度符合要求。

（3）工作人员感到不适时，应立即离开工作地点，到空气流通的地方休息。

第9章《11 热控设备的运行与检修》考核题

一、单选题

1．进出分散控制系统工程师站、电子间必须登记。运行期间禁止在电子设备间使用电焊机、冲击钻等强电磁干扰设备，禁止在距离机柜（　　）m以内使用无线通信设备；不应在热控保护柜、继电器柜上或其附近进行打孔等振动较大的工作。

A．5　　B．4.5　　C．3　　D．4

答案：C

2．在进行磨煤机内热控设备的检修工作时，应使用（　　）V 电压的行灯，且必须将磨煤机主电机、辅助电机停电，并设置“禁止合闸　有人工作”安全警示标志牌。

A．12　　B．24　　C．36　　D．42

答案：A

3．冲洗仪表管前应与运行人员取得联系，冲洗的管子应固定，初次冲管压力不应大于（　　）MPa。

A．0.470　　B．0.490　　C．0.510　　D．0.530

答案：B

4．氧气系统测量元件安装前应确认无油脂，压力表校验时应使用（　　）介质。

A．氧气　　B．氢气　　C．氮气　　D．空气

答案：D

二、多选题

1．设置在热控设备上的安全警示标志牌，除（　　）外，其他任何人员不得移动。

A．安监负责人　　B．值长

C．该项工作负责人　　D．原来设置人员

答案：CD

2．从事含有腐蚀性或毒性介质仪表的作业时，应戴（　　），必要时穿防护服。工作过程中应谨慎操作，防止介质泄漏或喷溢。

A．防护手套　　B．眼镜　　C．口罩　　D．耳塞

答案：ABC

3．仪表管路施工，下列应符合的要求是（　　）。

A．搬运较长的钢材、管材时，应三人以上进行

B．在施工地点存放的管材，应按品种规格分别平放，竖立时必须采取防倾倒措施

C．仪表管敷设后，如不能及时焊接，应固定牢靠

D．汽、水仪表管的排污漏斗应有盖或使用小联箱

答案：CD

三、判断题

1．热工人员在现场工作过程中，如遇异常现象发生，与本工作有关，应立即停止工作（抢救工作除外），保持现状，待查明原因；与本工作无关，则继续工作。（ ）

答案：×［不论与本身工作是否有关，均应立即停止工作（抢救工作除外），保持现状，待查明原因，确定与本工作无关且取得许可人同意后方可继续工作］

2．热工保护系统因故障或其他原因需要检修或退出运行时，应办理保护投、切手续，经值长批准后，方可进行。（ ）

答案：×［经企业主管生产的领导（总工程师）批准］

3．严禁在相关设备未停运前直接关闭电源。（ ）

答案：√

4．在进行FSSS系统油枪、点火枪的调试、试验工作时，应站在油枪、点火枪推进器的正面，并保持安全距离，同时保持通信畅通。（ ）

答案：×（应站在油枪、点火枪推进器的侧面）

5．点火系统进行高能点火器打火试验时，禁止用手拿着点火枪，禁止靠近点火杆的电嘴，不应直视打火时产生的弧光。（ ）

答案：√

6．电动阀门及电动执行机构检修时，必须停电并设置“禁止合闸 有人工作”安全警示标志牌。禁止只停操作电源，不停动力电源。（ ）

答案：√

7．远控设备（电动门、执行机构）电动操作时，应将切换把手或手轮切至电动位置，工作人员应站在阀门旁边。（ ）

答案：×（工作人员应站在距阀门一定距离的位置）

8．远控设备（电动门、执行器）的调整试验，应在有关的热力设备、管路投运后进行。（ ）

答案：×（应在有关的热力设备、管路投运前进行）

9．氨区及脱硝反应区涉氨仪表检修，松开接头或活节时，应佩戴合格的防护用品，并站在下风侧；略微松开接头或活节，用氨气检测仪确认无氨气泄漏后方可进行工作。（ ）

答案：×（站在上风侧）

10．氢纯度表校验时，不得将氢气瓶搬入室内，排气管应接到室外，作业地点严禁烟火。（ ）

答案：√

11．热工控制系统及重要保护装置应采用两路可靠电源冗余供电，备用电源可以随时退出备用。（　　）

答案：×（备用电源不得随意退出备用）

12．热工设备电源开关跳闸或熔断器熔断后，必须立即更换。（　　）

答案：×（必须查明原因，排除故障后方可更换）

13．热工设备的电源可以作为照明电源、检修电源、动力设备电源使用。（　　）

答案：×（热工设备的电源不得作为照明电源、检修电源、动力设备电源使用）

14．在炉膛、吸收塔、烟（风）道、磨煤机等有限空间作业内进行相关工作时，应至少有三人工作，其中一人在外监护。（　　）

答案：×（应至少有两人工作，一人在外监护）

四、填空题

1．现场工作开始前，应进行（　　）并制订（　　），核对安全措施是否符合要求、运行设备与检修设备是否隔离，并应核对设备名称与位置，防止走错位置。

答案：风险辨识；分级管控措施

2．在全部或部分带电的盘、柜、台上进行工作时，应将检修设备与运行设备以明显的（　　）隔离；应清楚带电设备的情况，工作人员穿绝缘鞋并站在（　　）上，同时应有人监护。

答案：标志；绝缘垫

3．控制室、电子间、计算机房等通往电缆夹层、隧道、穿越楼板、墙壁、盘、柜等处的所有电缆孔洞和盘面之间的缝隙（含电缆穿墙套管与电缆之间的缝隙）应采用合格的（　　）或（　　）材料封堵严密；穿墙进出两端的电缆，按相关要求涂刷合格的材料。

答案：不燃；阻燃

4．工作过程中，拆下的电源线应可靠短路接地，信号线接头应进行分别包扎；恢复前，应严格检查，防止（　　）。

答案：强电串入

5．需要临时强制及解除强制相关信号时，应办理（　　），同时及时正确地做好记录与注销工作。

答案：审批手续

6．检修有防静电要求的热控设备（分散控制系统卡件等）时，工作人员应戴好（　　）并可靠接地；接触设备前，应用手触摸机柜地或采取其他措施释放（　　）；拆卸的设备应放在防静电板上，吹扫及清洁宜采用离子风枪；当采用压缩空气设备或电气设备吹扫时，吹扫设备应（　　）。

答案：防静电环（腕带）；静电；可靠接地

7．在进行给煤机计量系统相关传感器的检修或更换工作时，必须断开给煤机控制柜内的（ ），并设置“禁止合闸 有人工作”安全警示标志牌。

答案：总电源开关

8．运行中更换汽轮机 DEH 系统调门的位移传感器时，工作人员应戴手套，穿防烫耐高温工作服和工作鞋，避免靠近和长时间停留在可能受到烫伤的地方；调试时，工作人员应站在调门（ ），远离其活动部位，并保持通信畅通。

答案：侧面

9．当皮肤接触 EH 油后，应用（ ）彻底清洗；眼中溅入 EH 油时，应立即用（ ）冲洗，必要时立即送医院治疗。

答案：肥皂；大量清水

10．在拆卸测温元件时，应检查确认端盖部位无泄漏，做好（ ）后，方可允许拆卸。

答案：防烫伤措施

11．热工设备检修作业应至少有（ ）人参加，其中一人为监护人。

答案：两

五、简答题

1．简述安装热工就地设备执行机构时应符合的要求。

答案：（1）吊装执行机构时，应起落平稳。

（2）执行机构应安装牢固，不妨碍通行。

（3）严禁将执行机构作为起吊和拖运物件的吊挂点。

第 10 章 《12　运煤、储煤、卸煤设备的运行与检修》考核题

一、单选题

1．输煤程控室应至少配备（　　）个正压式空气呼吸器，并每月检查。

A．1　　B．2　　C．3　　D．4

答案：B

2．皮带机、斗轮机等储煤、运煤设备应设置音响等警示装置，启动前应进行三次音响等警示，每次警示时间不少于（　　）s，间隔 5s，确定附近无人和障碍物时方可启动。

A．5　　B．10　　C．15　　D．20

答案：C

3．输煤皮带必须（　　）覆盖感温电缆或者分布式光纤火灾探测器。

A．80%　　B．90%　　C．95%　　D．全程

答案：D

4．设备停运后，应及时清理系统各区域及设备内外存在的积煤、积粉，每（　　）天进行全面卫生清扫。

A．1　　B．2　　C．3　　D．4

答案：A

5．现场动火作业结束后，工作负责人应与运行许可人共同到现场检查现场无火灾隐患；工作终结（　　）h 内，运行人员应加大动火区域检查频次，确认无火灾隐患。

A．1　　B．2　　C．3　　D．4

答案：D

6．输煤轨道中心线与道边建筑物的距离不应小于（　　）m，否则应采取防护措施。

A．5　　B．6　　C．7　　D．8

答案：B

7．推煤机、汽车装载机作业区域，不得有无关人员。指挥车辆时，指挥人员必须在司机（　　），并保持信息通畅。

A．两侧　　B．前方

C．后方　　D．视线范围内

答案：D

8．储煤场不得超设计能力存储。储煤场内煤堆底部与靠近煤堆的铁轨、轨道基础墙、非承重挡风（煤）墙、煤棚、立柱支架等之间至少应有（　　）m 的距离。

A．1　　B．1.5　　C．2　　D．2.5

答案：B

9．卸煤沟或卸煤孔上应盖有坚固的箅子，卸煤时不得拿掉，箅子的网眼一般应不大于（　　）。

A．100mm×100mm　　B．200mm×200mm

C．300mm×300mm　　D．400mm×400mm

答案：B

10．堆取煤时，应随时注意保持煤堆有一定的边坡，避免形成陡坡，不宜超过（　　）。

A．50°　　B．60°　　C．65°　　D．70°

答案：B

11．用推煤车人工推煤或机车推煤时，前后车辆应保持一定的距离，不宜小于（　　）m，人员禁止登上推煤车。

A．5　　B．10　　C．15　　D．20

答案：B

12．上煤坡道不得超过（　　），煤车后不得有人员通过或停留。

A．25°　　B．30°　　C．35°　　D．40°

答案：C

13．在煤堆上作业时，应注意煤堆有无坍塌的可能，推煤机和煤堆边缘应保持（　　）m 以上的距离。

A．1　　B．1.5　　C．2　　D．2.5

答案：B

14．推煤机、装载机应与运行中的堆取料机保持（　　）m 以上的安全距离。

A．5　　B．10　　C．15　　D．20

答案：A

15．煤场整形作业应使用推煤机，禁止装载机行驶至（　　）m 以上煤垛。

A．1　　B．1.5　　C．2　　D．2.5

答案：B

16．煤场作业车辆上煤堆作业时，距煤堆边缘（　　）m 处要设置隔离墩、警示带或警示线等警示隔离措施。

A．1　　B．1.5　　C．2　　D．2.5

答案：B

17．输（卸）煤系统应具有完善的温度检测报警装置，测温点应分布均匀，每（　　）天进行煤堆测温并做好记录。

A．1　　B．2　　C．3　　D．4

答案：A

18．运煤皮带的两侧人行道均应装设防护栏杆和紧急停机的拉线开关，防护护栏应高于皮带上层托辊上沿，分段拉线长度不应超过（　　）m，拉线开关的拉绳不应卡涩；运煤皮带滚筒必须采用合格的护栏。

A．50　　B．60　　C．65　　D．70

答案：A

19．输煤皮带两侧每隔（　　）m，应设置一块“禁止跨越”安全警示标志牌。

A．30～40　　B．40～60　　C．50～70　　D．60～80

答案：C

20．具有三通挡板联络的双路皮带机，单侧运行时，每个班对另一侧未运行的皮带机至少要空转两次，每次间隔时间不得超过（　　）h。

A．1　　B．2　　C．3　　D．4

答案：D

21．每次储煤、上煤结束后，输煤皮带空载运行（　　）min，巡检人员必须对皮带系统进行全面检查，保证皮带上不留积煤，并对翻车机、落煤管、导料槽、碎煤机、配重间及皮带滚筒等易于积煤的部位进行检查清理。

A．5～10　　B．10～15　　C．15～20　　D．20～25

答案：A

二、多选题

1．工作人员作业时应与运行设备保持安全距离；在设备未完全停止并采取可靠的防止设备突然启动的安全措施前，严禁（　　）。

A．处理运煤设备异常情况　　B．处理储煤设备异常情况

C．处理卸煤设备异常情况　　D．进行任何清理工作

答案：ABCD

2．运煤皮带上发现雷管时，应立即将皮带停下处理。移去煤中的雷管时，必须由专业人员处理，防止（　　），在任何情况下不得拉动导火线。取出的雷管，必须立即交公安部门处理。

A．撞击　　B．掉落　　C．挤压　　D．受热

答案：ABCD

3．遇到（　　）恶劣天气时，禁止煤船清仓作业。

A．巨浪　　B．6 级以上大风　　C．暴雨雪　　D．雷电

答案：ABCD

4．储煤场应有良好的（　　）设施，消防通道应保持畅通。

A．照明　　B．排水　　C．消防　　D．防尘

答案：ABC

5．封闭煤场内堆取料作业人员宜配带便携式（　　）报警检测仪。

A．CO　　B．CO_2　　C．SO_2　　D．O_2

答案：AC

6．禁止在运行或停止的皮带上或其他有关设备上进行的是（　　）。

A．站立　　B．越过　　C．爬过　　D．传递用具

答案：ABCD

7．翻车机作业时，应遵守的安全要求包括（　　）。

A．禁止跨越铁牛运行中的钢丝绳

B．翻车机系统通道口门上应有插销，并设置“未经许可　不得入内”安全警示标志牌

C．翻车机系统限位器、止挡器动作应可靠

D．翻车机系统应设置足够的监控装置，监控画面应覆盖主要工作区域

答案：ABCD

8．下列关于翻车机作业的安全要求，正确的是（　　）。

A．值班人员必须检查煤车是否符合翻车机的要求

B．禁止在翻车机平台上穿行，短暂逗留后立即离开平台

C．设置“禁止合闸　有人工作”安全警示标志牌，并采取相应的安全措施后方可开始工作，并有专人监护

D．采重车煤样时，应先投入牵车联锁保护，防止重车误动

答案：ACD

9．螺旋卸煤机作业时，应遵守的安全要求包括（　　）。

A．起降限位装置和车门闭锁装置必须灵敏可靠

B．煤车进出煤沟时禁止开动螺旋卸煤机

C．禁止螺旋卸煤机从有人工作的煤车上方越过

D．下方煤箅子上的积煤应及时进行清理

答案：ABCD

三、判断题

1．在可能突然下落的设备（抓斗、吊斗等）下方应快速工作或行走。（　　）

答案：×（严禁在下方进行工作或行走）

2．在有煤块等掉落的地方应迅速通行或工作，应在周围设置围栏和“当心落物”“禁止入内”安全警示标志牌。（　　）

答案：×（不得在有煤块等掉落的地方通行或工作）

3．工作人员使用水冲洗地面时，不得冲洗（溅及）电动机、控制柜、火灾报警系

统接线盒等电气设备，工作人员应穿绝缘鞋，严禁湿手触及电气设备外壳、电缆护管以及现场照明灯具等，并应采取措施减少设备锈蚀。（　　）

答案：√

4．开关箱、控制箱的防护等级应不低于 IP65 防护等级。（　　）

答案：×（应不低于 IP55）

5．冬季应对输（卸）煤系统暖通设施进行重点检查、清理，暖通设施附近不得有积粉，不能放置杂物。（　　）

答案：√

6．厂内铁路线两侧应可靠封闭，禁止人员在铁道上或车厢底部休息，人员可以穿越铁路线或从机车车厢下面及两节车厢之间穿越。（　　）

答案：×（严防人员穿越铁路线或从机车车厢下面及两节车厢之间穿越）

7．在机车达到安全速度行驶之前，严禁任何人上下车辆、作业或跳车。（　　）

答案：×（完全停止前，严禁任何人上下车辆、作业或跳车）

8．在紧急情况下，只有工作负责人才能对机车发出“停止”信号，要求立即停车。（　　）

答案：×（任何人均可对机车发出“停止”信号）

9．厂内铁道或迁车台运行中，火车两侧不得行人或车辆通行。（　　）

答案：×（火车两侧安全距离内不得行人或车辆通行）

10．运煤汽车在厂区道路、卸煤沟和煤场应按厂区道路限速标志限速行驶，并应采取防止扬尘及煤块掉落的措施。（　　）

答案：√

11．进出厂区（煤场）的运煤汽车和卸煤人员应服从煤场管理人员的调度和管理，运煤汽车应按规定地点有秩序地停放及卸煤，无停车位置时可暂时停靠在煤垛边缘和容易坍塌的部位，不得抢道行车。（　　）

答案：×（不得靠近煤垛边缘和容易坍塌的部位）

12．卸汽车煤时，严禁在汽车行走中打开车厢挡板；打开车厢挡板时，应站在挡板后侧，严禁站在挡板打开后车内煤垛可能坍塌洒落区域。（　　）

答案：×（打开车厢挡板时，应站在挡板两侧）

13．因大雾等恶劣天气而影响司机视线时，运煤汽车不得进入煤场卸煤。（　　）

答案：√

14．清理自卸式运煤汽车底部黏煤时，车厢应放平，严禁在车厢倾斜时进行人工清煤工作，需要升降车厢时，清煤人员应站在车厢的边缘扶稳站好。（　　）

答案：×（需要升降车厢时，清煤人员应下车）

15．遇直梯或角度较大的梯子上下时，应面对梯子，一步一格抓紧上下，时间紧急

时可以两人同时上下船舱。（ ）

答案：×（不得两人同时上下船舱）

16．在一个煤车内可同时进行机械卸（清）煤和人工卸（清）煤操作。（ ）

答案：×［禁止内同时进行机械卸（清）煤和人工卸（清）煤操作］

17．储煤场存放的原煤应及时倒垛，煤场堆取煤作业按照“用旧存新”的原则进行。（ ）

答案：√

18．司机离开运煤、卸煤机时，应将电源切断或将发动机停止；较长时间离开时，还应将驾驶室的门上锁。（ ）

答案：√

19．除司机和安监人员外，严禁其他人员开动卸煤、运煤机械。卸煤、运煤机械在运行中不得人员上下和进行维护工作。（ ）

答案：×（除司机外，严禁其他人员开动卸煤、运煤机械）

20．在紧急情况下，只有工作负责人才能拉动拉线开关停止皮带运行，并及时向上级汇报。（ ）

答案：×（任何人均可拉动拉线开关停止皮带运行）

21．有必要进行人工清理皮带滚筒上的黏煤或对设备进行其他清理工作时，应采取切断皮带机电源的安全措施，并在切断电源的明显位置设置“禁止合闸 有人工作”安全警示标志牌，做好防止皮带突然转动的安全措施。严禁只断开拉线开关或将就地控制箱操作把手打到就地位置就开始作业。（ ）

答案：√

22．碎煤机和筛煤设备在运行中若发现有危及人身和设备安全等异常情况时，只有工作负责人可立即按下事故按钮，紧急停止碎煤机和筛煤设备的运行。（ ）

答案：×（任何人均可立即按下事故按钮）

23．煤仓内如有燃着或冒烟的煤时，禁止入内。（ ）

答案：√

24．底开门车卸煤应由两人以上作业，观察车厢内的煤是否卸净时，应从车厢爬梯的上部观察。（ ）

答案：√

四、填空题

1．运煤、储煤、卸煤系统的各工作地点应有相互联系用的信号或（ ）。

答案：通信设备

2．清车（清船）作业现场、储煤场、翻车机、卸煤沟等处作业人员及调车作业人员必须穿着（ ）的工作服（背心）。

答案：带有反光条

3．各种运煤设备在许可开始检修工作前，应由具备停送电资质的运行值班人员将电源切断，并在明显位置设置“禁止合闸　有人工作”安全警示标志牌。检修工作结束后，工作负责人必须检查工作场所已经清理完毕，所有检修人员已离开，办理（　　）后方可通知运行值班负责人恢复设备的使用。

答案：工作票终结手续

4．运煤、储煤、卸煤系统等在轨道上行走的设备（拨煤小车、配煤小车、移动式给煤机、斗轮机、卸船机等）的车轮前均应装设（　　）。

答案：清道器

5．运煤系统的地下卸煤沟、隧道及地下转运站等处均应设置（　　）。

答案：通风装置

6．翻车机、牵车机（调车机）、螺旋卸煤机、堆取料机等大型机械作业时，必须伴有清晰的（　　）信号。

答案：声光警示

7．输（卸）煤系统必须配备完善的消防喷淋系统，阀门应设置在输煤栈桥和转运站的外部，并采取（　　）措施。

答案：防寒防冻

8．在铁道附近进行工作可能影响调车作业或行车安全时，工作负责人应事先与调车人员联系，做好安全措施并设（　　）。

答案：专人监护

9．采样机（大小行车、采样系统等）上移动设备与人员行走的平台、步道、栏杆安全距离符合要求，否则应隔离或有闭锁装置；采样机运行过程中，应发出（　　）。

答案：声光报警

10．采用汽车运煤时，应制定相应的调度管理规定，重车与空车宜（　　）。

答案：分道行驶

11．人工清理车底煤前，必须采取（　　）的措施，应在卸煤机械停止作业并离开车厢后方可进行。

答案：防止车辆突然启动

12．进入船舱清舱前，应采取防止人员（　　）、（　　）的措施。

答案：中毒；窒息

13．夏季煤船清舱时，应采取防止清舱人员（　　）的措施，船上作业人员应配备（　　）。

答案：中暑；救生衣

14．在寒冷地区，卸煤车内有冻煤时，应有防止卸煤工人（　　）的措施；发现大块煤时应及时进行处理；人工砸煤时应戴（　　）。

答案：滑倒；防护眼镜

15．人力撬车时应有专人负责指挥，使用专用的撬车工具，并应有防止发生（　　）的措施。

答案：溜车

16．长期存煤煤堆应压实，减少内部（　　）。

答案：空气

17．储煤筒仓应定期清仓，以防筒仓存煤结拱、自燃，筒仓内严禁（　　）。

答案：明火

18．如需在储煤筒仓下部处理黏煤、结拱时，应采取防止煤块坠落及滑仓伤人的措施，并保证至少（　　）人进行。

答案：两

19．装有煤气红外线原煤解冻库时，必须制定有关（　　）的安全规定。

答案：防火防爆

20．封闭煤场应设置（　　），条形煤场宜采用远程射雾炮。

答案：抑尘系统

21．机组容量为300MW及以上的燃煤电厂或存储易自燃、挥发分较高煤种的煤场应设置（　　）设施并接入火灾报警系统。

答案：可燃气体监测

22．禁止与工作无关的人员在运煤皮带的通廊及各种有关设备的室内通行或逗留，非工作人员进入这些地点时，应先得到（　　）的许可，并遵守注意事项。

答案：值班人员

23．运煤皮带运输流程上的设备（碎煤机、滚轴筛、给煤机、配煤车等）应分别设置（　　）按钮，并具备与皮带机联锁的保护功能。

答案：就地紧急停机

24．停留在皮带外侧的移动式除铁器下方应安装（　　），禁止人员在移动式除铁器下方行走或逗留。

答案：安全围栏

25．碎煤机和筛煤设备内部进行清理或检修工作时，必须办理（　　），并将与其连接的所有设备的电源断开，并在明显位置设置“禁止合闸　有人工作”安全警示标志牌。

答案：工作票

26．进入原煤仓的人孔应有坚固的盖板并牢固，平时应拴牢。人孔应有上下用的梯子及缚安全带绳子用的固定装置；如使用临时梯子上下，则应有（　　）。

答案：拴牢梯子的固定装置

27．在原煤仓等有限空间内搭设的脚手架上进行焊接等动火作业时，脚手板（跳板）禁止使用竹制等易燃材料，并合理设置（　　）。

答案：逃生通道

28．进入煤仓前，应进行有毒有害气体检测，防止煤斗内 CO 等气体中毒。工作中至少每（　　）h 进行监测一次，如监测结果有明显变化，应增加监测频次，工作中断超过（　　）min 应重新测量。

答案：2；30

29．当煤堆积在煤仓一侧的陡坡坡度为（　　）时，应在进入煤仓前用专用工具将陡坡消除，以免塌下将人埋住。

答案：60° ~ 70°

五、简答题

1．使用清舱机进行煤船清舱作业时，应遵守哪些安全要求？

答案：（1）清舱机司机应持有有效的特种作业操作资格证书。

（2）使用卸煤机吊运清舱机时，应制订专门的清舱机吊运安全措施。

（3）安装或拆卸吊具时，卸煤机司机应切断总电源。

（4）清舱机作业时，应与清舱人员保持有效的安全工作距离，清舱人员不得靠近工作中的清舱机。

（5）禁止清舱机和卸煤机在同一舱口内同时工作；禁止在距清舱机停放位置 2m 区域内用抓斗抓煤。

（6）当清舱机停止工作后，清舱指挥人员应向卸煤机司机指明清舱机停放的位置，卸煤机司机确认后方可操作卸煤。

第11章 《13 燃油设备的运行与检修》考核题

一、单选题

1．油区周围必须设置实体围墙，其高度不低于（　　）m，并设置“禁止烟火”等明显的安全警示标志牌。

A．1.8　　B．2　　C．2.2　　D．2.5

答案：C

2．油区周围必须设置实体围墙，其高度不低于 2.2m，用作厂界围墙的高度不低于（　　）m，并设置“禁止烟火”等明显的安全警示标志牌。

A．1.8　　B．2　　C．2.2　　D．2.5

答案：D

3．当储存、使用闪点不小于（　　）℃的可燃油品时，配电间、控制操作间的电气、通信设施可以不使用防爆型的。

A．50　　B．60　　C．65　　D．70

答案：B

4．卸油区及油罐区必须有避雷装置和接地装置。每年雷雨季节前应检查并测量接地电阻，防静电接地每处接地电阻值不宜超过（　　）Ω。

A．80　　B．90　　C．100　　D．110

答案：C

5．卸油区及油罐区必须有避雷装置和接地装置。地上或管沟敷设的燃油管道的始端、末端、分支处及直线段每隔（　　）m 处。

A．100～200　　B．200～300　　C．250～350　　D．300～400

答案：B

6．卸油区及油罐区必须有避雷装置和接地装置，地上或管沟敷设的燃油管道的始端、末端、分支处及直线段每隔一定间距处，应设置防静电和防感应雷的接地装置，每处接地电阻不超过（　　）Ω。

A．30　　B．40　　C．45　　D．50

答案：A

7．油车、油船卸油加温时，原油应不超过（　　）℃，柴油应不超过（　　）℃，重油不应超过（　　）℃。

A．45；50；80　　B．45；55；85

C．50；50；80　　D．50；55；85

答案：A

8．油车、油船卸油时，严禁将箍有铁丝的胶皮管或铁管接头伸入仓口或卸油口。在正常作业状态时，卸油管道安全流速不应大于（　　）m/s。

A．4　　B．4.5　　C．5　　D．5.5

答案：B

9．油区内铁路轨道应互相用金属导体跨接牢固，并有良好的接地装置，接地电阻不大于（　　）Ω。

A．4　　B．4.5　　C．5　　D．5.5

答案：C

10．在油区作业时，机车烟囱应扣好防火纱网，并不得开动送风器和清炉渣；行驶速度应小于（　　）km/h，不得急刹车，挂钩应缓慢。

A．4　　B．4.5　　C．5　　D．5.5

答案：C

11．加热燃油、燃油管道伴热、油管道清扫的蒸汽温度应低于油品的自燃点，且不应超过（　　）℃。

A．180　　B．200　　C．230　　D．250

答案：D

12．进入油罐蒸汽温度应低于油品的自燃点，且不应超过（　　）℃。

A．180　　B．200　　C．230　　D．250

答案：C

13．在油罐内进行检修工作，应使用电压不超过（　　）V的防爆灯。

A．12　　B．24　　C．36　　D．42

答案：A

二、多选题

1．卸油过程中，现场必须有人巡视，防止（　　）。

A．跑油　　B．冒油　　C．滴油　　D．漏油

答案：ABCD

三、判断题

1．进入油区人员不得携带非防爆型电动工具（电钻、电锤、磨光机等），应关闭随身携带的无线通信设备，交出火种，触摸静电释放装置。禁止穿钉有铁掌的鞋子和容易产生静电、火花的化纤服装进入油区，非值班人员进入油区应进行登记。（　　）

答案：√

2．油区内应保持清洁，无杂草、树木、油污、垃圾，严禁储存其他易燃易爆物品和堆放杂物，有工作需要时可搭建临时构筑物。（　　）

答案：×（严禁搭建临时构筑物）

3．工作人员应待机车与油罐车脱钩离开后，方可登上油罐车开始卸油工作。（　　）

答案：√

4．炉前燃油系统点火前，应进行油系统泄漏试验，确保系统设备无内漏、外漏。（　　）

答案：√

5．同一油罐可以同时卸油、供油。（　　）

答案：×（同一油罐不得同时卸油、供油）

6．油管道可以超压运行，但要能够自由膨胀，并采取防震、防磨等措施。油管道附近的高温管道保温应齐全，并应包裹铝皮或薄铁皮，油系统阀门、法兰、接头等附件应加装防护罩，防止燃油喷漏到高温管道引起火灾。（　　）

答案：×（油管道不得超压运行）

7．油枪运行中应严格监视雾化情况，一旦发现油枪雾化不正常，等待当前工作结束后立即进行清理检修。（　　）

答案：×（不正常应立即停用）

8．在油区内的燃油设备上动火，应制订专项方案（含组织、安全、技术、应急措施等），并经企业安监部门领导批准。（　　）

答案：×［经企业主管生产的领导（总工程师）批准］

9．对燃油设备及油管道可采用明火办法检验其可燃性。（　　）

答案：×（严禁对燃油设备及油管道采用明火办法检验其可燃性）

10．监护人应熟知设备系统、防火要求及消防方法，动火工作进行时，消防人员必须随叫随到。（　　）

答案：×（消防人员必须始终在场）

11．检修过程中产生的废油或从油库、过滤器、油加热器中清理出来的余渣应放在油区内固定地点，集中处理。（　　）

答案：×（余渣应及时处理，不得在油区内保留）

四、填空题

1．油罐区内油罐壁间的防火间距和易燃油、可燃油的储罐与周围建筑物的防火间距应符合规定标准，油区应配置（　　）装置。

答案：油气检测

2．油区内运行值班室应设有背向油罐区和供油泵房的逃生门，油泵房门窗应符合人员逃生的要求，禁止装铁栝、栅栏等。油泵房与操作室的监视窗应设双层玻璃，油区门口应设置（　　）装置。

答案：静电释放

3．禁止非防爆型电瓶车进入油区，因工作需要必须进入油区的机动车，应按规定在排气管处加装（　　）。

答案：防火罩

4．油区内必须备有足够的消防器材，且处在完好的备用状态，并应定期进行检查试验。油泵房必须安装（　　）装置。

答案：在线消防报警

5．油罐应有（　　）信号装置，防止过量注油。

答案：高、低油位

6．油区运行、检修、维护工作人员应掌握燃油的性质和有关防火防爆规定。对不熟悉的人员，应先进行有关燃油作业的（　　），经考试合格后方可参加燃油设备的运行和维修工作。

答案：安全教育

7．冬季应及时清扫卸油台上的冰雪，并采取必要的（　　）。

答案：防滑措施

8．油枪应定期进行（　　）试验，做到运动不受阻，软管无拉扯、挤压、缠绕现象。软管应定期更换。

答案：进退

9．邻炉加热前，应检查点火油系统，确认炉前供油总门已关严，防止因油枪进油门不严而造成燃油漏入炉膛发生（　　）。

答案：爆炸

10．用电气仪表测量油罐油温时，严禁将电气接点暴露于燃油及燃油气体内，以免（　　）。

答案：产生火花引起爆燃

11．油泵房门窗应向外开放，油泵房应保持良好的通风，及时排除（　　）。

答案：可燃气体

12．电焊机的接地线应接在被焊接的设备上，接地点应靠近焊接处，并采用（　　），禁止采用远距离接地回路。

答案：双接地

五、简答题

1．储存轻柴油、汽油、煤油、原油的油罐应装呼吸阀；储存重柴油、燃料油、润滑油的油罐应装透气孔和阻火器。对这些油罐，运行人员应定期检查哪些项目？

答案：（1）呼吸阀应保持灵活好用。

（2）阻火器的铜丝网应保持清洁畅通。

2．油区检修用的临时动力和照明的电源，应符合哪些要求？

答案：（1）电源应设置在油区外面。

（2）横过通道的电线，应有防止被轧断的措施。

（3）全部动力线或照明线均应有可靠的绝缘及防爆性能。

（4）禁止将临时电线跨越或架设在有油或热体管道设备上。

（5）禁止将临时电线引入未经可靠冲洗、隔绝和通风的容器内部。

（6）用手电筒照明时，应使用塑料防爆手电筒。

（7）所有临时电源在检修工作结束后，应立即拆除。

第12章 《14 除灰、除渣设备的运行与检修》考核题

一、单选题

1．除尘器、烟道等内部的温度在（　　）℃以上时，不得进入内部进行检修及清扫工作。

A．35　　B．40　　C．45　　D．50

答案：B

2．进行除渣设备液压系统检查、检修时，必须在系统完全泄压并做好（　　）安全措施后方可开展工作。

A．防火　　B．防滑　　C．防爆　　D．防尘

答案：A

3．进行干式出渣机的检查、检修时，应做好（　　）的安全措施。

A．防火　　B．防滑　　C．防爆　　D．防烫伤

答案：D

4．对电除尘器内部进行水冲洗工作时，应按有关规定进行，冲洗人员应注意防止冲洗水带压力突然升高造成人员失去平衡而跌落，冲洗过程中使用的行灯电压不得超过（　　）V。

A．12　　B．24　　C．110　　D．220

答案：A

5．在进入除尘器前，必须充分通风，当温度低于（　　）℃时，方可进入除尘器净气室内作业。

A．35　　B．40　　C．45　　D．50

答案：B

二、多选题

1．在电除尘器本体内部工作需要开动引风机时，必须先通知内部工作人员撤离本体，待（　　）后再进入。

A．引风机停止　　B．出入口挡板微开

C．本体内部灰尘减少　　D．温度下降

答案：ABCD

2．锅炉渣斗、捞渣机、出渣机等设备故障放渣时应遵守安全要求，下列描述正确的是（　　）。

A．放渣工作开始前，应先得到运行人员同意，并做好记录

B．放渣时，周围应设置安全隔离围栏

C．工作人员应站在门侧面，并选好向两旁躲避的退路

D．站在放渣门的一侧，要从身体的侧面斜着使用工具，禁止用身体推、顶工具

答案：ABCD

三、判断题

1．在进入除灰（渣）各灰库、粉仓、箱、罐、池、地坑等内部工作前，应将其与系统可靠隔离，排净内部积存的干灰、液体等，并进行通风，确认无窒息危险后，方可与监护人共同进入进行工作。监护人应始终在工作人员身边。（ ）

答案：×（监护人应始终在人孔门处进行监护）

2．储灰库在运行中可打开人孔门进行监视。（ ）

答案：×（在储灰库在运行中严禁打开人孔门）

3．冬季寒冷地区，停止浓缩机、脱水仓运行后，必须将水排掉90%以上。（ ）

答案：×（必须将水全部排净）

4．在进行灰库检修时，严禁在灰库内有积灰的情况下进入灰库内作业。在无法清除积灰时，必须做好防尘、防人员跌入灰库的措施，在有专人负责监护的情况下，方可进入灰库内检修作业。（ ）

答案：√

5．干灰卸料设备在运行中发生卡、堵时，应将卸料设备停止运行后方可工作。（ ）

答案：×（应将卸料设备停止运行并停电后方可工作）

6．清除干灰设备内部堵灰时，可采取用大锤敲击仓泵泵体的方法。（ ）

答案：×（不应采取用大锤敲击仓泵泵体的方法清除内部堵灰）

7．停止除灰空气压缩机运行后，即可在除灰空气压缩机上进行维护、检修工作。（ ）

答案：×（应停止除灰空气压缩机运行并停电，对系统泄压后方可进行维护、检修工作）

8．进入仓泵内检修前，应将灰全部输送干净，如不能将灰全部输送干净，应做好清灰工作，防止发生扬尘。（ ）

答案：√

9．应避免靠近和长时间停留在运行中的捞渣机、出渣机周围，防止人员烫伤，否则应做好相应的安全措施。（ ）

答案：√

10．锅炉冷灰斗下面的捞渣机、出渣机等内部的检修工作，可与炉膛内工作同时进行。（ ）

答案：×（未采取可靠的安全措施前，不得与炉膛内工作同时进行）

11．电除尘器各人孔门应加锁，并做好钥匙管理，使用时办理借用手续。（　　）

答案：✓

12．进入电除尘器本体工作时，应由专人负责进出本体人员的管理登记工作，每次进出本体由负责人签名。（　　）

答案：×（每次进出本体由本人签名）

13．多台整流变压器共处一室时，应只保留一台整流变压器运行，并做好高压设备接地措施。（　　）

答案：×（应停止该室所有整流变压器运行）

14．袋式除尘器运行中，做好安全措施后可将人孔门打开。（　　）

答案：×（袋式除尘器运行中，严禁将人孔门打开）

15．严禁在袋式除尘器净气室内进行任何动火作业。（　　）

答案：×（确需动火作业时，应做好防止烧损滤袋的措施）

16．在袋式除尘器检修时，禁止用水冲洗滤袋。（　　）

答案：✓

17．进入除尘器、烟风道内部工作时，工作人员应至少三人以上，且外面应另有一名专职监护人员。（　　）

答案：×（工作人员应至少两人以上）

四、填空题

1．进入除尘器、烟风道内部以前，应充分通风并检测内部气体含量合格；严禁向内部输送（　　）。

答案：氧气

2．在除尘器内部工作应使用行灯照明，行灯电压不得超过（　　）V，特别潮湿的地方行灯电压不得超过（　　）V，行灯变压器应放在除尘器外面，外壳必须接地。

答案：24；12

3．在更换粉仓、灰库及干渣仓等区域的布袋式除尘器过滤布袋工作前，应将该除尘器退出运行，做好与系统的隔离措施，同时做好防止人员（　　）的安全措施。

答案：坠落

4．在清理灰（渣）浆池、沉灰（渣）池、渣仓、电除尘器灰沟、渣沟等积灰和积渣时，应设（　　），掀开的盖板应及时恢复。

答案：安全围栏

5．打开排渣门疏通灰渣时，应做好防止（　　）的措施。

答案：灰渣喷溅

6．除灰管道酸洗过程中，应经常检查酸洗管线，防止灰管泄漏（　　）。

答案：污染环境

7. 锅炉运行中，处理捞渣机、出渣机、碎渣机等缺陷时，应关闭锅炉冷灰斗关断门，并做好（ ）的安全措施。

答案：防止关断门误开启

8. 从设有液压缸的排渣门进入渣斗内部时，应将排渣门可靠固定在开启位置，并将（ ）关闭。

答案：排渣门液压缸气源

9. 进入本体工作人员应穿（ ），戴防尘口罩。

答案：连身工作服

10. 装有具有放射性物质的灰斗料位计，应做好可靠（ ）措施。

答案：隔绝

11. 在升压试验过程中，人员不得进入电除尘器（ ）。

答案：本体区域

12. 电除尘器的支承立柱应定期进行检查，对沉降值进行检测，并建立（ ）。

答案：检测记录档案

13. 在进入袋式除尘器检修作业时，工作负责人必须对所带工具进行（ ），防止工器具落入滤袋中。

答案：登记清点

14. 对管束式除尘器区域检修时，应至少有（ ）人工作，一人在外监护。

答案：两

15. 在湿式电除尘器内动火作业前，工作负责人应检查相应区域内的消防水系统、除雾器冲洗水系统在（ ）状态。

答案：两用

16. 湿式电除尘器进行（ ）时，人员不得进入除尘器本体区域。

答案：静态升压试验

五、简答题

1. 处理灰库及灰斗积灰、堵塞时，应遵守哪些安全要求？

答案：(1) 工作前，工作人员应观察好周围环境，将工作区域周围清理干净，以便必要时工作人员躲避。

(2) 进入灰库、灰斗前，必须确保灰库、灰斗与系统有效隔离。

(3) 处理灰库、灰斗积灰堵塞时，工作人员应戴手套，穿防烫耐高温工作服和工作鞋，应戴好防尘面具，必要时应使用正压式空气呼吸器。

(4) 处理积灰堵塞时，应有专人进行监护，发现异常情况时应立即组织撤离。

第 13 章 《15 脱硫、脱硝设备的运行与检修》考核题

一、单选题

1．脱硫系统烟道、烟气换热器、吸收塔、增压风机等内部的温度在（　　）℃以上时，不得进入内部进行检修及清扫工作。

A．35　　B．40　　C．45　　D．50

答案：B

2．脱硫系统内部使用的行灯应与经过衬胶或鳞片防腐处理的吸收塔内壁、管道、烟道等构件防腐涂层及除雾器保持（　　）m 以上的安全距离。

A．1　　B．2　　C．1.2　　D．1.5

答案：A

3．液氨罐严禁超温、超压、超液位运行，且存储量不得超过储罐有效容量的（　　）。

A．70%　　B．75%　　C．80%　　D．90%

答案：C

4．工作人员进入储氨罐内检修工作或在氨管道上进行动火作业前，应进行氨气置换，使用氮气置换氨气时，取样点氨气含量应不大于（　　）ppm。

A．35　　B．40　　C．45　　D．50

答案：A

5．工作人员进入储氨罐内检修工作或在氨管道上进行动火作业前，应进行氨气置换，使用空气置换氮气时，取样点含氧量应达到（　　）。

A．18.5%～20%　　B．19%～20.5%

C．19.5%～21%　　D．20%～21.5%

答案：C

6．氨区（　　）m 范围内严禁烟火，属于静电导体的物体必须接地。

A．30　　B．40　　C．45　　D．50

答案：A

7．氨区应设置不低于（　　）m 高的不燃烧体实体围墙，并挂有“严禁烟火”等明显的警告标示牌。

A．1.8　　B．2　　C．2.2　　D．2.5

答案：C

8．当利用厂区围墙作为储氨区的围墙时，该段厂区围墙应采用不低于（　　）m 高的不燃烧体实体围墙，高处应设置逃生风向标。

A．1.8 B．2 C．2.2 D．2.5

答案：D

9．氨区应设置（ ）个及以上不同方向的安全出口，以利于危险情况下作业人员的安全疏散。

A．1 B．2 C．3 D．4

答案：B

10．氨区入口处应设置静电释放装置。静电释放装置地面以上部分高度宜为（ ）m，底座应与氨区接地网干线可靠连接。

A．0.8 B．1.0 C．1.1 D．1.2

答案：B

11．氨区应设置事故报警系统和氨气泄漏检测装置，位置应高于可能泄漏点上方（ ）m处。

A．0.5 B．0.6 C．0.7 D．0.8

答案：A

12．氨区储罐及氨管道必须可靠接地，供氨管道应每隔（ ）m 设置明显接地装置。

A．70～90 B．80～100 C．90～110 D．100～120

答案：B

13．氨区应备有洗眼器、快速冲洗装置，其防护半径不宜大于（ ）m，并同时配备急救药品、正压式空气呼吸器和劳动防护用品等。

A．5 B．10 C．15 D．20

答案：C

14．液氨槽车罐内应保留有（ ）MPa 以上余压，但最高不得超过当时环境温度下介质的饱和压力。

A．0.05 B．0.06 C．0.07 D．0.08

答案：A

15．液氨卸料时，液氨槽车可用不高于（ ）℃的温水加热升温或用不大于设计压力的干燥的惰性气体压送。

A．30 B．40 C．45 D．50

答案：C

16．卸料时，押运员、罐区卸车人员不得擅自离开操作岗位，驾驶员必须离开驾驶室。液氨卸料速度不应过快，流速不大于（ ）m/s，且应有静电导除设施。

A．0.8 B．1.0 C．1.1 D．1.2

答案：B

17．卸氨区周围（　　）m 范围内有明火、易燃、有毒介质泄漏及其他不安全因素时，禁止装卸料作业。

A．30　　B．40　　C．45　　D．50

答案：A

18．氨区卸料完毕应静置（　　）min 后，方可拆除槽车与卸料区的静电接地线，并检测空气中氨浓度小于 35ppm 时，槽车应立即离开卸车站台。

A．5　　B．10　　C．15　　D．20

答案：B

19．液氨储罐应设置超温报警联锁喷淋降温系统，温度达到上限（　　）℃时，应自动打开液氨储罐的降温喷淋系统，对液氨储罐进行喷淋降温。

A．30　　B．40　　C．45　　D．50

答案：B

20．脱硝喷氨系统检修工作前，应做好与系统隔绝、加装带尾巴的堵板（盲板），工作现场氨气浓度低于（　　）ppm，方可进行检修工作。

A．35　　B．40　　C．45　　D．50

答案：A

21．脱硝喷氨设备系统管道上的压力表应每半年校验一次，安全阀应每（　　）个月至少校验一次。

A．3　　B．6　　C．9　　D．12

答案：D

二、多选题

1．氨区职业危害告知牌应注明氨（　　）等内容。

A．物理和化学特性　　B．危害防护

C．处置措施　　D．报警电话

答案：ABCD

2．如遇（　　）等恶劣天气时，氨区禁止装卸料作业。

A．闪电　　B．6 级以上大风　　C．大雨　　D．雷电

答案：ABCD

3．下列关于脱硫吸收塔和烟道内部防腐施工安全规定的描述，正确的有（　　）。

A．脱硫防腐使用的原材料附近 5m 范围内严禁动火

B．现场防腐作业使用的易燃物品，一次进场不宜超过 2 天用量

C．脱硫防腐施工现场应配备足量的灭火器

D．设置不少于两台防爆型排风机进行强制通风，作业人员应戴防毒面具

答案：ACD

三、判断题

1．进入吸收塔内部前，必须把与该脱硫吸收塔相连的风、烟、水、浆等挡板、阀门关闭严密并上锁。（　　）

答案：√

2．必要时可在除雾器上暂时堆放物料。（　　）

答案：×（严禁在除雾器上站人或堆放物料）

3．在紧急情况下，只有工作负责人可拉“拉线开关”停止真空皮带脱水机的运行，并及时向上级汇报。（　　）

答案：×（紧急情况下，任何人均可拉“拉线开关”停止真空皮带脱水机的运行）

4．脱硫吸收塔内部所搭设的满堂脚手架应设单爬梯，以便于在紧急情况时撤离。（　　）

答案：×（应设双爬梯，以便于在紧急情况时撤离）

5．疏通石灰石下粉管堵粉时，应从身体的侧面斜着使用工具，禁止用身体推、顶工具，人员应站在下粉口正下方捅堵粉。（　　）

答案：×（人员不得站在下粉口正下方捅堵粉）

6．在运行中的液氨设备和系统附近或停用的液氨设备和系统上进行动火作业时，并制订专项方案（含组织、安全、技术、应急措施等），经企业安监部门负责人批准后方可工作。（　　）

答案：×［经企业主管生产的领导（总工程师）批准后方可工作］

7．办理好动火工作票，做好安全防护措施后，方可在使用中的液氨（氨水）储存罐及输送管路系统上进行动火作业。（　　）

答案：×［严禁在使用中的液氨（氨水）储存罐及输送管路系统上进行动火作业］

8．液氨槽车装卸料时，应按指定位置停车，发动机熄火，并采取有效制动措施；接好接地线；装卸过程中严禁启动车辆。（　　）

答案：√

9．槽车可以兼作储罐使用，但不得从槽车直接灌瓶或其他容器。（　　）

答案：×（槽车不得兼作储罐使用，也不得从槽车直接灌瓶或其他容器）

10．液氨泄漏时，应立即采取处理措施，在保证安全的情况下，尽可能切断泄漏源；应急处理人员必须戴正压式空气呼吸器，穿专用防护服；泄漏区周围立即设置隔离带，并监测空气中氨气的浓度，撤离隔离带内所有人员。（　　）

答案：√

11．液位计失灵时，关闭气相阀门，从液位计中部排放污物，或关闭液相阀门，用气相压力从液位计底部排放阀排出污物。（　　）

答案：×（液位计失灵时，关闭气相阀门，从液位计底部排放污物）

12．脱硝喷氨系统检修工作前，应做好与系统隔绝、加装带尾巴的堵板（盲板），工作现场氨气浓度低于35ppm，方可进行检修工作，如出现工作间断，时间较短可不再测量直接开始工作。（　　）

答案：×（如出现工作间断，每次开工前应再次测量氨气浓度，符合要求后方可开始工作）

13．尿素颗粒储仓需要保温、密闭，避免尿素储仓中发生漏雨、漏水现象，尿素储存区应低于周边地面。（　　）

答案：×（尿素储存区应高于周边地面）

四、填空题

1．进入脱硫吸收塔、石灰石浆液箱、粉仓等内部检修时，应将其内部介质（　　），并做好防滑跌的安全措施及地面层防护措施。

答案：全部排净

2．进行具有放射性的密度计检修、维护时必须由（　　）的人员进行，严禁非专业人员擅自检查。

答案：取得相应资质

3．石灰石浆液和石膏排出系统停止运行时，必须严格执行顺控程序操作，每次必须对系统内部进行（　　），以免积浆造成设备、管道系统的堵塞。

答案：充分的水冲洗

4．冬季在寒冷地区，停止脱硫系统运行后，必须将管道内的冲洗水及时（　　），以免将管道冻坏或引起塌落。

答案：排放干净

5．液氨作业人员必须经过（　　），熟悉系统，熟悉液氨物理、化学特性和危险性，经考试合格，持证上岗。

答案：专门培训

6．氨系统发生轻微泄漏时，宜使用便携式氨气检测仪或（　　）查漏，禁止明火查漏。

答案：肥皂水

7．氨区开关阀门和检修应使用（　　）制工具，以防产生火花。

答案：铜

8．进入氨区，空气中氨浓度超标，应急处置工作时，必须佩戴（　　）方可进入。

答案：正压式空气呼吸器

9．卸氨装置布置在氨区（　　），周围设置（　　）设施。

答案：外面；防撞

10．运送液氨的车辆排气管必须装设（　　），车身必须配备（　　）装置。

答案：阻火装置；静电释放

11．卸料场所应符合有关防火、防爆规定的要求，并配备一定量的（ ）等防护器材。

答案：防毒面具

12．脱硝喷氨管道应具有良好的防雷、防静电接地装置，应定期进行检查和检测。脱硝喷氨管道严禁作为导体和接地线使用。脱硝喷氨管道的法兰应设（ ）。

答案：金属导线跨接

13．进入尿素储仓内检修前，必须将尿素全部清空，并（ ）检测合格后，方可进入内部工作。储仓内存有尿素时不准在（ ）上动火作业。

答案：充分通风；仓内、外壁

14．进入热解炉内工作，应充分通风检测合格后，降低至（ ）温度后，方可进入内部工作。

答案：环境

15．在热解炉制备氨气过程中严禁停止（ ）的供给。

答案：稀释风

16．热解炉在运行中，严密监视热解炉出口风温及压力，保证尿素溶液热解完全，避免在热解炉出口处（ ）。

答案：结晶

17．工作人员进入脱硫系统增压风机、烟气换热器、脱硫吸收塔、烟道以前，应充分通风，不准进入空气不流通的（ ）进行工作。

答案：烟道内部

18．防腐作业进行中或防腐层固化前，防腐现场水平距离（ ）m 内及其上方应严禁动火作业。

答案：10

五、简答题

1．液氨管线突然发生爆炸或发生大量氨气泄漏时，抢修人员应注意哪些事项？

答案：抢修人员应戴好正压式空气呼吸器，判别事故部位，切断液氨、气氨来源，确认水喷淋系统投入，喷水吸收泄漏的氨气。有关人员应及时报告，并启动应急预案。

2．液氨泄漏现场，人员现场紧急救护应遵守哪些要求？

答案：（1）皮肤接触液氨时，应立即脱去受污染的衣服，用大量清水或 2%硼酸液彻底冲洗，必要时立即就医。

（2）发生眼睛接触液氨时，应立即用大量流动清水或生理盐水彻底冲洗眼睛至少 15min，并立即就医。

（3）吸入氨气时应迅速脱离现场至空气新鲜处，保持呼吸道通畅；如呼吸困难，应采取输氧措施；如呼吸停止，应立即进行人工呼吸并就医。

第14章《16 化学工作》考核题

一、单选题

1．取样时应先开启冷却水门，再慢慢开启取样管的汽水门，样品温度一般保持在（　　）℃以下。

A．30　　B．40　　C．45　　D．50

答案：A

2．在电气设备上取油样，应得到（　　）的同意，由电气专业指定的人员操作，化验人员在旁指导。

A．安监人员　　B．值班人员

C．运行人员　　D．集控主值班员

答案：C

3．在运行中的机务设备上取油样，应由（　　）操作，化验人员在旁指导。

A．安监人员　　B．运行值班人员

C．化验人员　　D．集控主值班员

答案：B

4．用烧杯加热液体时，液体的高度不得超过烧杯的（　　）。

A．1/4　　B．1/3　　C．1/2　　D．2/3

答案：D

5．氯瓶应涂有（　　）色“液氯”字样的明显标志。

A．黄　　B．白　　C．红　　D．蓝

答案：B

6．应用（　　）氨水检查储氯设备有无泄漏，如有泄漏应及时处理，漏氯处不可与水接触，以防腐蚀。

A．10%　　B．20%　　C．30%　　D．40%

答案：A

7．酸碱罐周围应设不低于（　　）cm的围堰。

A．10　　B．15　　C．20　　D．25

答案：B

8．室外的酸碱罐应设置不低于（　　）cm的围栏。

A．80　　B．90　　C．100　　D．110

答案：C

二、多选题

1．化验室应备有（　　）、急救酸碱伤害时中和用的溶液以及毛巾、肥皂等物品，化验室工作人员应熟知上述器材的放置位置和使用方法。

A．冲洗水　　B．通风设备　　C．消防器材　　D．急救箱

答案：ABCD

2．根据药品性质，药品储存间内应有相应的防水、（　　）和冲洗措施。

A．防腐　　B．通风　　C．除尘　　D．采暖

答案：ABCD

3．每个装有药品的瓶子上均应贴上明显的标签，标签上应有药品（　　）、使用有效期等内容，并分类存放。

A．名称　　B．浓度

C．配制时间　　D．配制人姓名

答案：ABCD

4．危险化学品应储存在专用仓库内，并由专人负责管理；剧毒化学品应在专用仓库的专用保管柜内单独存放，并实行“五双”管理，即双人收发、双人使用、（　　）。

A．双人双账　　B．双人双锁　　C．双人运输　　D．双人监督

答案：ABC

5．装卸、搬运危险化学品时应按有关规定进行，做到轻装、轻卸，严禁摔、碰、（　　）。

A．撞、击　　B．拖拉　　C．倾倒　　D．滚动

答案：ABCD

6．危险化学品入库时，应严格检验物品的（　　）等情况，严禁出现泄漏情况。

A．质量　　B．数量　　C．体积　　D．包装

答案：ABD

7．危险化学品入库后应采取适当的养护措施，在储存期内，应定期检查，发现有（　　）等情况，应及时处理。

A．品质变化　　B．包装破损

C．渗漏　　D．稳定剂短缺

答案：ABCD

8．（　　）易燃、易爆物料时，应使用不产生火花的铜制、合金制或其他工具。

A．修补　　B．换装　　C．清扫　　D．装卸

答案：ABCD

9．在进行酸碱类工作的地点，应备有（　　）。

A．冲洗水　　B．毛巾

C．药棉　　　　　　　　　　　　　　D．急救时中和用的溶液

答案：ABCD

10．用氢氟酸酸洗锅炉时，以下相关安全要求的描述正确的有（　　）。

A．氢氟酸应盛装在聚乙烯或硬橡胶容器内，桶盖必须密封

B．严禁皮肤直接接触氢氟酸

C．稀酸系统如有泄漏，应设警戒区域，拉警戒线，并派人警戒，禁止任何人接近

D．皮肤上溅着酸液，应立即用大量稀释碱液冲洗

答案：ABC

三、判断题

1．取样过程中如遇冷却水中断，应尽快结束取样，然后中断操作，关闭取样管入口门。（　　）

答案：×（应立即中断操作，关闭取样管入口门）

2．在液氨槽车取样时必须佩戴全密闭防护面罩、防冻手套，站在下风口缓慢打开槽车取样门，排出取样管内残存氨液进行准确取样工作。（　　）

答案：×（站在上风口缓慢打开槽车取样门）

3．禁止将药品放在饮食器皿内，必要时，经负责人批准后可将食品放在化验室内。（　　）

答案：×（禁止将食品和食具放在化验室内）

4．禁止用口品尝的方法鉴别性质不明的药品，可正对瓶口用鼻嗅。（　　）

答案：×（禁止用口品尝和正对瓶口用鼻嗅的方法鉴别性质不明的药品）

5．试管加热时严禁把试管口朝向自己，刚加热过的玻璃仪器不可接触皮肤及冷水。（　　）

答案：×（试管加热时严禁把试管口朝向自己或别人）

6．装过腐蚀性、可燃性、有毒或易爆物品的容器或器皿，使用后应放在水池，等待试验结束后统一清洗。（　　）

答案：×（装过腐蚀性、可燃性、有毒或易爆物品的容器或器皿，使用后应及时清洗干净）

7．禁止在药瓶内装入与标签名称不相符的药品，禁止将不同的化学药品在同一药瓶内混装，禁止使用没有标签或过期失效的药品。（　　）

答案：√

8．对有挥发性的药品应存放在专门的柜内。使用这类药品应特别小心，必要时应戴口罩、防护眼镜及橡胶手套；操作时必须在通风柜内或通风良好的地方进行，并应远离火源，通风柜开启后，不应把头伸入柜内；接触过的器皿应彻底清洗干净。（　　）

答案：√

9．腐蚀性物品，包装必须严密，不允许泄漏，严禁与液化气体和其他物品共存。（　　）

答案：√

10．储存危险化学品的建筑物门窗应有防盗功能，区域内严禁吸烟和使用明火，进入危化品仓库前应充分通风，通风开关应设在库外，其内的照明、通风等电气设施应尽量采用防爆型。（　　）

答案：×（其内的照明、通风等电气设施必须采用防爆型）

11．储存易燃、易爆化学危险品的建筑，必须安装避雷装置及静电接地装置。（　　）

答案：√

12．列入《危险化学品目录》的化学品及包装物废弃后属于危险废物，应按照危险废物进行管理，拟处理的残留物及包装物应登记，交由公司安监部门进行处理。（　　）

答案：×（交由有资质的危险废物处置单位进行处理）

13．使用和装卸药品的工作人员，应熟悉药品的特性和操作方法。（　　）

答案：√

14．当凝聚剂或漂白粉溶液溅到眼睛内时，必须立即用大量清水冲洗，并根据情况及时送医诊治。（　　）

答案：√

15．联氨及其容器的存放地点，应安全可靠，禁止无关人员靠近，联氨储存罐应与其他化学药品存放在危险化学品仓库内。（　　）

答案：×（联氨储存罐应存放在单独的房间内）

16．溶氨时应先缓慢开启氨瓶出口阀，再开启吸气器。（　　）

答案：×（溶氨时应先开启吸气器，再缓慢开启氨瓶出口阀）

17．在进行溶解氯酸钠工作时，现场应加强通风，工作人员应佩戴防护眼镜、口罩和橡胶手套，避免接触盐酸，杜绝与有机物或还原性物质摩擦或撞击，现场应配备相应品种和数量的消防器材。（　　）

答案：√

18．凡属使用浓酸的一切操作，都必须在室外或宽阔和通风良好的室内通风柜内进行。（　　）

答案：√

19．配制稀酸时，应将水缓慢倒入酸内，并不断进行搅拌，以防剧烈发热溅出伤人。（　　）

答案：×（配制稀酸时，禁止将水倒入酸内）

20．当浓酸倾撒在室内或试验台上时，应直接用水冲洗。（　　）

答案：×（应先用碳酸钠或生石灰等弱碱中和，再用水冲洗，或先用泥土吸收，扫除后再用水冲洗）

21．水处理设备发生泄漏时，紧急情况下可以直接用手触摸检查泄漏情况或堵漏。（　　）

答案：×（不得直接用手触摸检查泄漏情况或堵漏）

22．拆卸酸碱等强腐蚀性设备时，必须先泄掉设备内部压力，防止酸碱喷出伤人；当有酸碱液体流出时，应立即用大量清水冲洗稀释，防止流出的酸碱液体腐蚀设备及基础。（　　）

答案：√

23．酸系统发生泄漏缺陷需进行检修时，如需动火作业，应先在动火区域或设备外部检测氢气浓度。（　　）

答案：×（应先在动火区域或设备内部检测氢气浓度）

24．氯气室屋顶，应设有足够的淋水设施（水门应装在室外）和排气风扇。加液氯工作应由两人进行。（　　）

答案：√

四、填空题

1．汽、水取样地点，应有良好的照明，取样操作时，应使用专用工具，防止（　　）。

答案：烫伤

2．高温汽、水取样必须通过（　　）装置，保持冷却水管畅通和冷却水量充足。应有可靠、连续、稳定的（　　）水源。

答案：冷却；冷却

3．上煤车、石灰石运输车取样，应确认运输车辆在取样期间（　　）后，方可进行取样操作。

答案：不会移动

4．取用液体时，禁止用口含玻璃管吸取液体，应用（　　）或吸取器吸取。

答案：移液管

5．禁止把氧化剂和还原剂及其他容易互相起反应的化学药品储放在相邻的地方，应采取可靠的（　　）隔离。

答案：物理

6．同一区域储存（　　）种或以上不同级别的危险品时，应按最高等级危险物品的性能标志。每种危险化学品应标明其（　　）、防护要求等注意事项。

答案：两；危害性质

7．易燃、易爆物品不准与其他类物品同储，必须单独隔离限量储存，还应与周围建筑、交通干道、输电线路保持一定的（　　）。

答案：安全距离

8．装卸对人身有毒害及腐蚀性的物品时，操作人员应根据（　　），穿戴相应的防护用品。

答案：危险性

9．水处理药品储存和加药场所等工作地点应装有通风设施，备有中和用的冲洗水、（　　）和（　　）等物品。

答案：毛巾；肥皂

10．进入含酸性气体或含其他挥发性气体浓度较高的场所进行紧急抢修时，应穿戴酸碱防护服，佩戴（　　）；当酸浓度较高时，应穿专用防护服。

答案：套头式防毒面具

11．搬运和使用浓酸或强碱性药品的工作人员，应熟悉药品的性质和操作方法，并根据工作需要戴口罩、橡胶手套及防护眼镜，穿橡胶围裙及长筒胶靴，裤脚须放在靴外。（　　）应检查防护设备是否合适。

答案：工作负责人

12．配制热的浓碱液时，必须在通风良好的地点或在通风橱内进行，溶解时应逐步小份加入苛性碱固体，并以（　　）搅拌。

答案：木棒

13．从事酸碱等工作时应戴防护眼镜（面罩）。当浓酸溅到眼睛内或皮肤上时，应迅速用大量的清水冲洗，再以（　　）的碳酸氢钠溶液清洗。当强碱溅到眼睛内或皮肤上时，应迅速用大量的清水冲洗，再以（　　）的稀硼酸溶液清洗眼睛或以（　　）的醋酸清洗皮肤。经过上述紧急处理后，应立即送医院急救。当浓酸溅到衣服上时，应先用水冲洗，然后用（　　）的稀碱液中和，最后再用水清洗。

答案：0.5%；2%；1%；2%

14．当发生故障有大量氯气漏出时，工作人员应立即戴上防毒面具，关闭门窗，开启室内淋水阀门，将氯瓶放入（　　）中。

答案：碱水池

15．受氯气轻微中毒但仍能行动者，应立即（　　），口服复方樟脑酊解毒，并在胸部用冷湿敷法救护；中毒较重者应吸氧气；如已昏迷者，应立即施行（　　），并通知医务人员急救。

答案：离开现场；人工呼吸法

16．拆卸加氯机时，检修人员应站在上风位置，如感到身体不适时，应立即离开现场，到（　　）地方休息。

答案：空气流通

17．在有毒、有害和腐蚀性系统设备附近工作时，应有必要的（　　）和（　　）

措施，防止人员受伤和中毒。

答案：遮挡；隔绝

18. 化学车间酸库应设置（　　）装置，所有酸溶液箱、罐的排气必须经其进行排放。

答案：酸雾吸收

19. 酸碱储存罐应使用电子液位计，当采用玻璃液位管时，应装（　　）防护罩。

答案：金属

20. 泄漏的酸碱液必须回收至废水处理系统，严禁（　　）。

答案：直接外排

21. 离子交换设备衬胶修补后采用电火花方法检验时，工作人员应做好（　　）的安全措施。

答案：防止触电

22. 氢冷机组汽机厂房凝结水精处理设备检修如需动用电气焊工作，必须履行（　　）制度，动火前应先检测氢气浓度。

答案：动火工作票

23. 如果眼睛、皮肤不慎沾上氨水、联氨，应立即用（　　）清洗，情况严重时应紧急就医。

答案：大量清水

24. 采用电解海水或食盐水制取次氯酸钠的系统，必须保证车间内通风良好，次氯酸钠储罐必须设置必要的（　　）装置，防止氢气在储罐内聚集。

答案：排氢

25. 采用电解法制取次氯酸钠时，对次氯酸钠储槽内积聚的氢气，应采用防爆型风机及时抽取或鼓风稀释至氢气浓度低于（　　）。

答案：1%

五、简答题

1. 人体接触磷酸酯抗燃油后，误食、误入眼睛、皮肤沾染、吸入蒸汽时，应采取哪些处理措施？

答案：（1）误食处理：抗燃油严禁入口，一旦误食，应立即采取措施，使其呕吐，并尽快送医院诊治。

（2）误入眼睛内：立即用大量清水冲洗，再到医院治疗。

（3）皮肤沾染：抗燃油不可直接接触皮肤，不慎沾染时，立即用水、肥皂清洗干净。

（4）吸入蒸汽：立即脱离污染源，送往医院诊治。

2. 磷酸酯抗燃油如有泄漏迹象，应采取哪些措施？

答案：（1）尽快查找泄漏点并消除。

（2）采取包裹或涂敷措施，覆盖绝热层，消除多孔性表面，以免磷酸酯抗燃油渗入保温层中。

（3）将泄漏的磷酸酯抗燃油通过导流沟收集。

（4）如果磷酸酯抗燃油渗入保温层并着火，应使用二氧化碳及干粉灭火器灭火，不应用水灭火。磷酸酯抗燃油燃烧会产生有刺激性的气体，除产生二氧化碳、水蒸气外，还可能产生一氧化碳、五氧化二磷等有毒气体，现场宜配备供氧装置或防毒面具，防止吸入对身体有害的烟雾。

第15章 《17 氢冷设备与制氢、储氢装置的运行与维护》考核题

一、单选题

1．制（供）氢站应设不燃烧体的实体围墙，其高度不应低于（　　）m，围墙上应有明显的安全标识，入口处应设置人体静电释放器。

A．1　　B．1.5　　C．2　　D．2.5

答案：D

2．禁止在制（供）氢室、储氢罐、氢冷发电机及氢气管路（　　）m 范围内进行明火作业或做可能产生火花的工作。

A．15　　B．20　　C．25　　D．30

答案：D

3．如必须在氢气管道附近进行焊接或点火的工作，应事先经过氢量测定，证实工作区域内空气中含氢量小于（　　），制订专项方案（含组织、技术、安全、应急措施等），并经企业主管生产的领导（总工程师）批准后方可进行。

A．1%　　B．1.5%　　C．2%　　D．2.5%

答案：A

4．氢气系统动火检修，应保证系统内部和动火区域的氢气体积分数最高含量不超过（　　），并每隔 15min 测定一次氢气浓度。

A．0.2%　　B．0.3%　　C．0.4%　　D．0.5%

答案：C

5．制（供）氢室着火时，应立即停止电气设备运行，切断电源，排除系统压力，并用（　　）灭火。

A．沙土　　B．干粉灭火器

C．水　　D．CO_2灭火器

答案：D

6．氢气使用区域应通风良好，当空气中氢气含量达到（　　）时，事故排风机应能自动开启。

A．0.2%　　B．0.3%　　C．0.4%　　D．0.5%

答案：C

7．因生产需要在室内（现场）使用氢气瓶，其数量不得超过（　　）瓶，现场通风条件应符合要求。

A．3　　B．4　　C．5　　D．6

答案：C

8．氢气瓶与其他盛有易燃易爆、可燃物质及氧化性气体的容器和气瓶的间距不应小于（ ）m。

A．5　　B．6　　C．7　　D．8

答案：D

9．氢气瓶与明火和普通电气设备的间距不应小于（ ）m。

A．5　　B．10　　C．15　　D．20

答案：B

10．氢气瓶与空调装置、空气压缩机和通风设备（非防爆）等吸风口的间距不应小于（ ）m。

A．5　　B．10　　C．15　　D．20

答案：D

11．氢气瓶与其他可燃气体储存地点的间距不应小于（ ）m。

A．5　　B．10　　C．15　　D．20

答案：D

12．氢气瓶使用时应装减压阀，减压阀接口和管路接口处的螺纹，旋入时应不少于（ ）扣丝。

A．3　　B．4　　C．5　　D．6

答案：C

13．不得将气瓶内的气体用尽，瓶内至少应保留（ ）MPa 以上的压力，以防止空气进入瓶内。

A．0.02　　B．0.03　　C．0.04　　D．0.05

答案：D

14．钢制无缝气瓶集装装置组装后应进行气密试验，试验介质为（ ），应无泄漏点。

A．空气　　B．氧气　　C．氢气　　D．氮气

答案：D

二、多选题

1．首次使用和大修后的氢气系统应进行（ ），符合要求后方可投入使用。

A．耐压试验　　B．清洗（吹扫）

C．温度检测　　D．气密试验

答案：ABD

2．下列与氢气瓶应隔离存放的是（ ）。

A．氧气瓶　　B．氯气瓶　　C．氟气瓶　　D．氮气瓶

答案：ABC

三、判断题

1．因工作需要进入制氢站的人员应实行登记准入制度，所有进入制氢站的人员应关闭移动通信工具，严禁携带火种，禁止穿带铁钉的鞋。（　　）

答案：√

2．进行制氢、供氢操作或处理氢气泄漏缺陷的运行（检修）作业人员应穿符合规定的阻燃、防静电工作服，工作服宜连体，上下不分开。（　　）

答案：×（工作服宜上下分开）

3．制（供）氢站及储氢罐应安装防雷设施，防雷设施应每两年在雷雨季节前检测一次，并建立设备档案。（　　）

答案：×（防雷设施应每年在雷雨季节前检测一次）

4．氢气罐压力表和安全阀一般应每年至少校验一次，确保可靠。（　　）

答案：×（氢气罐压力表应每半年校验一次，安全阀一般应每年至少校验一次）

5．氢气瓶搬运中应轻拿轻放，不得滚摔，严禁撞击和强烈震动，必要时采取缓冲措施从车上缓慢往下滚卸。（　　）

答案：×（不得从车上往下滚卸）

6．在环境温度低于零度的地区，储氢罐的底部排水管道、阀门及向空安全阀应有防冻措施，防止冻坏管道、阀门。（　　）

答案：√

7．由制氢站向发电机补充氢气应经储氢罐，禁止由电解槽直接向发电机补氢；储氢罐的氢气入口和供氢出口管路应分别设置，且供氢出口管应从储氢罐内的下部引出。（　　）

答案：×（供氢出口管应从储氢罐内的中上部引出）

8．氢冷发电机的排氢管必须接至室外，并布置在机房顶部，排氢管的排氢能力应与汽轮机破坏真空停机时转子的惰走时间相配合。（　　）

答案：√

9．发电机及氢气系统检修破坏系统密封前，空气置换 CO_2 气体结束后，应打开排氢总门对发电机内气体泄压并确认至零值后方可进行工作。（　　）

答案：√

四、填空题

1．为了检查各连接处有无漏氢的情况，可用携带式可燃气体检测报警仪或（　　）进行检查，禁止用明火检查，携带式可燃气体检测报警仪应定期校验。

答案：肥皂水

2．排出带有压力的 H_2、O_2 或向储氢罐、发电机输送氢气时，必须均匀缓慢地打开设备上的阀门和节气门，使气体缓慢地放出或输送，禁止剧烈地排送，以防因摩擦引起（　　）。

答案：自燃

3．制（供）氢室中应备有橡胶手套和防护眼镜，以供进行与碱液有关的工作时应用；还应备有（　　）溶液，以供中和溅到眼睛或皮肤上的碱液。

答案：稀硼酸

4．在发电机内充有氢气时或在电解装置上进行检修工作，应使用（　　）的工具，以防产生火花；必须使用钢制工具时，应涂上（　　）。

答案：铜制；黄油

5．氢气纯度、湿度和含氧量必须符合规定标准。氢气纯度不应低于（　　），含氧量不应超过（　　），氢气湿度（露点温度）应不大于（　　）℃。

答案：99.5%；0.5%；–25

6．制（供）氢室和机组的供氢站应采用（　　）电气装置。

答案：防爆型

7．氢气罐应有静电接地设施，所有防静电接地设施应定期检查、维修，并建立（　　）。

答案：设备档案

8．氢气瓶应直立地固定在支架上，防止倾倒。气瓶、管路、阀门和接头应固定，不得松动移位，且管路和阀门应有（　　）的防护装置。

答案：防止碰撞

9．氢气瓶应定期进行检验，气瓶上应有（　　）及（　　），检验标识在有效期内。

答案：检验钢印；检验色标

10．应定期测定运行中储氢罐的氢气纯度、湿度和含氧量，并保证在合格范围内，应根据氢罐内的湿度定期排除氢罐内的（　　）。

答案：凝结水

11．氢冷发电机气体置换时，必须严格按照置换程序进行，应用（　　）或（　　）作为中间介质，严禁氢气与空气直接接触置换。

答案：CO_2；惰性气体

12．发电机氢冷系统中的氢气纯度、湿度和含氧量，在运行中必须实现在线检测并进行定期校验。氢气纯度、湿度和含氧量必须符合规定标准，其中氢气纯度不应低于（　　），含氧量不应超过（　　），露点温度（湿度）在发电机内最低温度为5℃时不高于（　　）℃，在发电机内最低温度不小于10℃时不高于（　　）℃，应均不低于（　　）℃。

答案：96.0%；1.2%；–5；0；–25

13．当定子冷水箱的含氢量达到3%时应报警，在（　　）h内缺陷未消除或含氢量升到（　　）时，应停机处理。

答案：120；20%

第16章 《18　转动机械的维护与检修》考核题

一、填空题

1．有关值班人员应将停止转动机械的原因和（　　）记入值班日志中。值班人员只有在接到（　　）的正式通知并收回（　　）、现场检查确认所有工作人员已离开有关设备后，才可以取下安全警示标志牌，恢复设备的使用，并记入（　　）内。

答案：隔离情况；检修工作负责人；工作票；值班日志

2．在转动机械试运行启动时，所有人员应先远离，站在转动机械的（　　）位置，并有一人站在事故按钮位置，发现异常立即停止运行。

答案：轴向

3．两台并联运行中的风机一台需检修，如介质不能完全隔离时，禁止人员进入（　　）、（　　）内工作；如确需进入工作，应采取特殊的安全措施，并经企业主管生产的领导（总工程师）批准后方可进入工作。

答案：风机机壳；风箱

4．转动机械检修需拆装轴套、对轮和叶（风）轮时，如需使用气焊加热，应做好防止（　　）的措施；对轮找正调整时，不得用（　　）直接敲打电动机底座。

答案：灼烫伤；大锤

5．如需盘动钢球磨煤机筒体时，应确保大瓦润滑油系统正常且转动部分（　　）；盘动过程中，禁止将手指放在联轴器开口处，并做好防止（　　）的措施。

答案：周围无人；筒体倒转

6．转动机械转子校动平衡时，应由专人负责指挥；工作场所周围应设置（　　），无关人员不应入内。

答案：安全围栏

7．引风机、送风机、增压风机、排粉机、一次风机、回转式空气预热器等检修后，检修工作负责人和运行值班人员应确认燃烧室、烟道、空气预热器等处确已（　　），方可试运行。

答案：无人工作

8．用起重机械直接对转动机械转动部分进行微吊工作时，应检查制动装置动作可靠。微吊时，钢丝绳要（　　），操作要缓慢。

答案：垂直

9．转动机械的部件拆卸时，遇到拆卸困难，部件卡涩，禁止用锤子猛打猛敲，应使用（　　）或（　　）进行敲打。

答案：紫铜棒；垫以方木

10．轴流式风机上盖拆装时，起吊工作必须由（ ）负责指挥。

答案：有资质的专人

11．拆装轴流式风机的叶片时，应站在叶轮的（ ）位置。

答案：轴向

二、简答题

1．所有转动机械，在开始工作前，工作负责人必须对哪些安全措施进行检查，确认措施到位无误后，方可开始工作？

答案：（1）切断电源（电动机的开关、刀闸或熔断器应拉开或取下，开关控制电源的熔丝也应取下；DCS系统操作画面应设置“禁止操作”）。

（2）切断风源、水源、汽（气）源、油源等；关闭有关闸板、阀门等，并上锁，必要时应加装堵板。

（3）上述闸板、阀门上均应设置“禁止操作 有人工作”安全警示标志牌。必要时还应采取强制制动措施，防止设备突然转动。

第 17 章 《19　有限空间作业》考核题

一、单选题

1．进入有限空间作业前，设备设施主管部门、生产技术部门、安全监督部门应到现场检查，确保安全措施完备，有毒有害、易燃易爆物质积聚和氧含量测量合格，其中氧含量应为（　　），富氧环境下不应大于 23.5%。

A．16%～19.5%　　B．19.5%～21%

C．21%～24.5%　　D．24.5%～28%

答案：B

2．必须在打开的人孔盖或盖板周围设置固定安全围栏和安全警示标识，夜间还应在遮栏上设置红色警示灯，在人孔下面应装有间距（　　）cm 上下用的脚蹬或固定的铁梯。

A．15～25　　B．20～30　　C．25～35　　D．30～40

答案：D

3．地下室、沟（隧）道、井内的温度超过（　　）℃时，不得进入工作。在 40～50℃环境下工作，也应适当地轮换工作和休息。

A．40　　B．45　　C．50　　D．55

答案：C

二、多选题

1．下列说法正确的有（　　）。

A．易燃易爆的有限空间应穿防静电工作服及防静电工作鞋

B．酸碱等腐蚀性介质的有限空间，应穿戴防酸碱防护服、防护鞋、防护手套等防腐蚀防护用品

C．有粉尘产生的有限空间，应佩戴防尘口罩、眼罩等防尘护具

D．高温的有限空间，进入时应穿戴高温防护用品

答案：ABCD

2．关于有限空间内作业，对其内部气体浓度监测的具体要求，下列描述正确的是（　　）。

A．作业中应至少每 1h 监测一次，如监测分析结果有明显变化，应立即停止作业

B．对可能释放有害物质的有限空间，应连续监测

C．涂刷具有挥发性溶剂的涂料时，应做连续分析

D．操作人员应戴好防毒口罩、防护眼镜等个人防护用品

答案：BCD

三、判断题

1．作业人员不应携带与作业无关的物品进入有限空间；作业中不应抛掷材料、工器具等物品；在有毒、缺氧环境下不应摘下防护面具；不应向有限空间充氧气或富氧空气；离开有限空间时应将气割（焊）工器具带出。（　　）

答案：√

2．作业结束后，工作负责人应组织检查有限空间内部，确认无问题后方可封闭有限空间。（　　）

答案：×（工作负责人应组织检查有限空间内外，确认无问题后方可封闭有限空间）

3．在许可检修前，运行值班人员应做好一切必要的切换工作，放尽相关管道、容器内部的汽（气）、水、油。各有关阀门应上锁，并设置“禁止操作　有人工作”安全警示标志牌。对动力操作的阀门应隔断动力源，并设置安全警示标志牌，这些操作应记录在值班日志中。（　　）

答案：√

4．在缺氧危险作业中，作业人员必须配备并使用正压式空气呼吸器或软管面具等隔离式呼吸保护器具或过滤式面具。（　　）

答案：×（严禁使用过滤式面具）

5．在容器内衬胶、涂漆、刷环氧玻璃钢时，应打开人孔门，并进行强力通风。工作场所应备有泡沫灭火器和干沙等，严禁明火。（　　）

答案：√

6．对进入容器的人员应进行登记。在关闭容器、槽箱的人孔门以前，工作负责人应清点人员，确认人员已撤离，方可关闭。（　　）

答案：×（确认人员已撤离、工器具和材料已撤出后，方可关闭）

7．在有害、易燃易爆气体的地下室、沟（隧）道、井内工作，可使用煤油灯等明火照明。（　　）

答案：×（禁止使用煤油灯等明火照明）

8．发现有人中毒窒息，抢救人员应佩戴防毒面具方可进行施救，并尽快抢救。（　　）

答案：×（现场有关人员立即报警，并寻求外部救援力量进行救援，严禁盲目施救）

9．发现有限空间作业区域外出现威胁作业人员安全和健康的险情时，应立即进入有限空间，进行救援。（　　）

答案：×（严禁盲目施救，应责令作业人员立即撤离有限空间）

四、填空题

1．有限空间外应根据有害因素设置安全警示标识，备有空气呼吸器（氧气呼吸器）、（　　）和（　　）等相应的应急用品。

答案：消防器材；清水

2．难度大、劳动强度大、时间长的有限空间作业应采取（　　）方式。

答案：轮换作业

3．检修工作前，检修管段的疏水门必须打开，以防止阀门不严密时泄漏的（　　）或（　　）积聚在检修的管道内。

答案：水；蒸汽

4．检修后的可燃气体管道，须进行（　　）试验，经检验合格后，方可恢复管道的使用。

答案：泄漏

5．进入容器、槽箱内部进行检查、清洗和检修工作，必须经过（　　）的许可并办理工作票手续。工作前，应加强通风，但严禁向内部输送（　　）。

答案：运行值班负责人；氧气

6．在密闭容器内使用氩、二氧化碳或氦气进行焊接作业时，必须在作业过程中通风换气，使氧气浓度保持在（　　）内，或作业人员使用（　　）。

答案：19.5% ~ 21%；正压式空气呼吸器

7．凡在容器、槽箱内进行工作的人员，应根据具体工作性质，事先学习应知的注意事项（使用电气工具应注意事项，气体中毒、窒息急救法等），工作人员不应少于（　　）人，其中（　　）人在外面监护。在可能产生有毒有害气体的情况下，则工作人员不应少于（　　）人，其中（　　）人在外面监护。监护人应站在能看到或听到容器内工作人员情况的地方，以便随时进行监护。

答案：两；一；三；两

8．在地下室、沟（隧）道、井内对设备进行操作、巡视、维护或检修工作，工作现场不应少于（　　）人，（　　）人在地面上担任监护。进入沟道或井下的工作人员应使用安全带，且安全带的绳子应绑在（　　）上。

答案：两；一；地面牢固物体

9．在地下室、沟（隧）道、井内进行工作前，必须采用检测仪器检查室内有无有毒有害、易燃易爆气体，禁止用（　　）检查。

答案：明火

10．在可能发生有害气体的地下室、沟（隧）道、井内进行工作的人员，除应戴防毒面具外，还应使用安全带，且安全带绳子的一端紧握在上面监护人手中。如果监护人必须进入作业空间进行救护，应佩戴（　　），并应另有其他人员在上面做（　　）和（　　）。

答案：正压式空气呼吸器；监护；协助

11．进入有水的地下室、沟（隧）道、井内进行操作或检修，工作人员应穿（　　）。

答案：橡胶靴

12．在有毒有害气体聚集含量不超标的地下室、沟（隧）道、井内工作，应（　　）工作。

答案：轮班

五、简答题

1．作业前，应对有限空间进行安全隔绝，具体要求有哪些？

答案：（1）可能危及安全作业的管道应采用插入盲板或拆除一段管道进行隔绝。

（2）可能危及安全作业的孔、洞应进行严密封堵。

（3）设备应停止运行并有效切断电源，在电源开关处上锁并加挂安全警示标志牌。

（4）开始工作前，检修工作负责人应会同工作许可人共同检查，确认需检修的有限空间确已可靠地与运行中的设备隔绝。

2．保持有限空间空气流通良好，可采取哪些措施？

答案：（1）打开人孔、手孔、料孔、风（烟）门等与大气相通的设施进行自然通风。

（2）必要时，应采用风机强制通风或管道送风，管道送风前应对管道内介质和风源进行分析确认。

3．简述有限空间作业照明及用电安全要求。

答案：（1）照明电压应小于或等于36V，在金属容器内作业电压应小于或等于24V，在潮湿容器、狭小容器内作业电压应小于或等于12V。

（2）在潮湿容器中，作业人员应站在绝缘板上，同时保证金属容器接地可靠。

4．简述有限空间作业的监护要求。

答案：（1）有限空间作业现场应设专职监护人。专职监护人监护期间不得进入有限作业空间，随时与作业人员保持联络，不能履行监护职责时，应通知作业人员撤离作业区。

（2）在风险较大的有限空间作业时，应增设监护人员，至少每30min与内部作业人员联系一次。

5．在可能有有毒有害气体的管道内进行检修工作时，应遵守哪些安全要求？

答案：（1）必须戴防毒面具，并在上风位置工作。

（2）工作人员不应少于两人，其中一人担任监护工作。

（3）在管道内部或不易救护的地方工作，应使用安全带，且安全带绳子的一端紧握在监护人的手中，监护人随时与管道内部工作人员保持联系。

（4）工作人员感到不适时，应立即离开工作地点，到空气流通的地方休息。

（5）应准备医用氧气、氨水、脱脂棉等急救药品。

第 18 章 《20 高处作业》考核题

一、单选题

1．峭壁、陡坡的场地及人行道上的冰雪、碎石、泥土须经常清理，靠外面一侧须装设不低于（　　）m 高的双横杆栏杆。

A．0.8　　B．1　　C．1.2　　D．1.4

答案：C

2．当高处行走区域不能装设防护栏杆时，应设置 1.1～1.4m 高且结实牢固的安全水平扶绳，钢丝绳固定后弧垂不得超过 30mm。钢丝绳两端应固定在牢固可靠的构架上，在构架上缠绕不得少于两圈，与构架棱角处相接触时应加衬垫，每隔（　　）m 设牢固支撑点，中间不应有接头。

A．2.5　　B．3　　C．4　　D．5

答案：D

3．移动平台工作面四周应有不低于（　　）m 高的护栏，升降机构牢固完好，升降灵活，液压机构无渗漏现象，有明显的载荷标志，严禁超载使用，禁止在不平整的地面上使用。

A．1　　B．1.05　　C．1.2　　D．1.5

答案：C

4．用来升降的卷扬机应固定在牢固的地锚或建筑物上，固定处所的耐拉力必须大于设计载荷的（　　）倍。

A．2　　B．3　　C．4　　D．5

答案：D

5．悬吊式脚手架、吊篮禁止使用麻绳，其所用的钢丝绳和其他绳索应做（　　）倍载荷的静载试验。

A．1.1　　B．1.2　　C．1.4　　D．1.5

答案：D

6．吊篮需采取以超过工作载荷（　　）的装载重量等速升降的方法进行动载荷试验，并应形成试验记录。

A．8%　　B．10%　　C．15%　　D．18%

答案：B

7．悬吊式脚手架所用的钢丝绳及大绳的直径，应根据计算决定，应保护其不与穿墙孔、吊篮的边缘、房檐等棱角相摩擦。吊物的安全系数不小于（　　），吊人的安全系数不小于 14。

A．14　　B．12　　C．8　　D．6

答案：D

8．吊篮上使用的便携式电动工具的额定电压值不应超过（　　）V，并应有可靠的接地。

A．36　　B．42　　C．110　　D．220

答案：D

9．吊篮平台上应装有固定式的安全护栏，靠工作面一侧的高度应不小于（　　）mm，后侧及两边高度应不小于1100mm，护栏应能承受1000N水平移动的集中载荷。

A．700　　B．800　　C．900　　D．1000

答案：B

10．有架空输电线的场所，吊篮的任何部位与输电线的安全距离不应小于（　　）m。

A．8　　B．10　　C．15　　D．18

答案：B

11．吊篮的钢丝绳，在使用以后妥善保存，每月应至少检查（　　）次。

A．1　　B．2　　C．3　　D．4

答案：B

12．斜道板与跳板的厚度不应小于（　　）mm，如果其跨度超过一般脚手板的规定时，则其厚度应根据计算决定。

A．30　　B．40　　C．50　　D．60

答案：C

13．在斜道或跳板上通行时，斜道板或跳板应不致被压弯或发生滑动，斜道板的两侧应装上不低于1.2m高的双横杆栏杆，并在其下部加设（　　）mm高的护板。

A．80　　B．100　　C．150　　D．180

答案：D

14．梯子的支柱应能承受工作人员携带工具攀登时的总质量。梯子的横木须嵌在支柱上，不得使用钉子钉成的梯子，梯阶的距离不应大于（　　）cm。

A．30　　B．40　　C．50　　D．60

答案：B

15．直梯如需接长使用，必须有牢固的连接措施，接头不应超过（　　）处。

A．1　　B．2　　C．3　　D．4

答案：A

二、多选题

1．禁止工作人员（　　）时登高作业。

A．酒后　　B．疲劳　　C．精神不佳　　D．情绪异常

答案：ABCD

2．以下（　　）恶劣天气下，应停止露天高处作业。

A．5 级及以上的大风　　B．暴雨

C．打雷　　D．大雾

答案：ABCD

3．使用软梯时应遵守的要求有（　　）。

A．软梯的安全系数不应小于 5

B．使用软梯前，清除软梯上方易坠落的杂物

C．软梯必须每年进行一次载荷试验，试验时以 500kg 的质量挂在绳索上，经 5min 若无变形或损伤即认为合格

D．软梯的架设应指定专人负责或由使用者亲自架设，并挂在可靠的支持物上

答案：BD

4．下列关于拆除脚手架安全要求的描述，正确的有（　　）。

A．按照拆除的措施进行，并设专人监护

B．在通向拆除地区的路口设置安全警示标识

C．在脚手架拆除区域内，禁止与该项工作无关的人员进入或逗留

D．电线必须由电工拆除

答案：ABCD

三、判断题

1．应尽量减少高处作业，凡能在地面上预先完成的工作，都必须在地面上完成。（　　）

答案：✓

2．安全带和专作固定安全带的绳索在使用前应进行外观检查合格。（　　）

答案：✓

3．安全带的挂钩或绳子应挂在结实牢固的构件上，或专为挂安全带用的安全绳上，或暂时挂在牢固的移动物件上。（　　）

答案：×（禁止挂在移动或不牢固的物件上）

4．高处作业可用手拿小物料工具攀爬。（　　）

答案：×（高处作业应一律使用工具袋，不得手拿物料工具攀爬）

5．工具及材料可由上向下投掷，由下向上要用绳系牢后吊送。（　　）

答案：×（不得将工具及材料上下投掷，要用绳系牢后上下吊送）

6．使用铝合金快装平台前，应认真检查组件和扣件应无损坏、变形，严禁超高、超载使用。（　　）

答案：✓

7. 脚手架的载荷应能足够承受站在上面的人员和材料等的重量，并留有裕量，脚手架验收信息牌上应注明载荷，严禁超载荷使用；在脚手架或脚手板上可以进行起重工作。（ ）

答案：×（禁止在脚手架或脚手板上进行起重工作）

8. 在脚手架上进行电、气焊等动火作业时，脚手板（跳板）禁止使用竹木等易燃材料；应做好防火措施并派专人监护，防止火星和切割物溅落引起火情。每次收工时都应全面检查清除火种、易燃物。（ ）

答案：√

9. 在工作过程中，不得随意改变脚手架结构和移位，如需改变脚手架结构和移位，应由现场工作人员编制措施，经审批后实施。（ ）

答案：×［应由脚手架搭设部门（单位）编制措施］

10. 搭设的脚手架必须先经搭设部门（单位）自检合格，再由使用部门组织验收合格，并签发合格证后方可使用。验收合格后，每次工作可直接使用。（ ）

答案：×（每次工作前，应组织检查所用脚手架的状况）

11. 特殊型或大型脚手架、炉膛脚手架应有专项搭拆施工方案，必须由搭设负责人、工作负责人、使用部门、监督管理部门、主管生产的领导（总工程师）共同进行验收。验收合格后，方可交付使用。（ ）

答案：√

12. 拆除脚手架的各部分应按顺序进行，当拆某一部分时，应不使另一部分或其他的结构部分发生倾斜、倒塌现象。（ ）

答案：√

13. 拆除脚手架时，采取必要措施后，可以使用将整个脚手架推倒或先拆下层主柱的方法。（ ）

答案：×（不得采取将整个脚手架推倒或先拆下层主柱的方法）

14. 拆除脚手架时，应先行拆掉脚手架的栏杆与楼梯。（ ）

答案：×（脚手架的栏杆与楼梯不应先行拆掉，而应与脚手架的拆除工作同时配合进行）

15. 悬吊式脚手架与邻近的悬吊式脚手架，中间可用跳板跨接使用。（ ）

答案：×（严禁在中间用跳板跨接使用）

16. 吊篮在正常使用时，严禁使用安全锁制动。（ ）

答案：√

17. 人行斜道和运料斜道的脚手板应每隔 300～350mm 设置一根防滑木条，木条厚度应为 20～30mm。（ ）

答案：×（脚手板应每隔 250～300mm 设置一根防滑木条）

18．可临时把梯子架设在木箱等不稳固的支持物上或容易滑动的物体上使用，并尽快完成操作。（　　）

答案：×（禁止把梯子架设在木箱等不稳固的支持物上或容易滑动的物体上使用）

19．人在梯子上时，可做好防摔措施后移动梯子。（　　）

答案：×（人在梯子上时，禁止移动梯子）

20．在梯子上工作时应使用工具袋，物件应用绳子传递，不得互相抛递。（　　）

答案：√

四、填空题

1．高处作业均须采取搭设脚手架或使用高处作业车、梯子、移动平台、安全带等措施，必要时还应设置安全网和专为挂安全带用的安全绳等，防止工作人员发生（　　）。

答案：坠落

2．在坝顶、陡坡、屋顶、悬崖、杆塔、吊桥及其他危险的边沿进行工作，醒目位置应设置“当心坠落”安全警示标志牌，临空一面应装设（　　）或（　　），工作人员必须使用（　　）安全带。

答案：安全网；防护栏杆；双钩

3．高处作业人员在转移作业位置时不应失去保护：水平移动时，应使用安全水平扶绳或增设（　　）；垂直转移时，应使用安全自锁装置或（　　）；移动频繁时，应使用（　　）和速差自控器。

答案：临时扶手；速差自控器；双钩安全带

4．低温露天高处作业时，应采取防止冻伤的措施，必要时应在施工地区附近设置（　　）场所，注意防火。

答案：取暖休息

5．交叉作业场所的通道应保持畅通，有危险的出入口处应设置（　　）和安全警示标识。

答案：罩棚

6．搭拆脚手架必须在专人的统一指挥下，按照脚手架安全规范要求，由具有合格资质的（　　）进行。

答案：专业架子工

7．在运行设备场所或带电设备附近搭拆脚手架时，应保持（　　），做好防止触电措施，并在专业监护人的监护下方可进行搭拆工作。

答案：安全距离

8．电缆夹层附近、电缆排架下方、制粉设备系统附近及油系统设备附近，不应搭设竹、木脚手架。需搭设金属脚手架时，应采取防止撞击（　　）的措施。

答案：产生火花

9．脚手架接近带电体时，应按《电力安全工作规程　电气部分》的要求，保持（　　），并做好防止触电的措施。

答案：安全距离

10．脚手架上禁止乱拉电源线。必须安装临时照明线路时，竹、木脚手架应加（　　），金属管脚手架应另设（　　）。

答案：绝缘子；木横担

11．当脚手架采取分段、分立面拆除时，对不拆除的脚手架两端，应先进行（　　）加固或（　　）加固。

答案：抛撑；横向斜撑

12．移动式脚手架必须经过设计和验收。使用时，应将活动部分可靠固定，必要时将脚手架本身与建筑物绑牢。工作人员上下应使用（　　）。

答案：固定的梯子

13．进入炉膛搭设脚手架时，必须停止引风机、送风机、磨煤机的运行，并做好（　　）的措施。

答案：防止误启动

14．斜道坡度如大于1:3（即坡面的垂直高度和水平宽度的比），板面应架成台阶，每阶的高度应为（　　）cm。通行手推车的斜道坡度不应大于（　　）。斜道的宽度，如单方向通行，不应小于（　　）m；如双向通行，不应小于（　　）m。

答案：15；1:7；1；1.5

15．在梯子上工作时，梯子与地面的斜角度为（　　）左右；梯子最上两级严禁站人，工作人员必须登在距梯顶不少于（　　）m的梯蹬上工作。

答案：60°；1

16．在户外变电站和高压室内搬动梯子、管子等长物，应两人放倒搬运，并与带电部分保持足够的（　　）。

答案：安全距离

17．安全带或安全绳应在每次使用前进行检查合格，并挂在（　　）的基础上。

答案：坚固可靠

18．进入炉膛施工前，工作负责人必须进行安全措施交底，炉膛内不应少于（　　）人，炉外必须设专人监护。

答案：两

五、简答题

1．高处作业地点的下方应设置隔离区，并设置明显的安全警示标识，防止落物伤人。隔离区域为 R 与起吊工件最大长度之和。h 为作业位置至其底部的垂直距离，R 为可能坠落范围的半径。简述 R 的取值原则。

答案：（1）当 $2\text{m} \leqslant h \leqslant 5\text{m}$ 时，$R = 3\text{m}$。

（2）当 $5\text{m} < h \leqslant 15\text{m}$ 时，$R = 4\text{m}$。

（3）当 $15\text{m} < h \leqslant 30\text{m}$ 时，$R = 5\text{m}$。

（4）当 $h > 30\text{m}$ 时，$R = 6\text{m}$。

2．应尽量减少立体交叉作业，如果必须交叉时，应注意哪些安全事项？

答案：必须交叉时，应事先组织交叉作业各方，商定各方的作业范围及安全注意事项；各工序应紧密配合，作业场地尽量错开，以减少干扰；无法错开的垂直交叉作业，层间应搭设严密牢固的防护隔离板、罩棚或其他隔离设施。

3．简述在悬崖上通行的小路必须符合的安全规定。

答案：（1）在悬崖陡壁上工作或行走时，应在悬空的一面用钢钎作柱，架设 1.2m 高的木挡屏。

（2）小路上松动的土石应全部清除。

（3）在小路临山一面应设一道扶绳，以便行走扶用。

（4）在崖壁上工作时，如在悬空工作的下面有人工作或通行，应设挡板或安全网。

第19章 《21 焊接、切割和热处理作业》考核题

一、单选题

1. 在易燃易爆材料附近进行焊接或切割时，最小水平距离不应小于（　　）m，必须采取可靠安全措施（用围屏或不燃材料遮盖），并设置消防监护人员。

A. 2　　B. 3　　C. 4　　D. 5

答案：D

2. 风力超过（　　）级时，禁止露天进行焊接、气割。

A. 2　　B. 3　　C. 4　　D. 5

答案：D

3. 风力在5级以下（　　）级以上进行露天焊接、气割时，必须搭设挡风屏。

A. 1　　B. 2　　C. 3　　D. 4

答案：C

4. 在密闭容器、深井或深沟等存在缺氧危险作业场所进行焊接、切割工作时，应采取充分的通风换气措施，使该环境空气中含氧量在作业过程中始终保持在（　　）。

A. 16%～19.5%　　B. 19.5%～21%

C. 21%～24.5%　　D. 24.5%～28%

答案：B

5. 电焊机一次电源线应完好，长度一般不超过（　　）m。

A. 2　　B. 3　　C. 4　　D. 5

答案：B

6. 电焊工作所用的导线，必须使用绝缘良好的电缆线。如有接头时，则应连接牢固，并包有可靠的绝缘。连接到电焊钳上的一端，至少有（　　）m为绝缘软导线。

A. 2　　B. 3　　C. 4　　D. 5

答案：D

二、多选题

1. 下列防护用具属于电焊工必须具备的是（　　）。

A. 镶有滤光镜的手把面罩或套头面罩、护目镜

B. 电焊手套、阻燃焊工服

C. 橡胶绝缘鞋

D. 白光眼镜（防护镜）

答案：ABCD

2. 电焊钳应符合的要求包括（　　）。

A．应牢固地夹住焊条

B．保证焊条和电焊钳的接触良好

C．更换焊条必须便利

D．握柄必须用绝缘耐热材料制成

答案：ABCD

3．下列关于气瓶搬运的要求，正确的是（　　）。

A．每一气瓶上套以厚度不少于 20mm 的防震胶圈两个，以免互相撞击

B．运输气瓶时应安放在特制半圆形的承窝木架内

C．全部气瓶的气门都应朝向一面

D．用汽车运输气瓶时，气瓶不得顺车厢纵向放置，应横向放置

答案：BCD

4．下列关于气瓶搬运的要求，正确的是（　　）。

A．为防止气瓶在运输途中滚动，应将其可靠固定

B．用敞篷交通工具运输气瓶时，应用帆布遮盖，以防止烈日曝晒

C．气瓶内不论有无气体，搬运时应将瓶颈上的保险帽和气门侧面连接头的螺帽盖盖好

D．运送氧气瓶时，必须保证气瓶不沾染油脂、沥青等

答案：ABCD

5．下列关于气瓶使用的要求，正确的是（　　）。

A．气瓶上的阀门或减压器气门，若发现有缺陷时，应立即停止使用，更换气瓶或减压器

B．使用中的气瓶必须进行定期检查，使用期满或送检未合格的气瓶禁止使用

C．气瓶的充装必须按规定程序由专业部门承担

D．运到现场的气瓶，应验收检查

答案：ABCD

6．下列关于气瓶使用的要求，正确的是（　　）。

A．气瓶内的气体不得用尽

B．气瓶阀门应使用专门扳手开启，不得使用凿子、锤子开启

C．在工作地点，最多只许有两个氧气瓶，一个工作，一个备用

D．使用中的氧气瓶和乙炔气瓶应垂直放置并固定牢靠

答案：ABCD

7．下列关于气瓶使用的要求，正确的是（　　）。

A．严禁使用没有减压器的氧气瓶

B．严禁使用没有减压器和回火防止器的乙炔气瓶

C．禁止装有气体的气瓶与电线相接触

D．在焊接中禁止将带有油迹的衣服、手套或其他沾有油脂的工具、物品与氧气瓶软管及接头相接触

答案：ABCD

8．下列关于减压器使用的要求，正确的是（　　）。

A．应选用检验合格和符合气体特性的专业减压器，禁止换用或替用

B．预吹阀门上的灰尘时，工作人员应站在侧面，以免被气体冲伤，其他人员不得站在吹气方向附近

C．工作人员应站在阀门连接头的侧方

D．采用螺纹连接时，应拧足 5 个以上螺扣

答案：ABCD

9．下列关于减压器使用的要求，正确的是（　　）。

A．减压器冻结时应用热水或蒸汽解冻，禁止用火烤

B．减压器如发生自动燃烧，应迅速将氧气瓶的阀门关闭

C．减压器需要长时间停用时，须将减压器顶针松开，气瓶的阀门关闭

D．用于氧气瓶的减压器应涂蓝色，用于乙炔气瓶的减压器应涂白色，以免混用

答案：ABCD

10．下列关于橡胶软管使用应遵循的要求，正确的是（　　）。

A．橡胶软管须具有足以承受气体压力的强度，氧气软管须用 2MPa 的压力试验，乙炔软管须用 1MPa 的压力试验

B．橡胶软管的长度宜大于 15m

C．禁止用氧气吹乙炔气管

D．使用的橡胶软管不得有鼓包、裂缝或漏气等现象

答案：ABCD

11．下列关于橡胶软管使用应遵循的要求，正确的是（　　）。

A．可燃气体（乙炔）的橡胶软管如在使用中发生脱落、破裂或着火时，应首先将焊枪的火焰熄灭，然后停止供气

B．乙炔和氧气软管在工作中应防止沾上油脂或触及金属溶液

C．氧气和乙炔气橡胶软管应妥善固定，禁止缠在焊工身上使用

D．通气的橡胶软管上方禁止进行动火作业

答案：ABCD

12．下列关于焊接工作开始前送丝机应注意安全事项的描述，正确的是（　　）。

A．送丝滚轮的沟槽里有油污和铁屑时，应及时清理，如沟槽磨损严重应更换

B．焊丝导向管应保持平直，不应变形或有油污

C．送丝电动机的碳刷磨损严重时，应更换

D．减速筒内润滑油不足时，应及时加入

答案：ABCD

13．焊工应戴防护眼镜或专用面罩，以防止（　　）吸入人体。

A．臭氧　　B．氮氧化合物　　C．可燃气体　　D．金属烟尘

答案：ABD

14．下列关于气瓶存放要求的描述，正确的有（　　）。

A．储存气瓶的仓库门窗应向内开

B．容积较小的仓库（储存量在50个气瓶以下）与其他建筑物的距离应不少于20m

C．储存气瓶仓库周围10m距离以内，不得堆置可燃物品

D．堆叠高度不得超过1.5m

答案：CD

三、判断题

1．焊工应戴防尘（电焊尘）口罩，穿阻燃焊工服，戴工作帽、电焊手套、防护面罩或防护眼镜，上衣扎在裤子里。（　　）

答案：×（上衣不应扎在裤子里）

2．禁止在带电的设备上进行焊接或金属切割，在带有压力（液体压力或气体压力）的设备上进行焊接或金属切割应先做好防护措施。（　　）

答案：×［禁止在带有压力（液体压力或气体压力）的设备上或带电的设备上进行焊接或金属切割］

3．在高处进行焊接或气割时，工作地点下方还应设置隔离围栏并安排专人监护；在可能发生坠落的场所进行焊接或切割作业时，应使用防火安全带。（　　）

答案：√

4．在梯子上只能进行短时不繁重的焊接或切割工作，禁止登在梯子的最上两级进行焊接或切割工作。（　　）

答案：√

5．在密闭容器（如磨煤机、空气预热器等）内可以同时进行电焊及气焊工作。（　　）

答案：×（不得同时进行电焊及气焊工作）

6．电焊机的裸露导电部分和转动部分及冷却用的风扇，均应装有保护罩。（　　）

答案：√

7．电焊设备应使用独立的专用电源开关，其容量应符合要求，电源开关应装在电焊机附近便于操作的地方，应选用自动空气开关，焊机超负荷时，应能自动切断电源。为操作方便，多台电焊机可以共用一个电源开关。（　　）

答案：×（禁止多台电焊机共用一个电源开关）

8．电焊工在合上或拉开电焊机电源开关时，应戴干燥的电焊手套，另一只手和身体其他部位不应接触电焊机的外壳；人员应站在开关的正面。（ ）

答案：×（人员应站在开关的侧面）

9．当电焊设备正在通电时，不得触摸任何部分。（ ）

答案：×（当电焊设备正在通电时，不得触摸导电部分）

10．采用电加热时，至少应有两人值班，一人操作，一人监护，值班人员不得擅自离开现场。（ ）

答案：√

四、填空题

1．从事金属焊接、切割作业人员，必须取得（ ）操作资格证书；锅炉、压力容器和管道的焊接必须由取得相应等级资质的焊工进行，作业时应（ ）。

答案：特种作业；随身携带证件

2．在可能引起火灾的场所附近进行焊接、金属切割和热处理工作时，应办理（ ），并配置足够的（ ）。

答案：动火工作票；消防器材

3．在潮湿地方进行电焊工作，焊工必须站在干燥的木板或（ ）上。

答案：绝缘材料

4．禁止使用氧气管道和乙炔管道等易燃易爆气体管道作为接地装置的自然接地极，防止由于产生电阻热或引弧时冲击电流的作用，产生火花而（ ）。

答案：引爆

5．电焊设备的装设、检查和修理工作，必须在（ ）后进行。

答案：切断电源

6．电焊工更换焊条时，必须戴电焊手套，以防（ ）、（ ）。

答案：触电；烫伤

7．电焊工离开工作场所时，必须把（ ）。

答案：电源切断

8．氩弧焊使用前应检查供水、供气系统，不得在（ ）、（ ）的情况下工作。

答案：漏水；漏气

9．焊接工作停止后不应立即用手触摸焊枪导电嘴，更换钨极时应等焊枪导电嘴冷却到（ ）后进行。

答案：常温

10．氩气瓶应涂（ ）色，用（ ）色标明“氩”字样；气瓶在保管、使用中，严禁改变该瓶的涂色和标志；氩气橡胶软管为（ ）色。

答案：银灰；深绿；黑

11．热处理场所不应存放易燃、易爆物品，并应在明显、方便的地方设置足够数量的（　　）。

答案：灭火器材

12．热处理电源柜应保持完好。从热处理电源设备到热处理作业地点的专用电缆应规范布设，并设置（　　）。

答案：特殊标识

五、简答题

1．在锅炉汽包、凝汽器、油箱、油槽及其他金属容器内进行焊接工作，应采取哪些防止触电的措施？

答案：（1）电焊时，焊工应避免与铁件接触，应穿绝缘鞋站立在橡胶绝缘垫上，并穿干燥的工作服。

（2）容器外面应设有可看见和听见焊工工作的监护人，并与焊工随时保持联系。容器外应设有开关，以便根据焊工的信号切断电源。

（3）容器内使用的行灯，电压不得超过12V。行灯变压器的外壳应可靠地接地，不得使用自耦变压器。

（4）行灯用的变压器及电焊机等均不应携入锅炉及金属容器内。

2．简述焊枪使用应遵循的安全要求。

答案：（1）焊枪在点火前，应检查其连接处的严密性及焊枪嘴有无堵塞现象。

（2）焊枪点火时，应先少量开启氧气阀，再开启乙炔阀，立即点火；也可先开启乙炔阀点火，然后开大氧气阀调节火焰。熄火时，先关乙炔阀，后关氧气阀，以免回火。

（3）由于焊嘴过热、堵塞而发生回火或多次鸣爆时，应快速先将乙炔阀关闭，再关闭氧气阀，然后将焊嘴浸入冷水中。

（4）不得将正在燃烧中的焊枪放下；如有必要时，应先将火焰熄灭。

3．CO_2气体保护焊焊接工作开始前，焊枪应注意哪些事项？

答案：（1）喷嘴管应光滑、清洁，喷嘴内、外表面有飞溅金属应立即除去，喷嘴变形应及时更换。

（2）导流套有损坏应更换。

（3）导电嘴表面光滑，如内孔损坏应更换新的。

（4）送丝弹簧管应定期检查清洁，发现损坏立即更换。

4．CO_2气体保护焊焊接工作开始前，焊接电源应注意哪些事项？

答案：（1）半年清理一次机器内部的尘土。

（2）电磁开关表面要光滑、清洁。

（3）电缆头应绝缘可靠。

（4）气管、水管有破损时应更换。

第 20 章 《22 起重与运输》考核题

一、单选题

1．起重能力在（　　）t 以上的起重设备，有关的工程设计单位应参加设备的订货、验收、试运转及鉴定起重设备的安全技术问题。

A．30　　B．40　　C．50　　D．60

答案：C

2．电动行车的移动机构及电动行车小车的移动机构，当其行车速度超过（　　）m/s 时，应设有切断电源的自动刹车装置。

A．0.5　　B．0.6　　C．0.7　　D．0.8

答案：A

3．电动起重机卷筒的每一方面驱动都应有（　　）个刹车装置。

A．1　　B．2　　C．3　　D．4

答案：B

4．各式起重机的技术检查，每（　　）至少一次。

A．3 个月　　B．6 个月　　C．1 年　　D．2 年

答案：C

5．钢丝绳在卷扬机滚筒上的排列应整齐；吊钩在拖动（水平运动）或吊起（上下或垂直运动）最低工作位置时，卷筒上的钢丝绳必须保持有设计规定的安全圈数；在工作时不能放尽，至少应留（　　）圈。

A．2　　B．3　　C．4　　D．5

答案：D

6．悬臂式起重机吊杆升起的仰角不应大于（　　）。

A．70°　　B．75°　　C．80°　　D．90°

答案：B

7．悬臂式起重机空车行驶时，其吊杆应放在（　　）的位置，吊钩应用绳索捆绑在吊杆上。

A．5°～25°　　B．10°～30°　　C．15°～35°　　D．20°～40°

答案：B

8．使用汽车起重机起吊时，应用（　　）个架脚均匀地支撑在坚实可靠的地面上。

A．2　　B．3　　C．4　　D．5

答案：C

9．汽车起重机必须在水平位置上工作，其允许倾斜度不应大于（　　）。

A．2°　　B．3°　　C．4°　　D．5°

答案：B

10．桥式、龙门式起重机（或抓煤机）轨道的终端，应设置缓冲器。轨道每（　　）m应设置接地线。

A．10　　B．15　　C．20　　D．30

答案：C

11．环绳结合段长度不应小于钢丝绳直径的（　　）倍，但最短不应少于300mm。

A．10　　B．15　　C．20　　D．30

答案：C

12．双头绳索结合段长度不应小于钢丝绳直径的20倍，但最短不应少于（　　）mm，并经过试验合格方可使用。

A．100　　B．200　　C．300　　D．400

答案：C

13．环绳及绳索必须经过（　　）倍允许工作载荷的静载试验合格后，方可使用。

A．1.1　　B．1.2　　C．1.25　　D．1.35

答案：C

14．在吊起重物时，其绳索间的夹角一般不大于（　　）。

A．70°　　B．75°　　C．80°　　D．90°

答案：D

15．切断绳索时，必须先将预定切断的两边用软钢丝扎结，以免切断后绳索松散。钢丝绳在切断前每边需要扎结的道数为：麻芯钢丝绳（　　）道；钢芯钢丝绳4道。

A．2　　B．3　　C．4　　D．5

答案：B

16．地锚的分布和埋没深度，应根据不同的土质而设计，地锚绳的安全系数应为拖拉绳的（　　）倍。

A．1.1　　B．1.2　　C．1.25　　D．1.5

答案：D

17．选用扒杆应经过计算，扒杆至少应有（　　）根拖拉绳，人字扒杆应有2根拖拉绳，所有拖拉绳均应固定在已经计算过的地锚或建筑物上。

A．2　　B．3　　C．4　　D．5

答案：C

18．滑车组在拉紧时，上下两滑车间的距离，不应小于（　　）m。

A．0.5　　B．0.6　　C．0.7　　D．0.8

答案：A

19．用人工搬运或装卸重大物件而需搭跳板时，须使用厚（　　）cm 以上的木板，跳板中部须设有支持物，防止木板过度弯曲。

A．2　　B．3　　C．4　　D．5

答案：D

20．上下码头和跨越两船时，如高低相距（　　）m 以上，应使用跳板或梯子。

A．0.5　　B．0.6　　C．0.7　　D．0.8

答案：A

21．煤船漂离码头（　　）m 以上，禁止卸煤作业。

A．2　　B．3　　C．4　　D．5

答案：A

二、多选题

1．交接起重设备时，应由交付单位提出设备（　　）的说明书；接收单位按说明书及清单上的规定进行验收。

A．构造　　B．装配　　C．安全操作　　D．维护

答案：ABCD

2．两台起重机同吊一件物体时，下列描述正确的是（　　）。

A．两台起重机的起重容量如大小不同，则在挂绳子时，应根据起重容量计算绑扎钢丝绳的距离来分配载荷，或按不同的起重容量制作横梁来承受起重容量，以免一台所受的载荷过重、一台过轻，造成事故

B．每台起重机的载荷不得超过该起重机 70%的额定起重量；当两台桥式起重机抬吊发电机转子时，每台起重机的载荷不得超过该机的额定起重量

C．应由专人统一指挥，指挥人员应站在两台起重机的驾驶人员均能看清的地方

D．起重物应保持水平，起重绳应保持垂直

答案：ACD

3．下列禁止用各式起重机起吊的情况是（　　）。

A．埋在地下和无法估计质量的物件时

B．在起吊的管道内再放置小口径的管道

C．重物与设备部件之间有连接尚未完全分离时

D．汽轮机上缸等设备配件或按配合要求安装的部件在结合面未出现均匀的缝隙前

答案：ABCD

4．下列关于电动葫芦的描述，正确的是（　　）。

A．电动葫芦应设置上升和下降极限位置限位器，且能保证当吊钩上升或下降到极限位置时自动切断该方向的动力电源

B．在吊钩组醒目处应标示额定起重量，并确保防脱钩装置完好

C．额定起重量为 1t 及以上的电动葫芦应装设额定起重量限制器。当实际起重量超过 90%额定起重量时，额定起重量限制器应发出报警信号

D．电动葫芦应设置常闭式工作制动器和安全制动器

答案：ABD

5．下列关于电动葫芦的描述，正确的是（　　）。

A．按钮装置上应设有紧急停止开关，当有紧急情况时，应能切断动力电源

B．当吊钩下降到最低极限位置时，钢丝绳在卷筒上的剩余安全圈数（固定绳尾的圈数除外）至少应保持 3 圈

C．电动葫芦应设置导绳器或采取其他防乱绳措施

D．电动葫芦每月至少进行一次日常维护保养和自行检查，每年进行一次全面检查

答案：ACD

6．卷扬机开动前应做的检查工作包括（　　）。

A．清除工作范围内的障碍物

B．指挥人员、起重工和司机等应预先确定并熟悉联系的信号

C．指挥人员应与司机保持密切联系，对所卷扬的物件，在任何位置均能看见

D．检查各起重零件，如钢丝绳、滑轮、吊钩和各种连接器良好

答案：ABCD

7．卷扬机开动前应做的检查工作包括（　　）。

A．检查卷扬机的基础是否牢固可靠，基础螺栓无松动

B．检查轴承、齿轮（或齿轮箱）、钢丝绳、滑轮等润滑情况良好

C．检查各部分的传动机构无故障

D．检查电动卷扬机的接地线、熔断器、电线、启动装置和制动器等的接头牢固良好

答案：ABCD

8．运行中卷扬机禁止进行的工作有（　　）。

A．往滑车上套钢丝绳

B．修理或调整卷扬机的转动部分

C．当物件下落时用木棍来制动卷扬机的滚筒

D．站在提升或放下重物的附近

答案：ABCD

9．使用单轨吊作业时应遵守的安全要求包括（　　）。

A．电源电缆绝缘应良好

B．起吊时，禁止将手放在易被挤伤处；吊物上升时，应保持平稳

C．严禁重物从人员上部越过，重物不得长时间悬在空中

D．工作完毕后，单轨吊应停在指定位置，吊钩升起，并切断电源，控制按钮放在指定位置

答案：ABCD

10．使用吊带应遵守的安全要求包括（ ）。

A．在每次使用前应经检查合格

B．使用时不应拖曳、打结、打拧

C．不应使用没有护套的吊带承载有尖角、棱边的货物

D．不允许吊带长时间悬挂货物，也不应将吊带从承载状态下抽出来

答案：ABCD

11．使用手拉葫芦时应遵守的安全要求包括（ ）。

A．使用前必须确认设备完好无损，吊钩钩口无变形，各传动部件运转良好

B．起重链条不应有错扭、绞结现象

C．手拉链条拉不动时不可用力过大，更不能增加人员，应立即停止使用

D．手拉葫芦禁止超载荷使用

答案：ABCD

12．使用手拉葫芦时应遵守的安全要求包括（ ）。

A．不应使用手拉葫芦横拉重物

B．不得把手拉葫芦放置在雨中或潮湿处

C．手拉葫芦制动装置的摩擦面应保持干净，严禁油、水等沾污

D．当用两台手拉葫芦吊拉一个重物时，起重量不允许超过其中任何一台手拉葫芦的额定载荷

答案：ABCD

13．使用电梯时应遵守的安全要求包括（ ）。

A．轿厢门打开前，人员与轿厢门保持一定的安全距离

B．严禁装运易燃、易爆、腐蚀、有毒的危险物品

C．严禁开启轿顶安全窗装运超长物体

D．载货应平稳地安放在轿厢中间

答案：ABCD

14．扒杆或缆索起重机起重时，应详细检查的项目有（ ）。

A．基础或垫木及锚碇（桩锚或地锚）必须稳固

B．承载索、拖拉绳应拉紧

C．起吊载荷不得超过允许载荷，也不得偏拉斜吊

D．锚碇（桩锚或地锚）应拴紧，不得松动

答案：ABCD

15．下列关于使用跳板注意事项的描述，正确的是（　　）。

A．必须使用厚度大于 50mm 的跳板，凡腐朽、扭纹、破裂的跳板，不应使用

B．单行跳板，其宽度不应小于 0.5m

C．双行跳板，其宽度不应小于 1.5m

D．跳板坡度不应大于 1:3

答案：AD

16．用管子滚动搬运必须遵守的要求有（　　）。

A．应由专人负责指挥

B．管子能承受重压，直径相同，不应有弯曲变形

C．管子承受重物后两端各露出约 0.3m，以便调节转向

D．在重物滚动搬动中，放置管子应在重物移动的前方，并应有一定的距离

答案：ABCD

17．关于厂内专用机动车辆（电瓶车、铲车、翻斗车、装载机、推土机等）使用与管理应遵守的安全要求，下列描述正确的是（　　）。

A．厂内机动车辆，必须按照规定要求，经所在地区政府相关部门注册登记，定期检验，安装厂内机动车牌照、安全检验合格后，方可投入使用

B．车辆驾驶人员应经有关部门的专业技术和安全操作考试合格，方可驾驶

C．开车前应检查车辆的制动系统、转向系统、操纵机构和传动系统、行驶系统、车身的安全性能

D．车辆装载不应超过铭牌核定载荷

答案：ABCD

18．关于厂内专用机动车辆（电瓶车、铲车、翻斗车、装载机、推土机等）使用与管理应遵守的安全要求，下列描述正确的是（　　）。

A．装载货物必须均衡、平稳，捆扎牢固，车厢侧板、后挡板必须关好、拴牢

B．机动车车厢以外的任何部位不应载人

C．货物长度超过后挡板时，不应遮挡号牌、转向灯、尾灯和制动灯

D．电瓶车充电时应距离明火处 3m 以上，并加强通风

答案：ABC

19．关于厂内专用机动车辆（电瓶车、铲车、翻斗车、装载机、推土机等）使用与管理应遵守的安全要求，下列描述正确的是（　　）。

A．铲车运输时，应将铲架放低行驶

B．车辆应停在指定地点或道路有效路面以外不妨碍交通的地方，不应逆向停车，坡路上停车必须采取防溜车的措施

C．车辆应按规定路线或在规定范围内行驶

D．维修车辆时，必须由有资质的人员进行

答案：ABCD

20．遇有（　　）情况时应停止卸船机作业，并将卸船机开至指定的停机位置，将锚定板插入码头的锚定坑中，迅速组织人员撤离到安全地带。

A．暴雨　　B．突发性大风

C．大雾天气视线不清　　D．不可抗拒的自然灾害

答案：ABCD

21．汽车起重机运行必须遵守的安全要求有（　　）。

A．汽车起重机司机必须持有效证件方可操作和指挥

B．汽车起重机必须定期保养、年检，严禁带病作业

C．汽车起重机不应在暗沟、地下管沟、防空洞等上面作业

D．汽车起重机行驶时，车上操纵室严禁坐人

答案：ABCD

三、判断题

1．对于需要经过安装、试车方可运行的起重设备，包括与之相关的电力等接线，行驶轨道或路面、路基的状况及标志的设置等，应经有关专业技术人员进行检查和试验，出具书面检验报告和发放合格证后，方可正式投入使用。（　　）

答案：√

2．起重机械应由熟悉设备使用方法并经培训考试合格的人员操作。（　　）

答案：×（应由熟悉设备使用方法并经有关机构业务培训考试合格、取得操作资格证的人员操作）

3．没有制造厂铭牌的各种起重机具应配有说明书方可使用。（　　）

答案：×（禁止使用没有制造厂铭牌的各种起重机具）

4．起重搬运时只能由一人指挥，指挥人员应经有关机构专业技术培训取得资格证的人员担任。（　　）

答案：√

5．遇有大雾、照明不足、指挥人员看不清各工作地点或起重驾驶人员看不见指挥人员时，不得进行起重工作。（　　）

答案：√

6．起重机正在吊物时，除安监人员外禁止在吊杆和吊物下停留或行走。（　　）

答案：×（禁止任何人在吊杆和吊物下停留或行走）

7．起吊重物不得让其长期悬在空中。有重物暂时悬在空中时，驾驶人员可短暂离开司机室或做其他工作。（　　）

答案：×（严禁驾驶人员离开司机室或做其他工作）

8. 没有得到司机的同意，除安监人员外任何人不得登上起重机或起重机的轨道。(　　)

答案：×（没有得到司机的同意，任何人不得登上起重机或起重机的轨道）

9. 起重物品必须绑扎牢固，吊钩要挂在物品的重心上，吊钩钢丝绳应保持垂直。(　　)

答案：√

10. 起吊重物提升的速度要均匀平稳，不应忽快忽慢、忽上忽下，以免重物在空中摇晃发生危险，放下时速度不应太快。(　　)

答案：√

11. 起吊重物前，应由工作负责人检查悬吊情况及所吊物件的捆绑情况，确认可靠后方可试行起吊，起吊重物稍离地（或支持物），就无须再检查悬吊及捆绑情况，在起吊过程中如发现绳扣不良或重物有倾倒危险，应立即停止起吊。(　　)

答案：×［起吊重物稍一离地（或支持物），就须再检查悬吊及捆绑情况］

12. 各式电动起重机，在工作中一旦停电，应将启动器恢复至原来静止的位置，再将电源开关拉开；设有制动装置的应将其闸紧。工作休息期间，不要将电动机的开关拉开。(　　)

答案：×（工作完毕或休息时，也应将电动机的开关拉开）

13. 卷扬机（手摇式和电动式、绞盘绞磨）的安装地点，必须使工作人员能清楚地看见重物的起吊位置；否则，应使用自动信号或无线对讲机。(　　)

答案：√

14. 卸扣应是锻造的，并经过热处理，禁止使用铸造卸扣，不得超载荷使用，卸扣不应纵向受力。(　　)

答案：×（卸扣不应横向受力）

15. 在高处悬挂滑车的工作，应由有经验的人员进行，并应使用安全带；必要时设专人指导监护。(　　)

答案：√

16. 千斤顶必须垂直地放在载荷的下面，应安放在平整坚实的基础上，以免在举重时发生歪斜。(　　)

答案：√

17. 使用液体或压缩空气传动的千斤顶时，禁止工作人员站在千斤顶安全栓的后面。(　　)

答案：×（禁止工作人员站在千斤顶安全栓的前面）

18. 千斤顶可长期顶在载荷下面。(　　)

答案：×（禁止将千斤顶长期顶在载荷下面）

19. 链式起重机的链扣、蜗母轮及轮轴发生变形、生锈或链索磨损严重时，均应禁

止使用。（ ）

答案：√

20．从斜跳板卸物件时，须用绳子将物件从后面拴住，工作人员应站在卸放重物的两侧，不得站在卸放重物的正面下边。（ ）

答案：√

21．遇5级以上大风时，船舶不得行驶，应靠岸停泊。（ ）

答案：×（遇6级及以上大风时，船舶不得行驶）

22．工作人员接、解缆绳时，人应站稳，禁止站在码头边缘处，拉不住的缆绳应放手，要注意船上抛出的缆绳方向，禁止手拉缆绳甩头的顶端，防止手轧伤。（ ）

答案：√

四、填空题

1．在进行设备检修、改造工程与基本建设建筑安装工作前，应在施工组织设计中明确规定起重工作所采用起重设备的（ ）与（ ）。

答案：规范；安全操作要求

2．所用起吊设备（行车、卷扬机、手拉葫芦、电动葫芦、千斤顶、卡环等）以及钢丝绳、吊带等应有（ ）。

答案：合格证

3．起重作业前，应设置（ ），无法设置时，必须设（ ）监护。

答案：起重作业区；专人

4．如遇暴雨、雷电、大雪及（ ）级以上的大风等恶劣天气时，禁止露天进行起重工作。

答案：5

5．各式起重机的齿轮、转轴、对轮等露出的转动部分，配电盘、变压器及滑动环，均应装设（ ）。

答案：保护装置

6．大型机组用的室内桥式起重机，必须装有可靠的微量调节控制系统，以保证大件起吊时的（ ）。

答案：可靠性

7．起重机起吊多根管子在堆放时应采取防止（ ）的措施。

答案：塌堆

8．起重机在起吊大的或不规则的构件时，应在构件上系以牢固的拉绳，使其（ ）、不旋转。

答案：不摇摆

9．起吊的重物应绑扎牢固，吊索（钢丝绳或铁链）不应有打结和扭劲的情况。所吊的物件若有棱角或特别光滑的部分，应在棱角或滑面与绳子相接触处加装（　　）。

答案：保护垫

10．流动式起重机的司机室上均应装有音响（钟、喇叭、电铃）或色灯的信号装置，以备操作时发出（　　）。

答案：警告

11．如遇天气预报风力将达（　　）级时，应将臂杆转至顺风方向并松开回转制动器；风力将达（　　）级时，应将臂杆放下。

答案：6；7

12．安装卷扬机时，应保持从卷筒中心线到第一导向滑轮的安全距离。带槽卷筒应大于卷筒宽度的（　　）倍；无槽卷筒应大于卷筒宽度的（　　）倍。当钢丝绳在卷筒中间位置时，滑轮的位置应与卷筒轴线垂直，其垂直度允许偏差为（　　），距离应大于（　　）m。

答案：15；20；6°；6

13．桥式起重机最高点与屋架最低点间应有（　　）cm 以上的距离，行车和司机室的突出面与建筑物的距离不应小于（　　）cm；由地面到司机室或由司机室到行车走道，必须设有扶梯。沿行车轨道如有通道，其宽度应不小于（　　）cm，并应有栏杆，在行车运行中不得有人通行。

答案：10；10；40

14．无技术规范的规定时，应从钢丝绳上切下约（　　）m 的一段，做单丝的抗拉强度试验；整绳的抗拉强度为单丝抗拉强度总和的（　　），作为该钢丝绳的技术数据。

答案：1.5；83%

15．钢丝绳报废断丝根数超过规定者，应做（　　）处理。

答案：报废

16．钢丝绳上的污垢及干固的润滑油，应用抹布和（　　）将其清除，不得使用钢丝刷及其他锐利的工具清除。

答案：煤油

17．无论是单面还是双面吊钩，均应有制造厂家的技术规范，否则不得用在起重设备中，新吊钩应做（　　）。

答案：载荷试验

18．吊钩应设有防止脱钩的（　　）装置。

答案：封口保险

19．各种类型的吊带（如带软环的单吊带、带末端件的单吊带、复式吊带、多层吊带、环形吊带等），均应有制造厂家的（　　），否则不得用作起重吊具。

答案：技术规范

20．使用手拉葫芦前，应做无载荷的起落试验一次，检查其（　　）及（　　）装置良好后再进行工作。

答案：刹车；传动

21．电梯应有（　　）负责管理，并对电梯使用状况定期进行检查。

答案：专人

22．使用斜臂扒杆起重时，其斜臂与水平面所成的角度不应小于（　　），也不应大于（　　）；当斜臂扒杆与水平面所成角度为30°时，斜臂与起伏滑车组的夹角不应小于（　　）。

答案：30°；75°；45°

23．车库内禁止存放汽油及易燃物品并禁止吸烟，应备有足够的（　　）。动火检修后应全面检查，不应遗留（　　）。

答案：消防器材；火种

24．线路工程使用汽车运输，在工程未开工前，应指定专人对运输道路进行检查，确定（　　）。

答案：运输路线

25．码头上应备有一定数量的（　　）和消防器材，并应放在明显的地方；工作人员临水作业时，必须穿（　　）。

答案：救生设施；救生衣

26．船上使用木梯、竹梯时，上端应用绳子绑牢，栈桥应设有（　　）。

答案：扶手

27．卸船机司机操作时必须听从班长指挥，确认周围作业环境（　　）后，方可进行作业。

答案：无障碍

28．禁止拆除安装在卸船机和推扒机上的安全保护装置，应经常检查安全装置的（　　）。

答案：完整性

29．卸船期间，发现缆绳松动必须及时通告船方。禁止使用直接磨掉（　　）的钢丝绳或一束中的股线断线数达（　　）的钢丝绳。

答案：7%；10%

30．斜坡超过（　　）时，推扒机不应横向上坡；超过（　　）时，不应上坡下坡，应将推刀触立倒车慢行；斜坡上下不应停车。

答案：25°；35°

31．工作完毕离开卸船机时，必须做到“（　　）”，并做好其他安全措施。推扒机工作完毕后应熄火停在平地。

答案：人离机、电先停

五、简答题

1. 静载试验的目的是检查起重设备的总强度和制动器的动作，简述其试验方法。

答案：试验的方法应是加上最大工作载荷，提升离地约100mm使其悬吊10min，然后将载荷增加10%，再吊10min，检查整个起重设备的状况和部件。新安装或大修后的起重机应将载荷增加25%，再吊10min，然后进行检查。

2. 动载试验应在起重设备经过静载试验证明机械结构良好后进行，简述其试验方法。

答案：试验方法应是将超过最大工作载荷10%的载荷悬吊于钩上，然后往复升降数次，并以同样载荷试验其运动部分和行程自动限制器。如一切正常，即可投入运行。

3. 简述使用绞磨必须遵守的安全要求。

答案：（1）绞磨必须安设在平稳、牢固的地方，并设有制动及止回的安全装置。固定机座的地锚和钢丝绳必须经过计算。钢丝绳的安全系数不应低于6。

（2）绞磨曳引钢丝绳，必须在磨芯上绕4道以上，并不得重叠。磨芯应有防止绳索跑出的安全装置。

（3）绞磨应有专人指挥，推磨工人必须听从指挥，未经许可不得离开绞磨，松紧绞磨曳引钢丝绳的工作应由有经验的起重人员进行。

4. 简述人工搬运方式及安全要求。

答案：（1）肩扛。其质量以不应超过本人体重。最好有人搭肩，搭肩应稍下蹲，待重物到肩后，直腰起立，不应弯腰，以防扭伤腰部。

（2）肩抬。两人以上抬运重物时，必须同一顺肩。换肩时重物必须放下。多人共同搬运、抬运或装卸较大的重物时，应有一人担任指挥，搬运的步调应一致，前后扛应同肩，必要时还应有专人在旁监护。

（3）使用撬杠。可根据具体情况采用长短大小不同的撬杠。操作时，撬杠应放在身体一侧，两腿叉开，两手用力。不得站在或骑在撬杠上面工作，不得将撬杠放在肚子下，以防发生事故。

5. 简述机动车驾驶员应遵守的安全要求。

答案：（1）车辆行驶时，他人不得和驾驶员闲谈。

（2）启动车辆应先鸣喇叭。

（3）遇到路面狭窄、不平和重车时，车速不得超过5km/h，空车时不得超过10km/h。

（4）遇到行人要减速让人，在十字路口交叉转弯时应减速鸣号靠右行，并做好手势或预报信号。

（5）应注意保持车距，做好刹车准备；停车离开时，应切断电源并锁好车门。

第21章 《23 机械加工》考核题

一、判断题

1．机床运转时，严禁将头、手伸入其回转行程内；不得用手检查工件表面粗糙度和测量工件尺寸；必要时，可以跨越运转中的机床传递工件。（ ）

答案：×（不得跨越运转中的机床传递工件）

2．使用钻床时，必须把工件固定牢靠，方可开始工作；清除钻孔内金属碎屑时，必须先停止钻头的转动，迅速用手清除铁屑。（ ）

答案：×（不应用手直接清除铁屑）

3．使用钻床、车床等转动机械时，严禁戴手套。（ ）

答案：√

4．严禁直接用手清除机械上的边角料及剪切下来的零星材料；应用铁钩或毛刷清除刀具、工件、导轨、丝杠等处的铁屑；不应用手拉、嘴吹铁屑。（ ）

答案：√

二、填空题

1．机械加工设备应定期维护和保养。设备上或附近应有明显的安全操作规定，操作人员必须经过（ ）、考试合格后，方可进行操作。

答案：培训

2．机械加工设备应定人操作，操作时必须穿工作服并扎紧袖口，戴防护眼镜，禁止戴手套，辫子、长发必须（ ）。

答案：盘在工作帽内

3．机械加工设备启动前应检查设备各操作手柄并确认其在空挡位置，先低速运行（ ）min，正常后方可开始工作。

答案：3 ~ 5

4．行灯和机床、钳台局部照明电压不应超过（ ）V。

答案：36

5．装卸工件、夹具时必须停车并切断电源，停稳后才能进行。在装夹或校正一些外形尺寸大、重量较重、形状复杂而装夹面积又较小的工件时，必须做好防止（ ）的措施，操作人员应尽量站在工件的（ ）位置。

答案：工件飞出；轴向

6．冲、剪、压机械的离合器应动作灵活、可靠，无连冲，制动器灵敏可靠。（ ）齐全有效。

答案：安全防护装置

7. 设备维护和保养前，必须确认电源已（　　）。

答案：断开

8. 起吊检查机械零部件的接合面时，禁止将手伸入接合面内；取放垫铁时，手指应放在垫铁的（　　）。

答案：两侧

第 22 章 《24　土石方作业》考核题

一、单选题

1．上下交叉作业应戴安全帽，多人同时挖土应相距在（　　）m 以上。

A．2　　B．3　　C．4　　D．5

答案：A

2．工作人员下基坑、井坑应铺设钉有防滑条的跳板，如坑道狭窄，可使用靠梯，但梯阶的距离不大于（　　）mm。

A．100　　B．200　　C．300　　D．400

答案：D

3．开挖没有边坡的沟、井时，必须根据挖掘的深度，先打桩后设支撑再开挖；装设支撑的深度，根据土壤的性质和湿度决定。如挖掘的深度不大于（　　）m，可将两壁挖成小于自然坍落角的边坡，不设支撑。

A．1　　B．1.5　　C．2　　D．3

答案：B

4．在基坑、井坑、地槽边缘堆置土方或其他材料时，如土质良好，堆土或材料应距边缘（　　）m 以外，高度不应超过 1.5m。

A．0.8　　B．1.0　　C．1.1　　D．1.2

答案：A

5．一般的土壤，同一时间拆下的木板不应超过（　　）块；松散和不稳定的土壤，一次不应超过 1 块。

A．2　　B．3　　C．4　　D．5

答案：B

6．在挖土坑中留作人行道的土堤，应保持有足够稳定的边坡，或加适当的支撑，但顶宽至少要大于（　　）m，相邻台阶的高差不应超过 1.5m。

A．0.5　　B．0.6　　C．0.7　　D．0.8

答案：C

7．挖土机械在建筑物附近工作时，与墙柱、台阶等建筑物的距离至少应保持在（　　）m 以上。

A．1　　B．1.5　　C．2　　D．3

答案：A

二、判断题

1．在接近地下电缆、管道及埋设物的地方施工时，可使用铁镐、铁撬棍或铁楔子

等冲击性工具进行挖土，也可以使用机械挖土。（　　）

答案：×（不得使用铁镐、铁撬棍或铁楔子等冲击性工具进行挖土，也不得使用机械挖土）

2．在挖掘地区内发现有事先未预料到的地下设备或其他不可辨别的东西时，由工作负责人现场处置。（　　）

答案：×（发现有事先未预料到的地下设备或其他不可辨别的东西时，应立即停止工作，并报告上级领导处理后方可继续施工，严禁随意敲击或处置）

3．在基坑、井坑、沟槽内等地方工作时，坑、井内的通风应良好，如突然发现可燃气体或有可疑现象，应立即停止工作，撤离全部工作人员，做好警戒，并报告上级处理。在有害气体未彻底消除前，不应恢复工作。（　　）

答案：√

4．沿道路、轨道边缘进行挖土时，应设围栏或设专人监视车辆的来往。（　　）

答案：√

5．长时间工作后，工作人员可在基坑内短暂休息。（　　）

答案：×（禁止一切人员在基坑内休息）

6．雨季开挖基坑（槽）时，应注意边坡稳定，必要时可适当放缓边坡坡度或设置支撑；施工时应加强对边坡或支撑的检查。（　　）

答案：√

7．清除吊斗内的泥土或石块，应在挖土机停止，并经司机许可且将吊斗置于地面和停止工作后，才可进行清除。（　　）

答案：√

8．钻眼时必须注意不使钻钎楔住或被岩粉卡住，如被卡住，可直接将凿岩机往外拔。（　　）

答案：×（如被卡住，不得将凿岩机往外拔，应用扳手向外转动拔出）

9．用风钻打眼时，手应离开钻把上的风门，骑马式作业。（　　）

答案：×（手不应离开钻把上的风门，严禁骑马式作业）

三、填空题

1．土石方开挖前应对水文地质和地下设施情况进行（　　），并按制度要求办理（　　）。

答案：现场检查；动土作业票

2．开始挖土前，必须采取排除（　　）及防止其侵入的措施。

答案：地面水

3．挖掘土石方应（　　）施工。

答案：自上而下

4. 在可能出现可燃气体的地点工作时，应预先告知工作人员，施工现场严禁烟火，并在明显位置设置“禁止烟火”安全警示标志牌，并做好防毒准备，如应备有足够的防可燃气体用具及（ ）等。

答案：可燃气体检定器

5. 在交通拥挤地点、广场或施工区域进行挖掘沟道、井坑、基坑工作，应在其周围设置围栏及安全警示标识，夜间设（ ）色警示灯。

答案：红

6. 在有地下水或地面水流入基坑处进行挖土时，应有排水措施，并应防止因抽水而引起坍方、流砂；大型坑、井的排水措施应有（ ）。排水时应采取防止（ ）的措施。

答案：专项设计方案；人身触电

7. 永久性和临时性边坡不能按规范要求留设边坡时，应设置（ ）。

答案：支撑

8. 在挖土的工作面上，工作人员间应保持适当距离，以防（ ）伤人。

答案：工具脱落

9. 每班开始工作前，应详细检查挖土的边坡是否有松动、断裂、虚软和悬土层等现象，如有这些现象，应立即采取措施防止（ ）。

答案：土坡坍落

10. 挖土机械开动前，应发出规定的音响信号，大型机械进入基坑时应有防止（ ）的措施。

答案：机身下陷

11. 人工打眼可以采取（ ）或（ ）。

答案：单人打眼；两人打眼

12. 人工打眼时，打锤的人应站在扶钎子人的（ ），禁止站在（ ），以避免落锤不准、脱锤或断把时打伤对方，且扶钎者应戴防护手套。

答案：侧面；对面

四、简答题

1. 已挖出的基坑、沟槽等，遇到雨、雪浸湿时，应采取哪些安全措施？

答案：（1）工作负责人应经常检查土壤变化情况，如有滑动、裂缝等现象时，应先将其消除后，方可继续进行工作。

（2）土方有坍塌危险时，应先停止工作，采取措施将险情排除后再将积水排出。

（3）局部放宽土坡边坡或加固边坡，以保持稳定。

（4）坡顶附近，禁止行人或车辆通过。

2. 挖土机械在工作或行走时，应遵守哪些要求？

答案：（1）禁止任何人员在举重臂或吊斗下面逗留或通过。

（2）禁止任何人员上下挖土机和在挖斗内载重或传递东西。

（3）禁止在挖土机的回转半径内进行各种辅助作业或平整场地。

（4）地面上应有专人指挥、引导和监护。

3．简述进行钻眼工作应检查的事项。

答案：（1）检查工作地点附近是否有不稳固的岩石。

（2）检查工作面里是否还有瞎炮，或者在炮眼底部未爆炸部分内是否还剩有未爆炸的药包。发现有瞎炮药包时，应报告工作负责人通知炮工进行处理。

（3）在钻眼时，不得钻旧眼底和防震孔。

（4）如用水洗式凿岩机钻眼时，水箱应装满水。

第23章 《25　潜水作业》考核题

一、多选题

1．下列关于潜水员在水下工作时必须遵守的安全要求的描述，正确的是（　　）。

A．必须按照工作前制订的安全技术措施和潜水方案进行

B．应将信号绳和气管在臂上缠一圈

C．应随时清理信号绳和气管，以免工作位置转移时缠绕

D．禁止将信号绳作他用，打信号要清楚，接到转移方向指示时，应先面对信号绳和气管，再按指示方向前进

答案：ABCD

2．下列关于潜水员自水下上升时必须遵守的安全要求的描述，正确的是（　　）。

A．上升前应清理信号绳和气管，收拾好工具，检查周围环境，开始上升时应向水面报告

B．应沿入水绳上升，并按减压规定进行减压，服从水面关于减压停休的命令

C．上升速度一般为5～6m/min

D．接近水面时，手抓前压重物，大量排气，并应注意防止头部与船底及其他物体相碰

答案：ABCD

二、填空题

1．进行水工建筑物水下检查、维修前，应制订（　　），经企业主管生产的领导（总工程师）批准，按方案做好相关措施后，方可下水作业。

答案：专项方案

2．潜水工作应由经过考试合格并执有（　　）的专门潜水人员担任。

答案：潜水专业资格证

3．潜水员在进行水下闸门作业时，必须在闸门关闭以后下水，在闸门开启之前出水，并有可靠措施，保证潜水员在水下时不会（　　）。

答案：误开闸门

4．在闸门漏水较大处工作时，应在离漏水处（　　）m 处下水，下水前应先用物体试验吸力大小，防止潜水员（　　）。

答案：2～5；被吸

三、简答题

1．潜水员下潜时必须遵守哪些要求？

答案：（1）戴好头盔后应试验排气阀门，调节空气，确认正常无异时，方可沿水绳

下水。

（2）当头盔刚淹没水线下时，停止排气，检查潜水衣、头盔、接口、袖口等有无漏气现象，经信号员检查许可后，方可下潜。

（3）下潜速度一般不超过 10m/min。

（4）到工作位置后，立即打信号灯或用水下专用通信设备，向岸上指挥人员汇报自己的感觉和身体情况，服从岸上指挥人员的指令，并将水绳按水流方向放置在身体的下游侧。

2. 一般情况下禁止夜间水下作业，如遇特殊情况需在夜间作业时，除应经企业主管生产的领导（总工程师）批准外，还应注意哪些事项？

答案：（1）潜水作业船上必须有良好的照明设备。

（2）自作业开始至结束，必须有强光照射潜水员排出气泡的水面。

（3）必须保证在电气照明故障时有常明设备。遇电气照明故障时，应立即命令潜水员按减压规定上升出水。

第二篇

Q/CHD 20—2019
《电力安全工作规程　电气部分》考核题

第1章 《3　术语和定义》考核题

一、单选题

1．依据《电力安全工作规程　电气部分》，低压是指用于配电的交流系统中（　　）V及其以下的电压等级。

A．36　　B．220　　C．380　　D．1000

答案：D

2．“高压室内全部停电，但通至邻接高压室的门并未全部闭锁的工作”属于（　　）工作。

A．全部停电工作　　B．部分停电工作

C．不停电工作　　D．不带电工作

答案：B

二、判断题

1．“运用中的电气设备”是指全部带有电压、一部分带有电压或一经操作即带有电压的电气设备。（　　）

答案：√

第2章《4 总则》考核题

一、单选题

1．新录用的工作人员，应经（　　）医院或医疗机构体格检查合格，符合电气工作人员健康要求。

A．一级及以上　　B．二级　　C．二级及以上　　D．三级

答案：C

2．相邻配电室室内的连通门应选用（　　），且不应上锁。

A．单向自由门　　B．双向自由门　　C．单开门　　D．双开门

答案：B

3．室外变、配、输电区域允许设置（　　）。

A．轻型建筑物　　B．广告牌　　C．横幅　　D．警示标识

答案：D

二、多选题

1．各企业应落实安全生产“（　　）”要求，建立健全各级人员安全生产责任制，完善考核内容和标准。

A．党政同责　　B．一岗双责　　C．齐抓共管　　D．失职追责

答案：ABCD

2．牢固树立“我要安全”的自主安全意识，做到“四不伤害”。其中，“四不伤害”是指（　　）。

A．不伤害自己　　B．不伤害他人

C．不被他人伤害　　D．保护他人不被伤害

答案：ABCD

3．控制室、蓄电池室、配电室、电子间等房间内不准有水、汽、油等管道通过，必须通过时应使用（　　）的管道。

A．不带接头　　B．不带阀门　　C．钢制　　D．铜制

答案：ABC

三、判断题

1．外来承揽各类工程的施工单位全体电气人员和临时参加现场工作的电气人员进入现场前，应经体格检查合格，并持有相应的资格证书。办理工伤保险和人身意外伤害保险。（　　）

答案：×（办理工伤保险或人身意外伤害保险）

2．对厂家技术指导、安装调试、试验等人员，应进行现场危险有害因素、应急事

项等的告知，履行签名确认手续，并在有关人员陪同下方可进入现场。（ ）

答案：×（应对其开展安全教育培训，以书面形式进行安全告知，履行签名确认手续，在有关人员带领下，方可进入现场）

3．因工作需要使用手机等移动通信设备时，应停止工作，在确保安全的前提下使用。禁止在生产现场边移动边使用移动通信设备。（ ）

答案：√

4．电气设备、设施安全接地、接零应牢固可靠，不得将接地线接在金属管道上，接地电阻值应合格；设备带电部位应设置明显的带电警示标识和安全色。（ ）

答案：√

5．配电室门应向外开启，尽可能满足能够在无钥匙的情况下从内部打开。（ ）

答案：×（必须能够在无钥匙的情况下从内部打开）

四、填空题

1．所有从事电气工作的人员，应按其岗位和工作性质，掌握《电力安全工作规程》的全部或有关部分，每年至少进行（ ）次考试，考试不合格者不得上岗。

答案：一

2．禁止（ ）进入生产现场，禁止在生产现场（ ），禁止（ ）进入生产现场。

答案：无关人员；吸烟；酒后

3．现场配电装置柜、电源箱、动力盘、控制柜等箱门均应（ ）。

答案：上锁

4．所有楼梯、平台、步道、栏杆都应保持完整，现场步道的梯阶应平整，铁板、格栅板应铺设牢固，在楼梯的始、末级应有明显的（ ）。

答案：防止踏空线

5．工作场所必须设有符合规定照度的照明，主控制室、网络控制室、集中控制室、升压站、配电室、电子间、蓄电池室、柴油机室等工作场所应配有（ ）。

答案：应急照明

五、简答题

1．在高温环境下工作时，应注意什么？

答案：在高温环境下工作时，应合理增加作业人员的工间休息时间，工作人员应穿透气、散热的棉质工作服，现场应配备防暑降温物品，必要时增设通风设备。

第3章《5 一般安全措施》考核题

一、单选题

1. 交流电压等级为13.8kV时，人员与带电设备的安全距离为（　　）m。

A．0.5　　B．0.7　　C．1.0　　D．1.5

答案：B

2. 油断路器着火时，应（　　）。

A．直接切断起火断路器　　B．切断其两侧前一级的断路器

C．切断其两侧后一级的断路器　　D．切断其两侧前后一级的断路器

答案：D

3. 检修电源箱的支路开关都应加装剩余电流动作保护装置（漏电保护器），并应每（　　）检查一次，（　　）试验一次。

A．月；季度　　B．季度；半年　　C．半年；年　　D．月；半年

答案：D

二、多选题

1. 在升压站（变电站）的带电区域内或临近带电线路等处，禁止使用（　　）梯子或脚手架。

A．铁制　　B．铜制　　C．木制　　D．竹制

答案：AB

2. 在电容器组上或进入其围栏内工作时，应将电容器（　　）后，方可进行。

A．逐个放电　　B．多次放电　　C．统一放电　　D．接地

答案：ABD

3. 下列说法正确的是（　　）。

A．严禁用湿手摸触电源开关及其他电气设备

B．生产现场裸露的电线，均应视为带电，不应触碰

C．生产现场严禁有裸露的电线头

D．连接电动机械及电动工具的电气回路应单独装设开关或插座，并分别装设剩余电流动作保护装置，检修电源箱金属外壳应可靠接地

答案：ABCD

三、判断题

1. 电气设备的金属外壳应有良好的接地，任何时间都不准将接地装置断开（拆除）。（　　）

答案：×（工作中不准将接地装置断开）

2．遇有 5 级以上大风时，严禁在同杆塔多回线路中进行部分线路停电检修工作。（　　）

答案：√

3．电气设备仪表指示无电压时为不带电设备。（　　）

答案：×（电气设备凡未经验电、放电，均应视为带电设备）

4．地面上的绝缘油着火，应用干沙灭火。（　　）

答案：√

5．发现有人触电，可以不经许可，即行断开有关设备的电源。（　　）

答案：√

6．电缆沟和电缆隧道可以作为地面冲洗水等其他排水的排水通道。（　　）

答案：×（严禁作为排水通道）

四、填空题

1．在室外变电站和高压室内搬动梯子、管子等长物，必须（　　）搬运。

答案：两人放倒

2．在带电区域登高作业时，应从指定的停电间隔上下，并设置“（　　）”安全警示标志牌。

答案：从此上下

3．600V 以上可能带电的电气设备禁止使用（　　）灭火器。

答案：CO_2

4．在运用中的高压电气设备上的工作分为全部停电工作、部分停电工作和不停电工作三类，应至少由（　　）人进行，并执行保证安全的组织措施和技术措施。

答案：两

五、简答题

1．龙门架、架空线路、杆塔等构筑物需要人工清除覆冰或清理积雪时，应采取什么安全措施？

答案：应采取可靠的防触电、防滑、防倒塌、防坠落、防冰砸等安全措施。

第4章《6 电气设备运行》考核题

一、单选题

1. 室内高压设备的隔离室设有遮栏，遮栏的高度在（　　）m以上。

A．1.5　　B．1.6　　C．1.8　　D．2.0

答案：C

2. 配电室的钥匙至少应有（　　）把，由运行值班人员负责保管，按值移交。

A．1　　B．2　　C．3　　D．4

答案：C

3. 下列描述错误的是（　　）。

A．防误闭锁装置不准随意退出运行，停用防误闭锁装置时，应经企业主管生产的领导（总工程师）批准

B．防误闭锁装置的投停均应做好记录

C．采用电动机构拉开隔离开关（刀闸）后，应停用隔离开关（刀闸）控制电源和合闸能源

D．就地操作断路器（开关）和隔离开关（刀闸）时，操作人员应做好应急预案，选择合适的位置进行

答案：D

二、多选题

1. 恶劣天气下巡视室外高压设备时，下列说法正确的是（　　）。

A．雷雨天气，应穿绝缘靴，打伞时不得靠近避雷器和避雷针

B．雷、雨、雪、雾（霾）天气，不得靠近支柱式绝缘子设备

C．大雪、冰冻天气，应远离高压线，防止落冰或断线伤人

D．大风时巡线，应注意导线舞动情况，沿线路上风侧前进，以免触及断落的导线

答案：BCD

三、判断题

1. 任何运用中的星形接线设备中性点接地系统，必须视为带电设备。（　　）

答案：√

2. 允许单独巡视高压设备的人员必须经考试合格后以正式文件公布。（　　）

答案：√

3. 进出配电室时，不得锁门。（　　）

答案：×（必须随手将门锁好）

4．发生人身触电时，为解救触电人，可以不经许可即行断开有关设备的电源，但事后必须立即报告。（　　）

答案：√

四、填空题

1．室内母线分段部分、母线交叉部分及部分停电检修的设备等，易误碰带电部分的，应设有标志明显、安装牢靠的（　　）。

答案：隔离挡板（护网）

2．倒闸操作必须根据值班调度员或值班负责人命令，受令人（　　）无误后执行。

答案：复诵

3．高压电气设备均应加装（　　）装置，特殊情况下经企业主管生产的领导（总工程师）批准，可加机械锁。

答案：防误闭锁

五、简答题

1．简述停电倒闸操作的顺序。

答案：停电操作必须按照断路器（开关）—负荷侧隔离开关（刀闸）—电源侧隔离开关（刀闸）—控制电源的顺序依次操作。

第 5 章 《7 保证安全的组织措施》考核题

一、单选题

1. 已结束的工作票，保存期应不少于（　　）个月。

A. 1　　B. 3　　C. 6　　D. 12

答案：C

2. 需要变更工作班成员时，须经（　　）同意。

A. 工作许可人　　B. 工作票签发人

C. 工作负责人　　D. 工作监护人

答案：C

3. 工作结束前如遇下列情况，可不重新签发工作票重新履行工作许可手续的是（　　）。

A. 部分检修的设备将投入运行时

B. 值班人员发现检修人员严重违反《电力安全工作规程》或工作票内所填写的安全措施，制止检修人员工作并将工作票收回时

C. 必须改变检修设备与运行设备的隔断方式或改变工作条件时

D. 工作任务不能按批准时间完成时

答案：D

4. 下列不属于值班负责人安全职责的是（　　）。

A. 审查工作票所列安全措施、注意事项是否正确完备

B. 接收工作票

C. 审查工作的必要性

D. 审查工作票所列工作负责人、工作票签发人是否具备资格

答案：A

5. 下列说法错误的是（　　）。

A. 工作负责人（监护人）在全部停电时，可以参加工作班工作

B. 在部分停电时，只有在安全措施可靠、人员集中在一个工作地点、不致误碰带电部分的情况下，工作负责人（监护人）方可参加工作

C. 工作票签发人或工作负责人，应根据现场的安全条件、施工范围、工作需要等具体情况，增设专职监护人并确定被监护的人员

D. 专职监护人在条件允许的情况下，可作为工作班成员共同完成工作

答案：D

6. 下列电气操作中必须填用操作票的是（　　）。

A．事故处理

B．检验是否确无电压

C．拉、合断路器（开关）的单一操作

D．拉开单一的接地开关（接地刀闸）或拆除全厂（站）仅有的一组接地线

答案：B

7．关于电气操作票的填写，下列说法错误的是（　　）。

A．每份操作票只能填写一个操作任务

B．操作动词如“拉开”“合上”“开”“关”“启”“停”“送”等不得涂改

C．每张操作票的修改不得超过一处，否则应重新填票

D．使用微机操作票管理系统办理操作票时，系统应能提供修改人的修改记录

答案：C

8．关于操作票的执行，下列说法错误的是（　　）。

A．操作中产生疑问时，应立即停止操作并向值班负责人或值班调度员报告，弄清问题后方可继续操作，不得擅自更改操作票，不得随意解除闭锁装置

B．操作中途不得换人，操作人、监护人不得做与操作无关的事情。严禁监护人未下令，操作人就开始操作

C．操作过程中发现操作票有问题时，该操作票不得继续使用，并在已操作完项目的最后一项盖“已执行”章，在备注栏注明“本操作票有错误，自××项起不执行”

D．操作过程中因调度指令变更，对多张不执行的操作票，应在次页起每张操作票的“操作任务”栏盖“作废”章

答案：D

二、多选题

1．下列应填用电气第一种工作票的工作有（　　）。

A．高压设备上需要全部停电或部分停电的工作

B．高压室内的二次接线和照明等回路上需要将高压设备停电或做安全措施的工作

C．母线检修工作

D．转动中的发电机励磁回路或高压电动机转子电阻回路上的工作

答案：ABC

2．在（　　）等处的动火作业应同时填用一级动火票。

A．蓄电池室　　B．电缆沟　　C．电子设备间　　D．油库

答案：ABD

3．纸质工作票应使用钢笔或签字笔填写，应正确、清楚，不得任意涂改。（　　）

不准涂改。每份工作票的修改不得超过两处，否则应重新填票。

A．设备名称　　B．操作动词

C．人员姓名　　D．日期和时间

答案：ABCD

4．一个工作负责人只能发给一张工作票。一张工作票中，（　　）不得兼任。

A．工作票签发人　　B．工作负责人

C．工作许可人　　D．工作监护人

答案：ABC

5．可以填用一张工作票的工作项目有（　　）。

A．工作票上所列的工作地点，以一个电气连接部分为限。如果检修设备属于同一电压、位于同一楼层、同时停送电，且不会触及带电导体时，则允许在几个电气连接部分共用一张工作票。开工前工作票内的全部安全措施必须一次做完

B．在几个电气连接部分上依次进行不停电的同一电压等级、同一类型的工作，可以填用一张工作票

C．若一个电气连接部分或一个配电装置全部停电，则所有不同地点的工作，可以填用一张工作票，但要详细填明主要工作内容。几个班同时进行工作时，工作票可发给一个总的工作负责人，在“工作班成员”栏内只填明各班的负责人，不必填写全部工作人员名单

D．若至预定时间，一部分工作尚未完成，仍须继续工作而不妨碍送电者，在送电前，应按照送电后现场设备的带电情况，办理新的工作票，布置好安全措施后，方可继续工作

答案：ABCD

6．工作票签发人的安全职责包括（　　）。

A．确认工作是否必要和可能

B．确认工作票上所填写的安全措施、注意事项是否正确和完善

C．确认所派工作负责人和工作班成员是否适当和足够，精神状态是否良好，能否胜任所承担的工作

D．经常到现场检查工作是否安全进行

答案：ABCD

7．关于操作预告的发布，下列说法正确的是（　　）。

A．操作预告只能由值长发布，值班负责人接受

B．发令人发布操作预告语前必须冠以“操作预告”

C．受令人应将操作预告记入值班记录，并向发令人复诵一遍，复诵时必须冠以

"重复预告"，得到发令人同意后生效

D. 使用电话发布操作预告时，发令人应先与受令人互报姓名。发布操作预告和接受操作预告的全过程均应录音，并做好记录

答案：BCD

三、判断题

1. 各企业应编制需要填用工作票的具体工作任务清单，经企业主管生产的领导（总工程师）批准后，书面通知有关工作岗位。（ ）

答案：√

2. 各企业工作票签发人、工作负责人、工作许可人应每年进行培训，并经考试合格后可开展相关工作。（ ）

答案：×（经考试合格后，以正式文件公布有资格担任工作票签发人、工作负责人、工作许可人的人员名单）

3. 工作票一般由工作负责人填写，填写后交工作票签发人审核，也可由工作票签发人填写。（ ）

答案：√

4. 电气第一种工作票应在工作前一日交给运行值班人员，可直接送达或通过网络传送，当日消除缺陷的工作票应在开工前1h交给运行值班人员。电气第二种工作票可在进行工作的当天预先交给运行值班人员。（ ）

答案：√

5. 工作负责人可根据现场实际情况变更安全措施。（ ）

答案：×（工作负责人、工作许可人任何一方不得擅自变更安全措施）

6. 在同一电气连接部分用同一工作票依次在几个工作地点转移工作时，全部安全措施由运行值班人员在开工前一次做完，不需再办理许可手续。（ ）

答案：√

7. 全部工作完毕后，工作班应清扫、整理现场。工作负责人确认全体工作人员撤离工作地点后，办理工作终结手续。（ ）

答案：×（工作负责人确认全体工作人员撤离工作地点后，向运行值班人员进行检修交代，并与运行值班人员共同检查设备状况，双方同意后，办理工作终结手续）

四、填空题

1. 实施检修、操作任务前，应对作业任务全过程进行（ ）。

答案：风险辨识

2. 在电气设备上工作，应执行（ ）制度。

答案：工作票

3. 进入地下室、电缆沟、电缆隧道、电缆井、电缆夹层等有限空间作业时，必须

填用（　　）作业票。

答案：有限空间

4．每份工作票的修改不得超过（　　）处，否则应重新填票。

答案：两

5．工作票延期手续只能办理（　　）次。如需再延期，应重新办理工作票，并注明原因。

答案：一

6．110kV 及以上母线和 220kV 及以上变压器停、送电操作任务应进行（　　）监护操作。

答案：双

7．受令人通过电话接到正式的操作命令后，必须全文复诵操作命令，并得到发令人“（　　）”的命令后执行。

答案：对，执行

8．工作负责人应由在业务技术和（　　）上均能胜任，并能保证工作安全和质量的人员担任。

答案：组织能力

9．工作票签发人应由（　　）及以上生产人员担任。

答案：班组技术员

10．工作许可人一般由（　　）负责人担任。

答案：运行值班

五、简答题

1．简述电气作业风险辨识的内容。

答案：（1）因人的作业行为不当、安全技能不足、精神状态不良等可能导致的风险。

（2）因设备设施系统、机具的不安全状态等可能导致的风险。

（3）因作业环境不良、防范措施不完善等可能导致的风险。

（4）因作业过程组织、协调、管理不善等因素可能导致的风险。

（5）其他风险。

2．电气作业风险分为哪几级？对应的管控级别是怎样设置的？

答案：（1）重大风险，对应管控级别为企业级。

（2）较大风险，对应管控级别为部门级。

（3）一般风险，对应管控级别为班组级。

（4）低风险，对应管控级别为岗位级。

3．根据电气作业工作票制度，完成工作许可手续后，工作班开工前，工作负责人应向工作班成员交代哪些内容？

答案：完成工作许可手续后，工作负责人（监护人）应向工作班成员交代工作内容、成员分工、现场安全措施、带电部位和其他注意事项，进行安全风险告知，并履行交底、签字确认手续，工作班方可开工。

4．简述工作负责人、操作监护人、工作班成员在作业风险分级管控中的职责。

答案：（1）工作负责人、操作监护人负责在开工前组织工作班成员进行风险辨识，制订风险管控措施。

（2）工作负责人、操作监护人应在开工前对工作班成员交代作业已采取的安全措施、作业现场风险及管控措施，并确认每一位工作班成员都已知晓。工作过程中，随着作业条件的变化，应及时告知工作班成员新的风险及管控措施、安全注意事项。

（3）工作班成员应熟悉工作内容、工作流程，掌握安全措施，明确工作中存在的风险及管控措施，并在作业风险分级管控卡相应栏目上签名确认。

（4）操作监护人应在操作开始前与操作人共同检查、确认风险辨识及管控措施已执行。

（5）对应风险管控级别的相关负责人应现场到位，督促风险管控措施落实。

第6章《8　保证安全的技术措施》考核题

一、单选题

1．作业时，工作地点无须停电的设备是（　　）。

A．检修的设备

B．工作地点距离35kV带电设备0.5m

C．带电部分在工作人员后面、两侧或上下，且无可靠安全措施的设备

D．工作地点距离500kV带电设备8m

答案：D

2．下列描述错误的是（　　）。

A．验电时，必须用电压等级合适且合格的验电器，在待检修的停电设备进出线各侧各相分别验电

B．500kV及以上的电气设备可采用间接验电方法进行验电

C．雨雪天气时，不得进行室外直接验电

D．高压验电必须戴绝缘手套

答案：B

3．下列描述错误的是（　　）。

A．检修部分若分为几个在电气上不相连接的部分，如分段母线以隔离开关（刀闸）或断路器（开关）隔开分成几段，则所有分段应统一验电并接地短路

B．接地线（接地开关）与检修部分之间不得连有断路器（开关）或熔断器（保险）

C．降压变电站全部停电时，应将各个可能来电侧的部分接地短路，其余部分不必每段都装设接地线或合接地开关（接地刀闸）

D．所有配电装置的适当地点，均应设有接地网的接头

答案：A

4．便携式接地线应由有透明护套的多股软铜线和专用线夹组成，其截面积应符合短路电流的要求，但不得小于（　　）mm^2。

A．15　　B．20　　C．25　　D．30

答案：C

5．下列说法错误的是（　　）。

A．若室外只有个别地点设备带电，可在其四周装设全封闭遮栏，遮栏上设置适当数量朝向里面的“止步　高压危险”安全警示标志牌

B．在室外架构上工作，应在工作地点邻近带电部分的横梁上，设置“止步　高

压危险”安全警示标志牌

C．严禁工作人员在工作中移动或拆除遮栏和安全警示标志牌

D．装设的临时遮栏、设置的安全警示标志牌应牢固

答案：A

二、多选题

1．下列说法正确的是（　　）。

A．虽经验电，但表示设备断开、允许进入间隔的信号和经常接入的电压表等指示有电，应核实清楚，否则禁止在该设备上工作

B．当验明设备确已无电压后，应立即将检修设备接地并三相短路

C．因平行或邻近带电设备导致检修设备可能产生感应电压时，应加装接地线或使用个人保安线

D．电缆及电容器接地前应逐相充分放电，星形接地电容器的中性点应接地，串联电容器及整组电容器脱离的电容器应逐个放电，装在绝缘支架上的电容器外壳也应放电

答案：ABCD

三、判断题

1．装设接地线必须先接导体端，后接接地端，且必须接触良好；拆接地线的顺序与此相反。（　　）

答案：×（先接接地端，后接导体端）

2．如果线路上有人工作，应在线路断路器（开关）和隔离开关（刀闸）操作把手上设置“禁止合闸　线路有人工作”安全警示标志牌，安全警示标志牌的设置和拆除应按调度员的命令执行。（　　）

答案：√

3．在室外地面高压设备上工作，应在工作地点四周装设遮栏，遮栏上设置适当数量的“止步　高压危险”安全警示标志牌，安全警示标志牌必须朝向遮栏外面。（　　）

答案：×（朝向遮栏里面）

四、填空题

1．检修母线时，应根据（　　）和（　　）等实际情况确定接地线或接地开关（接地刀闸）数量。

答案：母线的长短；有无感应电压

2．装、拆接地线或拉、合接地开关（接地刀闸）必须由（　　）人进行。人体不应碰触未接地的导线。

答案：两

3．高压开关柜内手车断路器拉出后，隔离带电部位的挡板封闭后禁止开启，并应

设置“（　　）”安全警示标志牌。

答案：止步　高压危险

五、简答题

1．无法看到明显断开点的设备，怎么确认已停电？

答案：通过设备机械位置指示、电流、电压指示、各种遥测、遥信信号的变化、验电等措施进行综合判断，确认设备是否已停电。

第7章《9 线路作业》考核题

一、单选题

1．高压绝缘操作杆握手部分长度应按相应的电压等级做好限位标示，其中 110kV 握手部分长度为（　　）mm。

A．600　　B．700　　C．900　　D．1000

答案：B

2．下列关于线路检修的安全措施的描述，错误的是（　　）。

A．线路停电时，熔断器的熔管应摘下，并设置“禁止合闸　有人工作”安全警示标志牌

B．一回线路检修，其邻近或交叉的其他电力线路需进行配合停电和接地时，应在工作票中列入相应的安全措施

C．在同塔架设双回线路杆塔的停电线路上装设的接地线，应有防止接地线摆动的措施，并满足设备不停电时的安全距离要求

D．登杆作业时，应核对线路名称和杆号。在同塔架设双回线路的某一回线路检修时，严防走错间隔。登杆塔和在杆塔上工作时，每两基杆塔至少设一个专人监护

答案：D

3．个人保安线应使用有透明护套的多股软铜线，截面积不小于（　　）mm^2，且应带有绝缘手柄或绝缘部件。

A．12　　B．15　　C．16　　D．18

答案：C

二、多选题

1．线路检修现场勘查，应查看现场检修作业（　　）及其他危险点等。

A．需要停电的范围　　B．保留的带电部位

C．作业现场的条件、环境　　D．安全警示牌和遮栏是否齐全

答案：ABC

2．线路检修工作前，应采取的措施有（　　）。

A．断开发电厂、变（配）电站的线路断路器（开关）和隔离开关（刀闸）

B．断开线路上各端（含分支）断路器（开关）、隔离开关（刀闸）和熔断器

C．断开危及线路停电作业，且不能采取措施的交叉跨越、平行和同杆塔线路的断路器（开关）、隔离开关（刀闸）和熔断器

D．断开可能反送电的低压电源的断路器（开关）、隔离开关（刀闸）和熔断器

答案：ABCD

三、判断题

1．线路的停送电均应按照事先约定好的时间执行。严禁临时更改停、送电时间。（　　）

答案：×（均应按照值班调度员或有关单位书面指定人员的命令执行。严禁约时停、送电）

2．当用户管辖的线路要求停电时，必须得到用户工作负责人的电话或书面申请方可停电，并做好安全措施。（　　）

答案：×（只能书面申请）

3．工作地段如有邻近、平行、交叉跨越及同杆塔架设线路，为防止停电检修线路上感应电压伤人，在需要接触或接近导线工作时，应使用个人保安线。（　　）

答案：√

四、填空题

1．检修高压线路应填用电气第（　　）种工作票。

答案：一

2．线路检修现场勘查工作由工作票签发人或工作负责人组织。线路检修工作对外发包的，承包单位相关人员应参加现场勘查，并根据实际执行工作票“（　　）”制度。

答案：双签发

3．开断或接入绝缘导线前，应采取（　　）的措施。

答案：防感应电

五、简答题

1．单位内部调度线路作业结束时，运行值班负责人应做好哪些工作，方可下令拆除发电单位内的安全措施，向线路送电？

答案：单位内部调度线路作业结束时，运行值班负责人应得到工作负责人的竣工报告，确认所有工作组均已竣工，接地线已拆除，工作人员已全部撤离线路，并与值班日志核对无误后，方可下令拆除发电单位内的安全措施，向线路送电。

第8章《10 带电作业》考核题

一、单选题

1．在（　　）kV及以上电压等级的线路杆塔及变电站构架上作业，应采取防静电感应措施。

A．66、±125　　B．330、±500

C．66、±330　　D．125、±500

答案：B

2．下列描述错误的是（　　）。

A．绝缘架空地线应视为带电体

B．在绝缘架空地线附近作业时，工作人员与绝缘架空地线之间的距离应不小于0.5m（1000kV为0.6m）

C．若需在绝缘架空地线上作业，应用接地线或个人保安线将其可靠接地或采用等电位方式进行

D．用绝缘绳索传递大件金属物品（包括工具、材料等）时，杆塔或地面上工作人员应将金属物品接地后再接触

答案：B

二、多选题

1．等电位作业一般在（　　）kV及以上电压等级的线路和电气设备上进行。

A．10　　B．35　　C．66　　D．±125

答案：CD

2．下列距离应满足相关安全规定的有（　　）。

A．地电位作业人体与带电体的距离

B．等电位作业人体与接地体的距离

C．工作人员进出强电场时与接地体和带电体两部分所组成的组合间隙

D．工作人员与相邻导线的距离

答案：ABCD

三、判断题

1．在带电作业过程中如设备突然停电，应视设备仍然带电。（　　）

答案：√

2．等电位工作人员应穿着阻燃内衣，外面穿着全套屏蔽服，各部分连接良好。必要时可通过屏蔽服断、接空载线路或耦合电容器的电容电流及接地电流。（　　）

答案：×（不应通过屏蔽服断、接空载线路或耦合电容器的电容电流及接地电流）

3．交流线路地电位登塔作业时应采取防离子流措施，直流线路地电位登塔作业时宜采取防静电感应措施。（　　）

答案：×（交流线路地电位登塔作业时应采取防静电感应措施，直流线路地电位登塔作业时宜采取防离子流措施）

四、填空题

1．带电作业应填用电气第（　　）种工作票。

答案：二

2．带电作业应在良好天气下进行，风力大于（　　）级及以上，或空气湿度大于（　　）时，不宜进行带电作业。

答案：5；80%

3．等电位工作人员在电位转移前，应得到工作负责人的许可。750kV 和 1000kV 等电位作业，应使用（　　）进行电位转移。

答案：电位转移棒

五、简答题

1．带电作业不应约时停用或恢复重合闸及直流再启动装置。在什么情况下，应停用重合闸或直流再启动装置，并不应强送电？

答案：（1）中性点有效接地系统中可能引起单相接地的作业。

（2）中性点非有效接地系统中可能引起相间短路的作业。

（3）直流线路中可能引起单极接地或极间短路的作业。

第9章《11 发电机、高压电动机的检修与维护》考核题

一、单选题

1．发电机组停电检修期间，工作票始终由（　　）保存。

A．工作票签发人　　B．工作负责人

C．专职监护人员　　D．工作许可人

答案：B

2．检修高压电动机和启动装置时，应做好安全措施，下列描述有误的一项是（　　）。

A．在断路器（开关）、隔离开关（刀闸）操作把手（或按钮）上设置“禁止合闸　有人工作”安全警示标志牌

B．做好防止被其拖动的机械（水泵、空气压缩机、引风机等）拖带转动的措施，并在阀门上设置“禁止操作　有人工作”安全警示标志牌

C．拆开后的电缆头必须两相可靠短路接地

D．断开电动机电加热装置电源，带慢传装置或内润滑油系统的，还应断开慢传装置和油泵电动机的电源

答案：C

二、多选题

1．下列描述正确的有（　　）。

A．禁止在转动着的高压电动机及其附属装置回路上进行工作

B．电动机的引出线和电缆头及外露的转动部分均应装设牢固可靠的护罩

C．电动机及启动装置的外壳均应接地。禁止在运转中的电动机的接地线上进行工作

D．对电动机进行干燥作业时，应有防火措施

答案：ABCD

2．在转动着的电动机上调整、清扫电刷及滑环时，应由有经验的人员担任，并遵守（　　）等规定。

A．注意防止衣服、擦拭材料及随身物件被设备挂住，扣紧袖口，长发应放在帽内，禁止戴手套，做好防滑等措施

B．工作时站在绝缘垫（该绝缘垫为常设固定型绝缘垫）上，不得同时接触两极或同时接触一极与接地部分。不能两人同时进行工作，必须一人工作一人监护

C．应戴耳罩或耳塞，吹清碳粉时，应戴防护眼镜和口罩

D．检修人员从事上述工作时，应填用电气第二种工作票；运行值班人员从事上述工作时，应采取保证安全的有效措施

答案：ABCD

3．检修发电机（励磁机）必须做好的安全措施包括（　　）。

A．断开发电机的断路器（开关）、隔离开关（刀闸）和励磁开关

B．计算机监控系统中的相应设备应设置禁止操作标志

C．检修机组中性点与其他发电机的中性点连在一起的，应在工作前将检修发电机的中性点分开

D．检修机组装有可堵塞机内空气流通的自动闸板风门的，应采取措施保证风门不能关闭，以防窒息

答案：ABCD

三、判断题

1．发电机组停电检修，只需第一天办理开工手续，以后每天开工时，应由工作负责人检查现场，核对安全措施。（　　）

答案：√

2．在同一机组、同一电压等级的几个电动机上依次工作时，可填用一张工作票。（　　）

答案：√

3．转动着的发电机，即使未加励磁，也应认为有电压。（　　）

答案：√

四、填空题

1．检修发电机、高压电动机应填用电气第（　　）种工作票。

答案：一

2．氢冷发电机拆卸氢冷器和手孔门、人孔门前，必须确认（　　）合格，发电机内部压力已释放到零，严禁带压力拆卸螺栓、盖板。

答案：置换排氢

3．测量轴电压和在转动着的发电机上用电压表测量转子绝缘的工作，应使用专用电刷，电刷上应装有（　　）mm以上的绝缘柄。

答案：300

五、简答题

1．发电机抽、穿转子工作应遵守什么规定？

答案：（1）行车和其他起重工器具必须经检验合格，使用前全面检查，行车限位、制动装置等应可靠。

（2）抽、穿转子过程中应采取措施，防止转子风叶刮碰定子铁芯。

（3）进入定子膛的工作人员应穿专用工作服，如连体服和软底工作鞋，严禁携带其他物件，严禁踩踏端部绕组及绝缘引水管等部件，携带工具应做好防脱落措施。

（4）支承点的位置应设置准确，支承点应牢固。

第10章 《12 变压器、断路器的检修与维护》考核题

一、单选题

1．下列关于大型油浸式变压器在放油及滤油过程中的描述，错误的是（　　）。

A．5m范围内不得有火种及易燃易爆物品

B．需远离电缆沟

C．放油、滤油、注油前，应检查管道、阀门、滤油机、储油设备等无渗漏，储油设备应可靠接地

D．滤油机和变压器油管路的接口应用专用卡件严密卡紧，并固定牢靠

答案：A

2．下列关于变压器、断路器的检修与维护的说法，错误的是（　　）。

A．充氮的变压器未经充分排氮，严禁人员入内

B．在变压器油箱内工作，应保持通风，使用便携式防爆照明灯具（安全电压），并设专人监护

C．调整、检修断路器（开关）设备及传动装置，必要时采取可靠措施防止开关意外脱扣，作业人员应避开可动部分的动作空间

D．凡可慢分慢合的断路器（开关），初次动作时不得快分快合

答案：C

二、多选题

1．对充油变压器的微小渗漏进行补焊，除执行动火工作票制度外，还应遵守的一般规定有（　　）。

A．变压器顶部应有开启的孔洞　　B．焊接部位必须在油面以上

C．应采用断续的电焊，严禁火焊　　D．焊点周围的油污应清理干净

答案：ACD

三、判断题

1．在运行中的变压器气体继电器上取气或取变压器油样，必须一人操作一人监护。（　　）

答案：√

2．焊接变压器附件，若放尽残油，可在原地进行作业。（　　）

答案：×（应放尽残油，运至安全地点，严格按照注油容器焊接工作要求进行）

3．分合断路器（开关）操作，应事先通知附近作业人员，特别是高处作业人员。（　　）

答案：√

4．进行断路器（开关）、隔离开关（刀闸）调整、变压器试验、防污清扫等作业时，严禁攀登套管绝缘子，爬梯禁止搭在绝缘子上。（ ）

答案：✓

四、填空题

1．检修变压器、断路器应填用电气第（ ）种工作票。

答案：一

2．焊接变压器引线，应采取（ ）和（ ）措施，并配备足够的消防器材。

答案：绝热；隔离

第 11 章 《13 SF_6电气设备的检修与维护》考核题

一、单选题

1．工作人员进入 SF_6 配电装置室，必须先通风（　　）min，并用检漏仪测量 SF_6 气体含量。

A．5　　B．8　　C．10　　D．15

答案：D

2．下列关于 SF_6 气瓶存储及搬运的说法，错误的是（　　）。

A．应水平放置在阴凉干燥、通风良好、敞开的专门场所

B．应远离热源和油污，防潮、防阳光曝晒，并不得有水分或油污黏在阀门上

C．搬运时，应轻装轻卸

D．未经检验的 SF_6 新气气瓶和已检验合格的气体气瓶应分别存放，不得混淆

答案：A

二、多选题

1．在室内对设备充装 SF_6 气体，应做到（　　）。

A．周围环境相对湿度应不大于 80%

B．必须保持通风系统在运行状态

C．工作区空气中 SF_6 气体含量不得超过 1000μL/L

D．户外设备充装 SF_6 气体时，工作人员应在上风方向操作

答案：ABCD

2．在 SF_6 配电装置室低位区，应安装（　　）。

A．能报警的氧量仪　　B．SF_6 气体泄漏警报仪

C．报警仪显示器　　D．温度计

答案：AB

3．SF_6 设备发生紧急事故时，下列做法正确的是（　　）。

A．工作人员应迅速撤离现场

B．立即开启全部通风系统

C．未佩戴正压式空气呼吸器的人员不应入内

D．发生设备防爆膜破裂事故时，应停电处理，并用丙酮等擦拭干净

答案：ABCD

三、判断题

1．装有 SF_6 设备的配电装置室，排风通道可与电缆沟共用，但排风口不得直接朝向可能有人的场所或通道。（　　）

答案：×（排风通道不能与电缆沟共用）

2．SF_6电气设备投运前，应检验设备气室内SF_6气体水分和空气含量。（　　）

答案：√

3．主控制室与SF_6配电装置室间应采取气密性隔离措施。（　　）

答案：√

4．SF_6电气设备解体检修前，必须对SF_6气体进行检验，根据有毒气体的含量，采取安全防护措施。检修人员应根据需要着装并佩戴正压式空气呼吸器。打开设备封盖后，检修人员应暂离现场15min。（　　）

答案：×（应暂离现场30min）

5．设备内的SF_6气体不得向大气排放，应采用净化装置回收，经处理合格后方可使用。回收时工作人员应站在上风侧。（　　）

答案：√

6．佩戴防毒面具或正压式空气呼吸器的工作人员应经专门培训。（　　）

答案：√

7．SF_6配电装置室的排风机启停开关应设置在门内。（　　）

答案：×（应设置在门外）

四、填空题

1．检修SF_6电气设备应填用电气第（　　）种工作票。

答案：一

2．装有SF_6设备的配电装置室，必须装设（　　）装置。

答案：强力通风

3．SF_6配电装置室的门外及SF_6配电室下方电缆沟的入口处必须设置"（　　）"的指令标志及"（　　）"文字警示标志牌。

答案：注意通风；安全须知

4．进入SF_6配电装置低位区或电缆沟进行工作前，除进行必要的通风外，还应检测（　　）和（　　）气体含量，合格后方可进行。

答案：含氧量；SF_6

5．从SF_6气体钢瓶引出气体时，必须使用减压阀降压。当瓶内压力降至（　　）时，即停止引出气体，并关紧气瓶阀门，戴上瓶帽，防止气体泄漏。

答案：9.8×10^4Pa（1个工程大气压）

五、简答题

1．检修SF_6电气设备结束后，检修人员的注意事项有哪些？

答案：检修结束后，检修人员应立即清洗身体，用过的工器具、防护用具应立即清洗干净后保存。严禁穿戴防护用品随意走动。

第12章 《14　母线的检修与维护》考核题

一、单选题

1．下列检修母线的安全措施中，正确的是（　　）。

A．在母线上所有隔离开关（刀闸）操作把手上设置“禁止合闸　有人工作”安全警示标志牌

B．在母线上所有熔断器装设位置处设置“有人工作”安全警示标志牌

C．在工作区域应装设围栏，并向外设置“止步　高压危险”安全警示标志牌

D．在工作区域应装设围栏，向内设置“在此工作”安全警示标志牌

答案：A

二、多选题

1．下列说法正确的有（　　）。

A．拆除有张力的软导线时应缓慢释放，严禁突然释放

B．切割有张力的软导线时，应将切割处的两侧绑紧固定

C．母线安装挂线时，导线下方不得有人逗留或行走

D．母线紧线应缓慢，并随时检查导线是否有被挂住的地方，严禁跨越正在收紧的导线

答案：ABCD

三、判断题

1．检修母线时，必须断开母线上所有隔离开关（刀闸），必要时还需取下熔断器。（　　）

答案：×［检修母线，必须断开母线上所有隔离开关（刀闸）（有熔断器的应取下熔断器），断开上述隔离开关（刀闸）的控制电源和合闸能源］

2．10kV及以上升压站（配电室）扩建时，新架设的母线与带电母线靠近或平行时，新架设的母线应可靠接地，并保证安全距离，安全距离不够时应采取隔离措施。（　　）

答案：√

四、填空题

1．检修母线应填用电气第（　　）种工作票。

答案：一

2．检修母线时，必须在母线上挂接地线或合上接地开关（接地刀闸）。当母线超过（　　）m时，应适当增加接地线（接地开关）的组数。

答案：10

第 13 章 《15　低压配电装置的检修与维护》考核题

一、单选题

1．在带电的低压配电装置上工作时，下列安全措施错误的是（　　）。

A．应采取防止相间短路和单相接地的绝缘隔离措施

B．使用有绝缘柄的工具，工作时应穿绝缘鞋或站在干燥的绝缘物上进行

C．应戴手套和护目眼镜，穿全棉长袖衣工作

D．必要时应设专人监护

答案：D

二、多选题

1．低压回路停电的一般安全措施包括（　　）。

A．将检修设备的各方面电源断开并取下熔断器（保险），或采取其他可靠的断开措施

B．工作前应先验电、接地

C．在电源断路器（开关）或电源隔离开关（刀闸）操作把手上设置“禁止合闸 有人工作”安全警示标志牌

D．根据需要采取其他安全措施，如在邻近的有电回路、设备上加装绝缘隔板或绝缘材料包扎等措施

答案：ABCD

三、判断题

1．停电更换熔断器（保险）后，恢复操作时，应戴绝缘手套和防护眼镜。（　　）

答案：√

四、填空题

1．在低压配电装置上的工作和低压电动机回路上的工作，应填用电气第（　　）种工作票。

答案：二

第14章 《16 保安电源（蓄电池、柴油发电机等）的检修与维护》考核题

一、单选题

1．应对柴油发电机组进行日常维护保养，保证油位、水位和蓄电池电压、液位正常。（　　）进行一次空载启动试验，条件允许时应进行带负荷试验。

A．每月　　B．每季度　　C．每半年　　D．每年

答案：A

二、多选题

1．蓄电池安装维护作业应采取的安全措施包括（　　）。

A．进入蓄电池室前应先开启抽风系统，保持通风，并检查水源是否正常、中和液是否齐备。严禁将明火或可能产生火花的物品带入蓄电池室

B．严禁将蓄电池两极短接，蓄电池间连接应使用专用连接铜排或导线，并用螺栓压接紧固可靠

C．在蓄电池室作业的人员，应穿戴防酸（碱）和防止铅中毒的防护用品（防护服、手套、靴子等），充电后不得穿容易引起静电的工装入内

D．蓄电池接线时应使用绝缘工具并穿绝缘鞋或站在绝缘垫上

答案：ABCD

三、判断题

1．蓄电池核对性放电应使用专用放电仪，并将裸露的放电电阻丝用围栏隔离。（　　）

答案：√

四、填空题

1．检修保安电源（蓄电池、柴油发电机等）应填用电气第（　　）种工作票。

答案：二

2．蓄电池室的电气设备、设施均应采用（　　）型。

答案：防爆

五、简答题

1．柴油箱应符合有关安全防火规定，需要设置什么安全设施并做好标识？

答案：柴油箱应符合有关安全防火规定，设置相应的通风、防爆、防火、防雷、防静电等安全设施并做好标识。

第 15 章 《17　继电保护、安全自动装置、仪表、计算机监控、通信等二次回路的检修与维护》考核题

一、单选题

1．下列情况应填用电气第一种工作票的是（　　）。

A．继电保护、安全自动装置和仪表及相关二次回路检验工作或在运行中改变定值的工作，无需将高压设备停电的

B．对接于电流互感器或电压互感器二次绕组并装在通道上或配电盘上的继电保护、安全自动装置及其控制回路，以及光纤、载波通道设备上的工作，无需将高压设备停电的

C．在高压室遮栏内或与导电部分小于规定的安全距离，进行继电保护、安全自动装置和仪表及相关二次回路检验工作，必须将高压设备停电的

D．计算机监控系统的检修工作，无需将高压设备停电

答案：C

2．在保护室、电子间、励磁间等有微机保护、安全自动装置、计算机监控系统运行的地点，不得在距离设备（　　）m 以内的范围内使用无线通信工具，如对讲机、移动电话等。

A．2　　B．3　　C．4　　D．5

答案：B

二、多选题

1．使用继电保护安全措施票，应遵守的一般规定包括（　　）。

A．操作人和监护人应有实际工作经验

B．继电保护安全措施票的执行应严格按照唱票、复诵、核对、打勾的顺序进行，操作时应有人监护

C．各企业应编制填用继电保护安全措施票的工作任务清单，规定填票人、操作人、监护人、审批人的资格、权限，经企业主管生产的领导（总工程师）批准后，书面通知有关工作岗位

D．已执行的继电保护安全措施票保存期不少于 3 个月

答案：ABC

2．关于继电保护、安全自动装置、通信等二次回路的检修与维护，下列说法正确的是（　　）。

A．工作前应做好准备，掌握工作地点一次及二次设备运行情况，收集并参照上次的检验记录及与实际相符合的图纸，严禁仅凭经验开展工作

B．工作开始前，应查对已做的安全措施是否符合要求，运行设备与检修设备是

否明确分开，还应看清设备名称，严防走错位置

C．检修人员现场工作如需拔插卡件时，应将设备停电，禁止带电拔插卡件，拔插卡件和其他工作时，还应做好防止静电损坏卡件芯片的措施

D．现场工作使用的仪器仪表应按要求接地

答案：ABCD

3．在带电的电压互感器二次回路上工作时，应做好的一般安全措施包括（　　）。

A．严禁在电流互感器与短路端子之间的回路和导线上进行任何工作

B．严格防止短路或接地。应使用绝缘工具，戴手套。必要时，工作前停用有关保护、安全自动装置

C．接临时负荷，必须装有专用的隔离开关（刀闸）和熔断器（保险）或快速小开关

D．工作时应有专人监护，严禁将回路永久接地点断开

答案：BCD

三、判断题

1．继电保护人员在现场工作过程中，凡遇到异常情况（如直流系统接地等）或断路器（开关）跳闸时，不论与本身工作是否有关，均应立即停止工作并保持现状。（　　）

答案：√

2．在二次设备盘柜上进行钻孔等工作时，无须停电。钻孔时应采取防止附近运行中设备跳闸的措施，必要时应履行审批手续，将保护暂时停用。（　　）

答案：×（应停电进行）

3．在全部或部分带电的盘上进行工作时，应将检修设备与运行设备前后以明显的标志隔开，并做好防止误碰运行设备的隔离措施。（　　）

答案：√

4．所有电流互感器和电压互感器的二次绕组应至少有一点永久性的、可靠的保护接地。（　　）

答案：×（应有且仅有一点永久性的、可靠的保护接地）

四、填空题

1．检验继电保护、安全自动装置和仪表、计算机监控系统，需将高压设备停电的工作，应填用电气第（　　）种工作票。

答案：一

2．继电保护、安全自动装置工作，除填用工作票外，对一些重要设备，特别是复杂的保护装置或有联跳回路的保护装置，如母线保护、断路器失灵保护等可能造成主、辅设备跳闸的现场维护、校验工作，还必须填用（　　）票。

答案：继电保护安全措施

3．继电保护、安全自动装置及自动化监控系统做传动试验或一次通电时，应通知运行值班人员和有关人员，并由（　　）或其指派人员到现场监视，将试验相关的工作票押回后方可进行。

答案：工作负责人

4．试验用隔离开关（刀闸）或快速小开关必须完好，容量合适，防止总电源越级跳闸或熔丝熔断，禁止从运行设备上直接取试验电源。试验接线应经（　　）后，方可通电。

答案：第二人复查

五、简答题

1．电压互感器的二次回路通电试验时，为防止由二次侧向一次侧反充电，除应将二次回路可靠断开外，还应采取什么措施？

答案：还应取下一次侧熔断器（保险）或断开隔离开关（刀闸）。

2．继电保护及二次回路试验工作结束后，应采取的措施有哪些？

答案：应按继电保护定值通知单核对定值无误、检查装置内无异物，相关信号及装置状态正常，各相关连接片及切换开关位置恢复至工作许可时的状态后，按继电保护安全措施票逐条恢复各项措施，措施恢复后严禁再进行保护校验及回路试验工作。

第16章 《18 电力电缆》考核题

一、单选题

1．挖掘出的电缆或接头盒，如下面需要挖空时，必须将其悬吊保护。下列悬吊点间隔符合要求的是（　　）。

A．0.2m　　B．0.5m　　C．0.8m　　D．1.2m

答案：D

2．制作环氧树脂电缆头和调配环氧树脂工作过程中，应采取的措施不包括（　　）。

A．防毒　　B．防火　　C．防烫伤　　D．防坠落

答案：D

二、多选题

1．敷设电缆时，应由专人统一指挥，下列操作正确的有（　　）。

A．敷设电缆前，应详细勘察电缆敷设路径及作业环境安全情况

B．电缆施放过程中，严禁搬动滑轮和盘架，以防挤伤或压伤

C．严禁站在电缆桥架上作业，严禁攀登组合式电缆架或吊架

D．电缆敷设人员禁止触碰运行电缆接头盒。电缆穿入带电的盘柜时，应设专人监护，严防电缆触及带电部位

答案：ABCD

2．下列说法正确的有（　　）。

A．电缆沟、隧道、夹层及电缆井内应无积水、油、灰、煤粉或杂物，电缆隧道、夹层及电缆井内还应有足够的照明，并有防火、防水、通风的措施

B．进入电缆沟、井、隧道前，应排除内部浊气，必要时应检测含氧量和易燃易爆气体及有毒气体含量是否合格

C．在沟、井、夹层、隧道内工作，应戴安全帽，并做好防火、防水等措施

D．电缆井内工作虽不涉及高处落物，但工作过程中井口应有专人看守

答案：ABC

三、判断题

1．高压电力电缆停电工作应填用电气第一种工作票，不需停电的工作及低压电力电缆的工作应填用电气第二种工作票。（　　）

答案：√

2．电缆耐压试验分相进行时，电缆另两相应短路接地。（　　）

答案：√

3．剥开电缆外皮时，握住电缆的手应与电缆刀行进方向一致。（　　）

答案：×（应在电缆刀行进方向的反方向）

4．电缆通过孔洞、管子或楼板时，出口侧应设监护人，入口侧应防止电缆被卡或手被带入孔内，出口侧人员不得在正面接引。（　　）

答案：×（两侧均应设监护人）

四、填空题

1．挖掘电缆工作，地下管线较为复杂的，应执行（　　）制度（或履行会签确认手续），由相关专业人员现场确认并交代注意事项，必要时应有相关专业人员现场监护。

答案：会签单

2．电缆沟槽开挖应填用（　　）工作票，采取防止土层塌方的措施。

答案：动土

3．锯电缆前，必须与电缆图纸核对是否相符，并确切证实电缆无电后，用（　　）的接地铁钎钉入电缆芯后，方可工作。

答案：带木柄

4．水底电缆提起放在船上工作时，应使船体保持平衡。船上应具备足够的（　　），工作人员应穿救生衣。

答案：救生圈

5．油区内电缆竖井、电缆隧道、电缆沟应采取（　　）措施，电缆应采用阻燃电缆。电缆沟盖板间缝隙应密封。

答案：分段防火隔离

五、简答题

1．移动电缆接头盒时应停电进行。如必须带电移动时，应注意哪些事项？

答案：如必须带电移动时，应先调查该电缆的历史记录，进行现场红外测温，确认电缆头无异常发热后，由有经验的电缆专业人员，在专人统一指挥下平正移动，防止绝缘损伤爆炸。移动人员应采取安全防护措施。

第 17 章 《19　盘柜上的工作》考核题

一、单选题

1．关于盘柜上的工作，下列说法错误的是（　　）。

A．盘柜上工作需要将高压设备停电的应填用电气第一种工作票

B．不需停电的工作及低压盘柜上的工作应填用电气第二种工作票

C．盘柜的接地应牢固可靠

D．装有电器的可开启的门，应以硬质铜线与接地金属构架可靠连接

答案：D

二、多选题

1．盘柜安装时应做好安全措施，下列操作正确的有（　　）。

A．安装前应将柜内可移动物件固定或取下，柜门应关闭牢固

B．应有防止盘柜倾倒的措施

C．安装过程中应对预留孔洞及电缆管口进行临时防护

D．安装完毕，建筑物的预留孔洞及电缆管口，应做好封堵

答案：ABCD

三、判断题

1．电气用盘柜必须设置后盖，盘柜前、后均应有标示名称。（　　）

答案：√

四、填空题

1．在盘柜上钻孔必须（　　），相邻的盘柜必须做好明显的隔离措施。

答案：停电

第 18 章 《20 电气试验》考核题

一、单选题

1. 高压试验现场应装设遮栏或围栏，遮栏或围栏与试验设备高压部分应有足够的安全距离，向外设置“（　　）”安全警示标志牌，并派人看守。

A．禁止跨越　　B．正在工作　请勿靠近

C．禁止操作　有人工作　　D．止步　高压危险

答案：D

2. 关于高压电气试验，下列说法错误的是（　　）。

A．因试验需要拆开设备接头时，拆前应做好标记，接后应进行检查

B．试验装置的低压回路中应有一个串联电源隔离开关（刀闸），并加装过负荷自动跳闸装置

C．升压站（变电站）发生系统接地故障时，禁止进行接地网接地电阻的测量

D．有雷电、雨雪和 6 级以上大风时，应停止室外电气设备高压试验

答案：B

3. 使用钳形电流表测量高压电缆各相电流时，电缆头线间距离应在（　　）mm 以上，且绝缘良好，测量方便时，方可进行。当有一相接地时，严禁测量。

A．100　　B．200　　C．300　　D．500

答案：C

二、多选题

1. 关于使用携带式仪器的测量工作，下列操作正确的有（　　）。

A．使用携带式仪器在高压回路上进行工作时，需要高压设备停电或做安全措施的，应填用电气第一种工作票，并至少由两人进行

B．除使用特殊仪器外，所有使用携带式仪器的测量工作，均应在电流互感器和电压互感器的低压侧进行

C．电流表、电流互感器及其他测量仪表的接线和拆卸，需要断开高压回路者，应将此回路所连接的设备和仪器全部停电后，方可进行

D．连接电流回路的导线截面，应适合所测电流数值。连接电压回路的导线截面积不得小于 $2.0mm^2$

答案：ABC

2. 关于高压电气试验，下列说法正确的有（　　）。

A．同一电气连接部分，高压试验的工作票发出后，禁止再发出第二张工作票，之前已发出的检修工作票应收回

B．如试验过程中需要检修配合，应将配合工作内容和人员姓名填写在高压试验工作票中

C．如加压部分与检修部分之间的断开点按试验电压有足够的安全距离，并在另一侧有接地短路线时，可在断开点的一侧进行试验，另一侧可继续工作。但此时在断开点应设置“止步　高压危险”安全警示标志牌，并设专人监护

D．试验负责人应由有经验的人员担任，开始试验前，试验负责人应对全体试验人员详细交代试验中的安全注意事项

答案：ABCD

3．关于使用绝缘电阻表测量绝缘，下列操作正确的有（　　）。

A．使用绝缘电阻表测量高压设备绝缘，应由两人进行

B．测量用的导线，应使用绝缘导线，其端部应有绝缘套

C．测量绝缘前，必须将被测设备从各方面断开，验明确无电压，证明设备无人工作后，方可进行。在测量中禁止他人接近设备

D．测量绝缘前后，必须将被测设备对地放电。测量线路绝缘时，应取得线路另一端人员允许后方可进行

答案：ABCD

三、判断题

1．在一个电气连接部分同时有检修和试验时，可填写一张工作票，但在试验前应得到检修工作负责人的许可。（　　）

答案：√

2．试验装置的电源隔离开关（刀闸）应使用明显断开的双极隔离开关。（　　）

答案：√

3．变更接线或试验结束时，应首先将升压设备的高压部分短路接地，然后断开试验电源，放电。（　　）

答案：×（应首先断开试验电源，放电，并将升压设备的高压部分短路接地）

4．高压直流试验时，每告一段落或试验结束时，应先将设备用带放电电阻的接地操作棒放电数次，然后再直接对地短路放电。（　　）

答案：√

5．电压表、携带式电压互感器和其他高压测量仪器的接线和拆卸无须断开高压回路者，可以带电工作，但应使用耐高压的绝缘导线，导线长度应尽可能缩短，减少接头数量，并应连接牢固，以防接地和短路。（　　）

答案：×（不准有接头，并应连接牢固，以防接地和短路）

6．使用避雷器带电测试仪的测量工作，不需要填写电气工作票。但工作人员应与带电部分保持足够的安全距离。（　　）

答案：×（应填用电气第二种工作票）

四、填空题

1．高压试验应填用电气第（　　）种工作票。

答案：一

2．高压试验工作不得少于（　　）人。

答案：两

3．特殊的重要电气试验，应制订（　　），并经企业主管生产的领导（总工程师）批准。

答案：专项方案

4．高压电气试验结束时，试验人员应拆除自装的（　　），并对被试设备进行检查，恢复到试验前的状态，经试验负责人复查后，清理现场。

答案：接地短路线

5．使用电压互感器进行工作时，应先将（　　）所有接线接好，然后用绝缘工具将电压互感器接到（　　）。

答案：低压侧；高压侧

6．运行值班人员在高压回路上使用钳形电流表的测量工作，应由两人进行。非运行值班人员测量时，应填用电气第（　　）种工作票。

答案：二

五、简答题

1．简述高压电气试验的注意事项。

答案：加压前必须认真检查试验接线、表计倍率、量程、调压器零位及仪表的初始状态均正确无误，通知有关人员离开被试设备，并取得试验负责人许可，方可加压。加压过程中应有人监护并呼唱。高压试验工作人员在全部加压过程中应精力集中，不得与他人闲谈，随时警戒异常现象发生，操作人应穿绝缘靴或站在绝缘垫上。

第 19 章 《21 绝缘安全工器具》考核题

一、单选题

1．下列选项中，使用绝缘安全工器具应符合的要求不包括（　　）。

A．工作人员必须经过培训，了解其结构和性能，熟练掌握使用方法

B．使用前必须进行外观检查，合格后方可使用

C．使用中发生异常现象，应立即停止使用

D．初次使用过程中，必须有有经验的人员在场

答案：D

二、多选题

1．绝缘安全工器具应有（　　）。

A．设备铭牌　　B．产品生产许可证

C．出厂试验合格证　　D．产品鉴定合格证

答案：ABCD

三、判断题

1．使用绝缘手套前应先检查有无漏气、发黏、老化、裂纹等现象，对其绝缘性能有疑问时，应进行试验，合格后方可使用。（　　）

答案：√

2．绝缘杆表面不应有磨损痕迹，不应潮湿，不得有油污，末端杆及首端杆堵头不应破损。（　　）

答案：×（不应有连续性的磨损痕迹）

四、填空题

1．现场带电安放绝缘隔板或绝缘罩时，应戴绝缘手套。绝缘隔板在放置和使用中应防止脱落，必要时可用（　　）将其固定。

答案：绝缘绳索

第三篇

Q/CHD 21—2019
《电力安全工作规程　水力机械部分》考核题

第1章 《3　术语和定义》考核题

一、多选题

1．下列各项中属于动火作业的有（　　）。

A．钻孔、打磨　　B．喷枪、喷灯

C．切割、锤击　　D．破碎、切削

答案：ABCD

二、填空题

1．有限空间是指封闭或者部分封闭，与外界相对隔离，出入口较为狭窄，工作人员不能长时间在内工作，自然通风不良，易造成有毒有害、（　　）积聚或者氧含量不足的空间。

答案：易燃易爆物质

三、简答题

1．什么是水力机械设备？

答案：水电站和抽水蓄能电站使用的水轮机、蓄能泵、水泵水轮机、阀、控制系统等主机和辅机。

第2章 《4 总则》考核题

一、单选题

1. 新录用的工作人员应经二级及以上医院或医疗机构体格检查合格，符合相关工作人员健康要求。后续工作中应定期进行体格检查，体格检查至少每（　　）一次。

A. 半年　　B. 一年　　C. 两年　　D. 三年

答案：B

2. 下列不属于"四不伤害"的是（　　）。

A. 不伤害自己　　B. 不伤害他人

C. 保护他人不被伤害　　D. 不让他人伤害他自己

答案：D

3. 所有参加电力生产的工作人员，应按其岗位和工作性质，掌握《电力安全工作规程》的全部或有关部分，每年至少进行（　　）次考试，考试不合格者不得上岗。生产人员调换岗位、因故间断工作连续（　　）个月以上者，应重新学习《电力安全工作规程》的有关部分，并经考试合格后方可上岗。

A. 1；3　　B. 1；6　　C. 2；3　　D. 2；6

答案：A

4. 所有新进企业的人员（含实习、代培人员），应经企业、部门和班组三级相应内容的安全教育培训，岗前培训时间不少于（　　）学时。

A. 12　　B. 24　　C. 48　　D. 72

答案：B

5. 禁止在水库大坝上下游（　　）m 范围及引水渠道内游泳。

A. 100　　B. 200　　C. 300　　D. 400

答案：C

6. 所有升降口、吊装孔、孔洞、楼梯、平台及通道等有坠落危险处，应设置固定式工业防护栏杆、踢脚板等设施。防护栏杆高度不低于（　　）mm，横杆间距不大于（　　）mm，立柱间距不大于（　　）mm，踢脚板高度不低于（　　）mm。

A. 1050；380；1000；100　　B. 1050；480；1000；180

C. 1050；380；1000；180　　D. 1050；480；1000；100

答案：A

7. 工作场所常用照明应保证足够的照度，在主控室、操作盘、重要表计、主要楼梯、通道等地点还应设有（　　）。

A．应急照明　B．事故照明　C．便携式照明　D．常用照明

答案：A

二、多选题

1．下列不可作为起吊支承点悬吊、起吊重物的是（　　）。

A．支吊架　B．设备底座　C．脚手架　D．栏杆

答案：ABCD

2．现场工作如需移开孔、洞、沟、道等上面的盖板（格栅）或临时拆除栏杆、开凿孔（洞），应办理安全设施异动审批手续，并装设牢靠的硬质围栏和明显的（　　）等安全警示标志牌，必要时在夜间应设置红色警示灯，在工作结束后应立即恢复原状。

A．“当心坑洞”　B．“高处落物”

C．“当心落物”　D．“当心坠落”

答案：AD

三、判断题

1．在试验和推广新技术、新工艺、新设备、新材料的同时，应制订相应的安全措施，经本企业安全生产部门负责人批准后执行。（　　）

答案：×［主管生产的领导（总工程师）］

2．工作人员应熟悉本岗位所需的安全生产知识及技能，掌握个人防护用品的正确使用方法，了解作业场所危险源分布情况和可能造成人身伤亡的危险因素及控制措施。（　　）

答案：√

3．在易燃易爆场所作业，应穿着棉质工作服，并采取防火防爆措施。（　　）

答案：×（穿着防静电工作服）

4．生产现场各类油料、酸、碱等液体废料应倒入指定的容器内，及时回收处理，严禁倒入沟道、隧道和地坑。（　　）

答案：√

5．固定爬梯应牢靠。梯段高度超过 3m 的钢直梯，高出基准面 2m 以上部分应设护笼；高度超过 100m 的爬梯，中间应设置休息平台。（　　）

答案：×（高出基准面 2.4m 以上部分应设护笼）

6．易燃易爆、有毒有害危险品、放射源、高噪声，以及对周边环境可能产生污染的设备、设施，在符合相关技术标准的前提下，可不远离人员聚集场所。（　　）

答案：×（应远离人员聚集场所）

7．严禁将消防器材移作他用。现场消防设施周围不得堆放杂物和其他设备，消防用沙应保持充足和干燥。消防沙箱、消防桶和消防铲、消防斧把上应涂黄色。（　　）

答案：×（应涂红色）

四、填空题

1．坚持“安全第一、预防为主、（　　）”方针，贯彻“不安全不工作”原则，加强各级人员安全培训，完善安全生产条件，落实安全技术要求，努力建设本质安全型企业。

答案：综合治理

2．使用易燃物品（乙炔、油类、天然气、煤气等）时，应熟悉其特性、操作方法及（　　）。

答案：防火防爆规定

3．外来承揽各类工程的施工单位全体人员和临时参加现场工作的人员，进入现场前，应经相关安全知识和《电力安全工作规程》培训，履行（　　）手续，熟悉作业现场和工作岗位存在的危险因素、防范措施及应急处置措施，并经考试合格后，方可进入现场参加指定的工作。

答案：安全技术交底

4．设备、系统异常运行可能危及人身安全时，应按运行规程规定停止设备、系统的运行。在设备、系统停止运行前，必须采取保证人身安全的可靠措施，禁止（　　）。无关人员不得接近该设备或在该设备附近逗留。

答案：冒险作业

5．从事涂漆等存在有毒有害气体或易燃易爆隐患作业时，应正确佩戴个人防护用品，保持现场通风良好，并采取（　　）和防火防爆措施。

答案：防止中毒

6．生产厂房内外的电缆，在进入控制室、电缆夹层、控制柜、开关柜等处的电缆孔洞，应用（　　）严密封堵，并在封堵处的电缆两端按规定刷防火涂料或其他阻燃物质。

答案：防火材料

7．应落实安全生产“（　　）”要求，建立健全各级各岗位人员安全生产责任制，完善考核内容和标准。

答案：党政同责、一岗双责、齐抓共管、失职追责

五、简答题

1．工作人员进入生产现场，对工作服及其穿戴有什么要求？

答案：工作人员进入生产现场，应穿着材质合格的工作服，衣服和袖口必须扣好，着装不应有可能被转动设备绞住或卡住的部分。禁止戴围巾、穿裙子、穿短裤、穿拖鞋、穿凉鞋、穿高跟鞋，辫子、长发必须盘在帽内。

2．生产区域及其他人员、物资集中的地方，应按规定配备哪些消防器材和器具？

答案：生产区域及其他人员、物资集中的地方，应按规定配备消防器材，如消火栓、水龙带、灭火器、沙箱、石棉布（灭火毯）和其他消防工具、正压式空气呼吸器等，并保证随时可用。

第3章《5 电气安全基本规定》考核题

一、单选题

1．高度低于2.5m的电缆夹层、隧道、大坝廊道等场所的照明应采用（　　）V及以下的安全电压供电。

A．12　　B．24　　C．36　　D．48

答案：C

二、多选题

1．遇到电气设备着火时，下列叙述正确的是（　　）。

A．对可能带电的电气设备及发电机、电动机等，应使用干粉灭火器、CO_2灭火器或六氟丙烷灭火器等灭火

B．600V以上可能带电的电气设备可以使用CO_2灭火器

C．对油断路器、变压器（已隔绝电源）可使用干粉灭火器或六氟丙烷灭火器等灭火，不能扑灭时再用泡沫灭火器灭火，不得已时可用干沙灭火

D．地面上的绝缘油着火，应用干沙灭火

答案：ACD

三、判断题

1．设置在电气设备上的安全警示标志牌，除原来设置人员或负责的运行值班人员外，其他任何人员不得移动。（　　）

答案：√

2．现场的临时照明线路应经常检查、维护。照明灯具的悬挂高度应离工作面2.5m以上，低于2.5m时应设保护罩。（　　）

答案：√

3．在井坑、沟道内及独立高层构筑物上的警示灯也可使用非独立的电源。（　　）

答案：×（应使用独立的电源）

四、填空题

1．临时电源线应正确接线，压接牢靠，并采取防拽脱措施，保证“（　　）”，每次使用前应经试验确认完好。严禁将电源线直接钩挂在闸刀上或直接插入插座内使用。

答案：一机一闸一保护

2．临时电源线应使用（　　）软电缆，且不应有接头，严禁使用花线或塑料线。

答案：橡皮护套铜芯

3．油断路器着火时，严禁直接切断起火断路器，应切断其（　　）一级的断路器。

答案：两侧前后

4．检修电源箱宜采用（　　）接线方式，电源箱及其附件应保持完好，不得有破损。

答案：插座式

第 4 章《6　保证安全的组织措施》考核题

一、单选题

1．下列不属于工作班成员安全职责的是（　　）。

A．工作开工前参加风险辨识，熟悉工作任务、安全风险及管控措施和注意事项后，在作业风险分级管控卡上签名确认

B．监督被监护人员执行《电力安全工作规程》和现场安全措施，及时纠正不安全行为

C．认真执行《电力安全工作规程》有关要求和现场安全措施

D．正确使用合格的安全工器具和劳动防护用品

答案：B

2．需要变更（新增或减少）工作班成员时，应经工作负责人同意，由（　　）在其持有的工作票上注明变更人员姓名、时间并签名确认。

A．工作班成员　　B．值班负责人（或值长）

C．工作负责人　　D．工作许可人

答案：C

3．每份工作票的修改不得超过（　　）处（一个词或一个连续的数字按一处计算），否则应重新填写工作票。

A．1　　B．2　　C．3　　D．4

答案：B

4．若工作负责人离开工作地点超过（　　）h 的，应由原工作票签发人变更工作负责人，两工作负责人应做好必要的交接手续并确认签名。

A．1　　B．2　　C．3　　D．4

答案：B

5．延续时间较长的操作任务，如跨班操作的，应经部门（车间）及以上领导批准，批准意见写在该票首页的（　　）上。

A．页脚　　B．左侧空白处

C．页眉　　D．右侧空白处

答案：C

6．因工作需要临时增补的一级、二级动火工作票签发人、运行许可人、动火工作负责人应经培训和考试合格，并经企业（　　）批准公布。

A．主管生产的领导（总工程师）

B．安全生产管理负责人

C．生产技术管理负责人

D．安全生产管理负责人和生产技术管理负责人共同

答案：A

7．向有关人员布置动火工作，交代危险因素、防火和灭火措施属于（　　）的安全职责。

A．动火工作票签发人　　B．动火工作负责人

C．动火工作许可人　　D．消防监护人

答案：B

8．下列不属于动火作业技术措施的是（　　）。

A．在地面进行动火作业，周围如有井坑、地沟或可燃物，应采取相应的安全防火隔离措施

B．动火点与易燃易爆物品容器、设备、管道等相连的，应与其可靠隔离、封堵或拆除，与动火点直接相连的阀门应上锁挂牌，检测动火点可燃气体含量应合格

C．在易燃易爆物品周围进行动火作业，应保持足够的安全距离，确保通排风良好，使可能泄漏的气体能顺畅排走，如有必要，检测动火场所可燃气体含量应合格

D．一级动火作业过程中，应每间隔15min检测动火现场可燃性、易爆气体含量是否合格，当发现不合格或异常升高时应立即停止动火，在未查明原因或排除险情前不得重新动火

答案：A

9．一级动火在首次动火前，需要检测可燃性、易爆气体含量（气体合格值为体积比），下列检测值不合格的是（　　）。

A．氢气0.3%　　B．天然气0.9%　　C．粉尘25g/m^3　　D．氨气0.2%

答案：C

10．动火执行人、消防监护人同时离开作业现场时间超过（　　）min，继续动火前，动火执行人、消防监护人应重新确认安全条件。

A．20　　B．30　　C．40　　D．60

答案：B

11．各企业应根据风险辨识结果对有限空间作业进行分级管控，可能含有有毒有害、易燃易爆介质的容器内作业应列为（　　），金属容器内或潮湿环境内作业应列为（　　）。

A．重大风险；较大风险　　B．重大风险；一般风险

C．较大风险；一般风险　　D．较大风险；重大风险

答案：A

12．水力机械工作票“工作票评价”一栏，应由（　　）填写存在的问题和改进意见。

A．安全生产管理人员或专业技术人员

B．值长或值班负责人

C．值长或专业技术人员

D．工作负责人或安全生产管理人员

答案：A

二、多选题

1．下列对于工作许可人应具备的条件的描述，正确的是（　　）。

A．熟悉所辖设备系统及设备性能

B．熟悉《电力安全工作规程》及运行规程的有关部分

C．由运行值班负责人担任，有能力正确执行、检查安全措施的独立值班人员也可担任

D．有能力正确执行、检查安全措施

答案：ABCD

2．下列风险管控级别对应有误的是（　　）。

A．存在较大风险时，对应管控级别为企业级

B．存在较大风险时，对应管控级别为部门级

C．存在一般风险时，对应管控级别为班组级

D．存在一般风险时，对应管控级别为岗位级

答案：AD

3．下列应填用水力机械工作票的工作包括（　　）。

A．需要将生产设备、系统停止运行或退出备用，由运行人员采取切断电源、水源、油源或气源，或对检修设备进行泄压、排水等任何一项安全措施的检修工作

B．需要运行人员在运行方式、操作调整上采取保障人身、设备运行的安全措施等工作

C．在转动机械上工作，需将设备停止或采取防止转动措施的工作

D．对电力生产区域、人员、设备安全可能造成直接影响的工作

答案：ABCD

4．下列对于工作负责人的描述，正确的是（　　）。

A．应熟悉《电力安全工作规程》的有关部分

B．实习人员可以担任工作负责人

C．应掌握检修设备情况（如结构、性能等）及与检修设备有关的系统

D．应掌握安全施工方法、检修工艺和质量标准

答案：ACD

5．工作票签发人的安全职责包括（　　）。

A．确认工作的必要性

B．确认工作票上所填安全措施是否正确完备

C．确认工作负责人和工作班成员是否适当和充足

D．经常到现场检查工作是否安全进行

答案：ABCD

6．下列操作应填用操作票的是（　　）。

A．机组的分步启动与停止

B．油压装置手动补气

C．机组手动刹车操作

D．进水口快速闸门的正常开启、关闭操作

答案：ABCD

7．操作监护人的安全职责包括（　　）。

A．审查操作票的正确性

B．按操作票顺序正确发出操作命令并监护执行

C．会同操作人对执行操作指令的正确性负责，监护人负主要责任

D．在操作过程中出现疑问及异常时，应立即停止操作，并汇报值长（值班负责人）

答案：ABCD

8．下列为一级动火区的是（　　）。

A．油罐区（包括绝缘油库、透平油库）、油处理室及与油系统相连接的管道

B．电缆隧（通）道、电缆竖井及电缆支架

C．易燃易爆危险品仓库

D．油管道支架及其支架上的其他管道

答案：ABC

9．各级审批人员及动火工作票签发人的安全职责包括（　　）。

A．审查动火工作的必要性和安全性

B．审查申请动火工作时间的合理性

C．审查动火工作票上所列安全措施是否正确、完备

D．确认动火安全措施是否正确、完备，是否符合现场实际条件，必要时进行补充

答案：ABC

10．动火作业安全措施包括（　　）。

A．动火作业应有专人监护，动火作业前应清除动火现场、周围及上下方的易燃易爆物品，或采取其他有效的安全防火措施

B．高处动火应设置接火盒或防火毯等防止火花溅落措施，作业区下方设置警戒线并设专人看护，并应在火花可能溅落的部位安排监护人，以防火花溅落引起火灾、灼伤事故

C．动火作业现场的通排风应良好，以保证泄漏的气体能顺畅排出

D．应辨识危害因素，进行风险评估，必要时编制动火作业专项方案（含组织、安全、技术、应急措施等）

答案：ABCD

11．进入（　　）区域内进行工作，应填用有限空间作业票。

A．地下沟（隧）道、输水管道、集（污）水井、阀门井

B．灯泡头、内筒体、定子内腔

C．油罐、气罐、大型变压器、气体绝缘金属封闭开关设备（GIS）

D．SF_6配电装置室

答案：ABCD

三、判断题

1．工作负责人、操作监护人负责在开工前组织工作班成员进行风险辨识，制订风险管控措施。（　　）

答案：√

2．操作监护人应在操作开始前自行检查、确认风险辨识及管控措施已执行。（　　）

答案：×（和操作人员共同）

3．合同期一年及以上的承担发包单位检修、维护、施工、安装、试验任务的承包单位的有关人员，均不可担任发包单位相关工作的工作票签发人、工作负责人。（　　）

答案：×（符合《电力安全工作规程 水力机械部分》要求的，可以担任）

4．一台机组大、小修或临检时，若能全部有效采取隔离、泄压、排水等安全措施时，可按设备、系统、专业工作情况使用一张工作票。（　　）

答案：√

5．工作票一般由工作负责人填写，填写后交工作票签发人审核；不可由工作票签发人填写。（　　）

答案：×（也可由工作票签发人填写）

6．工作负责人、工作许可人任何一方均不得擅自变更安全措施。（　　）

答案：√

7．专职监护人临时离开时，应告知工作负责人，并通知被监护人员停止工作或离开工作现场，待专职监护人返回后方可恢复工作。（　　）

答案：×（需要得到工作负责人许可）

8．工作间断时，工作班成员应从工作现场撤出，所有安全措施保持不动，工作票仍由工作负责人执存。间断后继续工作，必须通过工作许可人，且工作负责人应重新认真检查安全措施应符合工作票的要求，方可工作。（　　）

答案：×（无须通过工作许可人）

9．各企业应明确需填用操作票的具体工作任务清单，以及操作人、监护人岗位，经企业主管生产的领导（总工程师）批准后，书面通知有关工作岗位。（　　）

答案：√

10．纸质操作票中设备名称、编号、时间、人员姓名、操作动词等内容均不得涂改。（　　）

答案：√

11．对频繁进行的固定操作项目的操作，可使用经企业主管生产的领导（总工程师）批准的标准操作票。标准操作票应事先印制并统一编号，使用时操作人和监护人必须确认使用条件相符，并对操作正确性负全责。（　　）

答案：√

12．操作过程中如因设备缺陷或其他原因中断操作时，应待中断原因消除后方可继续操作，如缺陷暂时无法处理且对后续的操作安全无影响时，可继续操作，但在恢复操作前，操作人员应重新进行核对，确认被操作设备、操作步骤正确无误。（　　）

答案：×（经值长同意后方可继续操作）

13．电子设备间、控制室、调度室、继保室、计算机房、通信机房、档案室、油管道支架及其支架上的其他管道均为二级动火区。（　　）

答案：√

14．外协用工一级、二级动火工作票签发人、运行许可人、动火工作负责人应每年进行《电力安全工作规程》等制度的培训和考试合格，其中属于长期（合同期一年及以上）外委工程和外协用工的应经承包单位主管生产的领导（总工程师）批准并书面通知相关岗位。（　　）

答案：×（发包单位）

15．对一级动火作业，动火执行人、消防监护人、动火工作负责人、动火部门负责人、企业安监部门负责人分别在动火工作票签名确认，并由企业主管生产的领导（总工程师）填写允许动火时间后，方可开始动火作业。（　　）

答案：×［企业主管生产的领导（总工程师）也应签名确认］

16．外委工程进行动火作业时，应派动火部门（车间）安监人员、消防监护人员及

设备管辖人员在现场监督。（ ）

答案：√

17．生产厂区内进行动土前，应由申请动土部门工作负责人填写动土作业票，经设备管理等部门各相关专职人员对动土作业范围内的油、水、气、电等地下设施系统进行审查，并在动土作业票上确认签名，安监部门负责人进行审批。（ ）

答案：×（生产技术部门负责人审批）

18．停（送）电工作应有书面依据，并应做好记录，严禁口头联系或约时停（送）电。（ ）

答案：√

四、填空题

1．执行安全措施中，若工作许可人所在班组不具备相应的停（送）电工作资格，应办理（ ）。

答案：停（送）电申请单

2．工作负责人（监护人）在工作前应对工作班成员交代工作任务及安全风险、管控措施和注意事项，督促所有工作班成员（包括新增人员）在（ ）上签名确认；结合实际对工作班成员进行安全思想教育。

答案：作业风险分级管控卡

3．若需要变更工作负责人时，工作票签发人应将变更情况通知（ ），并在工作票“工作负责人变更”栏内填写原工作负责人离开和变更后新工作负责人姓名、变更时间，工作票签发人、工作许可人签名确认。

答案：工作许可人

4．实施具体检修任务前，工作票签发人或工作负责人应对作业全过程进行风险辨识，（ ），制订风险控制措施和安全注意事项。

答案：评估风险等级

5．收到工作票后，（ ）应对工作票全部内容进行审查，确认正确后填上收到工作票时间，并在接票人处签名。

答案：值长（值班负责人）

6．工作票许可手续完成后，工作负责人（监护人）应向工作班成员交代工作内容、人员分工、安全风险及（ ）和注意事项，双方在作业风险分级管控卡相应栏目签名确认，工作班方可开始工作。

答案：控制措施

7．工作任务不能按批准时间完成时，工作负责人应在批准结束时间前（ ）h 向工作许可人申明理由，办理工作票延期手续。

答案：2

8．检修工作结束前，设备若需试运检验，应履行（　　）手续，并遵守相应规定。

答案：设备试运申请

9．操作前操作人应核对实际运行方式，核对（　　），明确操作任务和操作目的，必要时应向监护人或值长（值班负责人）询问，确认无误。

答案：系统图

10．纸质动火工作票一式三份。动火工作负责人、运行许可人、（　　）各执一份。一级动火工作票应有一份保存在企业安全监督部门。

答案：动火执行人

11．动土施工现场应根据需要设置（　　）、盖板和安全警示标识，夜间应设置红色警示灯；施工结束后应及时回填土方，并恢复地面设施。

答案：安全围栏

五、简答题

1．简述水机作业风险辨识的内容。

答案：（1）因人的作业行为不当、安全技能不足、精神状态不良等可能导致的风险。

（2）因设备设施系统、机具的不安全状态等可能导致的风险。

（3）因作业环境不良、防范措施不完善等可能导致的风险。

（4）因作业过程组织、协调、管理不善等因素可能导致的风险。

（5）其他风险。

2．水力机械工作票中“必须采取的安全措施”栏填写要求有哪些？

答案：（1）凡是应将设备系统可靠隔离的安全措施，列入“运行执行的安全措施”栏（含检修提出和运行补充）。

（2）为保证作业过程安全，需对作业范围内已隔离的设备、系统或区域内相关设施采取的安全措施（起隔离作用的设备设施除外），列入“检修自理的安全措施”栏（含检修提出和运行补充）。如：防止检修人员中毒、窒息、气体爆燃等特殊安全措施；掀开的孔洞盖板周围增加硬质围栏；检修应设置的安全警示标识等。

（3）检修工作需要运行人员执行的运行方式操作调整措施、隔离措施、安全警示标志牌等应填入“检修提出运行执行的安全措施”栏中；检修人员自理的安全措施填入“检修提出自理的安全措施”栏中。

（4）运行人员认为需要增补的安全措施分别填入“运行补充运行执行的安全措施”“运行补充检修自理的安全措施”栏。

（5）不需要做安全措施的则在相应栏内填写“无”，不应空白。

（6）安全措施应周密、细致，不错项，不漏项，并应适当分项，按顺序编号。

（7）“措施执行情况”栏：完成安全措施后，在相应栏内填写“√”。

3．工作负责人应按顺序完成哪些工作步骤后，方告工作终结？

答案:（1）工作结束后，工作负责人应全面检查并组织清扫、整理工作现场，恢复“检修自理的安全措施”，保留运行人员所做的安全措施，确认无误后，带领工作人员撤离现场。

（2）设备、系统变更后，工作负责人应将设备检修、变动情况及运行注意事项向运行人员进行交代，并在检修交代记录簿或设备变动记录簿上登记清楚（也可登记在工作票管理系统检修交代记录栏内）。

（3）工作负责人会同工作许可人共同到现场验收，检查设备状况、有无遗留物件、是否清洁等，然后在工作票上填写工作结束时间，双方确认签名，并由工作许可人在工作票“工作终结”栏全部工作结束日期时间上盖“已执行”章，方告工作结束。工作许可人、工作负责人各保留一份工作终结的工作票。

4. 动火执行人安全职责包括哪些?

答案:（1）在动火前应收到经审核批准且允许动火的动火工作票。

（2）核实动火时间、动火部位。

（3）做好动火现场及本工种要求做好的防火措施。

（4）全面了解动火工作任务和要求，在规定的时间、范围内进行动火作业。

（5）发现不能保证动火安全时应停止动火，并报告部门（车间）负责人。

（6）动火工作间断、终结时清理并检查现场有无残留火种。

第5章《7 保证安全的技术措施》考核题

一、单选题

1．有限空间作业的各个出入口应设置“在此工作”（　　）安全警示标志牌。

A．“未经许可　不得入内”　　B．“当心中毒”

C．“严禁烟火”　　D．“当心碰头”

答案：A

二、多选题

1．检修设备和系统是否已安全泄压，可通过（　　）进行综合分析确定。

A．阀门机械指示位置　　B．仪表指示

C．水、气流动声音　　D．现场实际情况

答案：ABCD

2．检修或施工现场临近高温、陡坎、井、坑、孔、洞及高压带电区等场所，均应分别设置临时遮栏及（　　）等安全警示标志牌；危险场所夜间应设红色警示灯，必要时应派专人看守。

A．“当心烫伤”　　B．“当心坠落”

C．“当心坑洞”　　D．“止步　高压危险”

答案：ABCD

三、判断题

1．转动机械设备的检修，应关闭所有需要关闭的阀（闸）门并将其上锁，切断所有可能的动力源（油、水、气等），并做好防止转动的措施，必要时还应采取可靠的制动措施。（　　）

答案：√

2．设备检修需要断开电源时，应在已拉开的断路器、隔离开关和检修设备控制开关的操作把手上设置“禁止操作　有人工作”安全警示标志牌。（　　）

答案：×（设置“禁止合闸　有人操作”安全警示标志牌）

四、填空题

1．断开停运检修设备的电源，包括断开（　　）电源和（　　）电源。

答案：动力；控制

2．在压力管道上进行长时间的检修工作时，关闭的阀门和打开的泄压阀应上锁，并设置“（　　）”安全警示标志牌。

答案：禁止操作　有人工作

3．禁止任何人跨越遮栏，不得随意移动、变动或拆除（　　）、安全警示标志牌等设施。如确因工作需要必须移动、变动或拆除时，应征得工作许可人的同意，并采取其他补充安全措施后方可工作。当工作完成后，应立即恢复原状。

答案：临时遮栏

五、简答题

1．简述拆卸法兰盘螺栓的步骤及注意点。

答案：拆卸法兰盘螺栓时，应先将法兰盘上远离人员一侧的螺栓松开，再略松靠近人员一侧的螺栓，使存留的油、水、气等从对面缝隙排出，以防尚未放尽的油、水、气残压伤害工作人员。附近如有电气设备，应加以遮挡，以防油、水、气喷到电气设备上。

第6章《8　工器具的使用》考核题

一、单选题

1．台虎钳的钳把不得用套管接长加力或用手锤敲打，所夹工件不得超过钳口最大行程的（　　）。

A．1/3　　B．2/3　　C．3/4　　D．1/2

答案：B

2．下列关于安全帽的叙述，不正确的是（　　）。

A．安全帽的帽壳应完整，无变形和损伤，禁止在安全帽上打孔、拆卸附件

B．帽衬组件齐全牢靠，帽壳与顶衬有足够的缓冲空间

C．超过有效期1年内的安全帽，经过强度测试，仍可继续使用

D．使用安全帽时，后箍应调整到松紧合适位置，帽带应适度紧系于下颚，防止脱落

答案：C

3．使用防毒面具前应检查确认面具的完整性和气密性良好，过滤剂在有效期。防毒面具不应用于含氧量低于（　　）的环境，禁止用于槽、罐等密闭容器。

A．19.5%　　B．20.0%　　C．20.5%　　D．21.0%

答案：A

4．气压大于（　　）MPa时，不应用供气管路中的压缩空气清洁机器和吹扫。

A．0.1　　B．0.2　　C．0.3　　D．0.4

答案：B

二、多选题

1．下列关于液压工具的叙述，正确的是（　　）。

A．液压工具使用者应经过培训，掌握设备操作技能

B．在使用液压工具前，应仔细检查相关部件，若发现液压部件损坏，应立即停止使用

C．使用液压工具时，不得超过设备的额定压力或额定载荷

D．松开接头前或不使用液压工具时，应首先泄压，待完全释放系统内压力后再移除油管，然后松接头

答案：ABC

三、判断题

1．大锤和手锤的锤头应完整，其表面应光滑平整，不应有歪斜、缺口、凹入及裂纹等缺陷；锤柄应用整根的硬木制成，头部用楔栓固定。楔栓宜采用金属楔，其长度不

应大于安装孔的 1/3。（　　）

答案：×（表面应光滑微凸；楔栓长度不应大于安装孔的 2/3）

2．角向磨光机的砂轮应选用增强纤维树脂型，其安全线速度不得小于 80m/s。磨削时，应使砂轮与工件保持 15°～30°的倾斜位置；切削时，砂轮不得倾斜，不得横向摆动。（　　）

答案：√

3．安全网上或下方严禁堆积物品，应采取措施防止焊接火花等落在安全网上。对于使用中的安全网，作业班组负责人每日开工前应检查确认完好。当受到较大冲击时，当日工作结束后应检查确认合格后方可继续使用。（　　）

答案：×（受到较大冲击后应立即检查）

4．电动工具应由专人保管，新领用的电动工具应经绝缘测试合格并粘贴检验合格证，以后每一年测试一次。（　　）

答案：×（每 6 个月测试一次）

5．气动工具的气源应使用干燥的压缩空气，气动工具的送气软管与工具应连接牢靠，连接前应把软管吹净，只有在停止送气时才可拆装软管，工作中禁止采用折弯软管的方法停止供气。（　　）

答案：√

6．气动工具可使用空气和惰性气体作为气源。（　　）

答案：×（只能用空气作为气源）

7．未断开潜水泵电源前，禁止任何人进入被排水的坑、池内，潜水泵工作地点应设置“水深危险”安全警示标志牌。（　　）

答案：×（应设置“当心触电”安全警示标志牌）

8．使用高压清洗机前，应检查电气部分绝缘良好，外壳接地良好，其高压软管不应扭结、挤压或强行拖拉。禁止使用不合适或有缺陷的软管。（　　）

答案：√

四、填空题

1．安全工器具应有产品铭牌、（　　）和使用说明书，经定期检验合格，粘贴合格证后方可使用。

答案：产品合格证

2．使用无齿锯、磨光机、手持切割机时，操作人员应戴好防护面罩或（　　），现场应设置围栏或设置安全警示标识，禁止无关人员逗留。

答案：防护眼镜

3．安全带应（　　），挂钩和绳子应挂在牢靠的构件上或专为挂安全带用的钢架或钢丝绳上，禁止挂在移动或不牢靠的物件上。

答案：高挂低用

4. 在金属容器、管道内等作业场所，应使用Ⅲ类电动工具或电源回路中装设有（　　）（额定动作电流不大于30mA）的Ⅱ类工具。

答案：剩余电流动作保护装置

5. 移动式空气压缩机安装使用时应注意（　　），并支垫稳固。

答案：纵横水平度

五、简答题

1. 简述行灯使用一般规定。

答案：（1）行灯电压不应超过36V，在周围均是金属导体的场所和容器内工作时，不应超过24V；潮湿的金属容器内、有爆炸危险的场所内，不应超过12V。

（2）行灯电源供电变压器不应放在金属容器或特别潮湿场所的内部。

（3）携带式行灯变压器的高压侧应带插头，低压侧应带插座，并采用两种不能互相插入的插头。

（4）行灯变压器的外壳应有良好的接地，高压侧应使用单相三极安全插头。

2. 潜水泵使用前应重点检查哪些项目？

答案：（1）外壳不得有裂缝、破损。

（2）接地线连接正确、牢靠。

（3）电源线、电源插头完整无损。

（4）机械防护装置、电气保护装置完好。

（5）转动部分灵活，无卡涩。

3. 工器具使用人员应经过培训，了解其结构和性能，熟练掌握使用方法，并做到“三会”。简述“三会”的内容。

答案：（1）会检查工器具是否完好可用。

（2）会正确使用工器具。

（3）会正确维护和保养工器具。

第7章《9　水轮发电机组工作》考核题

一、单选题

1. 引水压力钢管、蜗壳、转轮室、尾水管或金属容器内部需使用动力电源时应遵守的规定，不正确的是（　　）。

A. 应采用单层绝缘电缆

B. 应装设防溅型剩余电流动作保护装置，剩余电流动作保护装置、临时电源箱应放在引水压力钢管、蜗壳、转轮室、尾水管等的外面，并有专人监护

C. 临时电源箱应上锁，并能在箱外实现紧急断电，临时电源用电负荷应合理分配，禁止超负荷使用

D. 应使用Ⅱ类电动工具，操作人员应戴干燥手套，必要时站在绝缘垫上

答案：A

2. 进入水轮发电机（发电电动机）内部工作应遵守的事项，不正确的是（　　）。

A. 进入发电机（发电电动机）内部的工作人员，应取出随身物品，穿防滑工作鞋，工作服衣服和袖口应扣好

B. 进入发电机（发电电动机）内部所带入的工具、材料应详细登记，工作结束时应清点，不得遗漏

C. 尽可能不踩踏发电机（发电电动机）定子线棒绝缘盒及连接梁、汇流排、转子磁极和引线等绝缘部件

D. 在发电机（发电电动机）内部进行电焊、气割等工作时，应做好防火措施，并备足灭火器。在发电机（发电电动机）定子上部电焊时应在作业点下方布设接火盒或防火毯，并做好防止电焊渣、铁屑等落入发电机（发电电动机）内部的其他安全措施。电焊渣、残剩的焊头、凿下的金属等杂物应及时清理干净

答案：C

3. 下列关于水轮发电机组主轴及轴承的说法，错误的是（　　）。

A. 发电机（发电电动机）主轴与水轮机（水泵水轮机）主轴止口脱离与就位时，工作人员禁止用手触摸法兰止口

B. 立式机组水轮机（水泵水轮机）主轴与转轮联轴或分解前，转轮应可靠固定

C. 拆卸或连接轴流转桨式机组发电机段桨叶内操作油管法兰时，应将吊起的发电机转子可靠支撑，并设专人监护，以防转子下滑

D. 水轮机（水泵水轮机）主轴与发电机主轴联轴或分解前，联轴螺栓下部应搭设牢靠平台，螺栓用机械千斤顶支撑并随行动作，螺栓下部应用绳子缚住，以防坠落伤人

答案：D

4．进水阀进行无水试验时，应将工作票交回当值运行人员，经（　　）共同检查确保安全后，恢复有关安全措施。

A．工作负责人与运行人员　　B．工作负责人与监护人

C．工作许可人与运行人员　　D．工作负责人与工作许可人

答案：A

二、多选题

1．转轮、顶盖、贯流式机组定、转子及导水机构等大件翻身时需要注意有关事项，下列描述正确的是（　　）。

A．场地应满足设备翻身需要

B．选择的钢丝绳和专用工具应能承受翻身时可能受到的动载荷

C．在翻身过程中应时刻注意保持大件重心平稳，防止失去平衡

D．现场人员应与吊物保持足够的安全距离，严防在吊物翻转过程中被撞伤

答案：ABCD

2．进入水轮机（水泵水轮机）内部工作时，下列采取的措施正确的是（　　）。

A．严密关闭进水闸门（进水阀）及旁通阀，做好防误提（误开）措施，彻底隔离水源，防止突然来水

B．排除引水管内积水，保持引水管（蜗壳）排水阀全开启并上锁，在排水阀上设置“禁止操作　有人工作”安全警示标志牌

C．开启尾水管排水阀并上锁，在尾水管排水阀上设置“禁止操作　有人工作”安全警示标志牌。保证尾水管水位在工作点以下

D．关闭调速器主油阀，切断调速器操作油源，做好防止导叶或桨叶突然转动的措施。主油阀关闭后应上锁，并设置“禁止操作　有人工作”安全警示标志牌

答案：ABCD

3．调速器检修开工前应做好安全措施，下列描述正确的是（　　）。

A．机组在停机状态

B．落下进水闸门（或关闭进水阀），并做好防误提（误开）措施

C．投入主接力器锁锭，切断调速器操作油压，主油阀关闭后应上锁，并设置“禁止操作　有人工作”安全警示标志牌

D．关闭事故配压阀供油阀，供油阀应上锁并设置“禁止合闸　有人工作”安全警示标志牌

答案：ABC

4．两台桥式起重机并车起吊发电机（发电电动机）转子时，在遵守起重相关规定的同时，还应遵守的规定包括（　　）。

A．应有经本企业主管生产的领导（总工程师）批准的专项安全措施，明确起吊现场总指挥。起吊前，现场总指挥应将转子起吊工艺、安全措施进行全面交底，进行人员分工

B．各专业负责人应按照起吊措施，对两台桥式起重机的机械、电气部分及平衡梁仔细检查正常后进行试车；起吊开始时先进行短行程起落试验，检查抱闸性能良好；起吊中安排专人监视桥式起重机电气、机械、动力电源的工作情况，并做好应急措施

C．并车的桥式起重机驾驶员应紧密配合，可不设立专人监护，但应做好应急措施。大车行走时，应明确某台桥式起重机主操作，另一台桥式起重机同步

D．起重指挥人员应站在两台起重机驾驶人员均能看清的位置，信号不清严禁操作。大车行走时，应按指定路线行驶至指定位置

答案：ABD

三、判断题

1．进入发电机（发电电动机）风洞和水车室、灯泡头、内筒体等空间狭窄区域工作时，应注意脚下行走路线，不得偏离行走通道。不得将与工作无关的随身物品带入发电机（发电电动机）风洞，不得进入发电机（发电电动机）引出线及中性点等禁行区域。（　　）

答案：√

2．转轮、顶盖，以及贯流式机组定子、转子和导水机构等大件翻身时，应注意钢丝绳结绳方法，防止钢丝绳发生滑脱、弯折或与尖锐的边缘发生磨割，绑妥后方可起吊。（　　）

答案：×（绑妥后应经起重指挥人员检查后方可起吊）

3．发电机（发电电动机）电气预防性试验时，在水轮机（水泵水轮机）和发电机（发电电动机）内部的工作人员应暂停工作并全部撤出，收回与机组相关的所有工作票，并在各个可能的人员入口处设专人监护。（　　）

答案：√

4．拔拐臂、套筒等工作时，严禁强拉硬拔，应做好防止螺杆断裂、螺母飞出伤人及钢丝绳断裂伤人的措施。（　　）

答案：√

5．在转桨式机组桨叶上工作，应有防止桨叶转动的措施、人员防滑及防坠落措施。当桨叶属于高处作业时，应按高处作业要求做好相应的防护措施。（　　）

答案：√

6．进行定子线圈焊接工作时，焊机外壳应可靠接地，焊机应固定牢靠，外接电源应符合工作要求，电缆绝缘良好，作业人员不应触及带电部位。焊接通流过程中不应松

开夹钳，以免拉弧伤人或烧毛连接板，焊接人员应戴防护眼镜、着装符合要求。（　　）

答案：✓

7. 拆除压油罐的管路、安全阀等附件时，应先打开一个缝隙，确认无余压后再进行拆除，以防止余压冲开零件造成伤害。必要时可在有压的管道和设备上进行检修工作。（　　）

答案：×（严禁在有压的管道和设备上进行检修工作）

8. 在许可检修前，运行人员应做好一切必要的切换工作，排除检修管道内部的油、水、气，保证检修管道可靠地与其他部分隔断。各有关阀门应设置“禁止操作　有人工作”安全警示标志牌，必要时还应上锁。对电动阀门应切断电动机电源及其控制电源，并设置“禁止合闸　有人工作”安全警示标志牌。（　　）

答案：✓

四、填空题

1. 水轮机进水重锤式液控蝶阀的重锤及灯泡贯流式机组导叶关闭重锤活动区域周围应装设防护围栏，并设置“（　　）”安全警示标志牌。

答案：当心机械伤人

2. 在活动导叶区域内工作时，应关闭调速器主油阀和事故配压阀供油阀，主油阀、事故配压阀供油阀关闭后应上锁，并设置“（　　）”安全警示标志牌。

答案：禁止操作　有人工作

3. 水轮发电机（发电电动机）检修除做好电气方面安全措施外，还应做好防止（　　）的措施，可靠切断各油、水、气源，并在相应阀门上设置“禁止操作　有人工作”安全警示标志牌。

答案：转子转动

4. 在立式水轮发电机组转子上方活动时，轮辐孔应满铺防护盖板，盖板强度应足够，盖板应具备防（　　），以防止人员从轮辐孔跌落。

答案：滑脱功能

5. 对带有配重块的进水阀拐臂，检修拐臂时还要做好防止（　　）的措施。

答案：配重块坠落

6. 筒形阀操作机构检修时，筒形阀阀体应处于（　　）位置，投入锁锭并做好防误动措施。若因工作需要确需处于全开位置，应在下方加设坚固支墩，以防止筒形阀突然下落。

答案：全关

五、简答题

1. 简述导叶开度测量工作应遵守的安全注意事项。

答案：（1）测量前应确保蜗壳及转轮室内无积水，无关人员应撤离工作现场，并做好防止人员误入导水机构动作区域的安全措施，并有专人看守。

（2）调速器应切至“手动”状态，并切除与调速器动作有关的所有电气回路，关闭事故配压阀供油阀并上锁，设置“禁止操作 有人工作”安全警示标志牌。

（3）调速器柜与蜗壳（转轮室）之间应设可靠的通信手段，蜗壳（转轮室）工作面应指定专人负责统一指挥，测量时应关闭调速器主油阀，调速器主油阀应设专人监视。

（4）工作负责人应确认测量人员已全部撤至安全位置后，方可进行下一位置的操作测量工作。

（5）任何人都不得站在拐臂、调速环等活动部件上，以防摔倒或被挤伤。

2．简述水轮机（水泵水轮机）检修开工前应做好的安全措施。

答案：（1）做好防止机组转动的措施。

（2）可靠隔断油、水、气源，断开水轮机保护电源，并设置“禁止合闸 有人工作”安全警示标志牌。

（3）对一经操作即可送压到工作地点的所有阀门关闭后应上锁，并设置“禁止操作 有人工作”安全警示标志牌。

第 8 章《10　公用系统工作》考核题

一、单选题

1．油库应有符合消防要求的消防设施，备有足够的消防器材，消防器材应放置在油库房外，并处于可用状态。消防沙箱容积不小于（　　）m^3，并配置消防铲，每处（　　）把，消防沙箱应装满干沙。

A．1.0；2～5　　B．1.0；3～5

C．1.5；2～5　　D．1.5；3～5

答案：B

2．下列关于通风空调系统工作的叙述，不正确的是（　　）。

A．风机及空调系统检修前，确认控制开关、动力电源已断开并设置“禁止合闸 有人工作”安全警示标志牌

B．风机检修前，确认风机已停稳，并采取有效制动措施防止检修过程中突然转动，组合空调检修前不需要关闭风阀

C．拆装风机皮带时应使用专用工具，防止绞手

D．风机试运行启动前，需先检查确认风机内无物品遗留，风机周围无易被吸入的物品。检查人员应做好防止衣物、头发等被风机卷入的措施

答案：B

3．下列关于化学实验室工作的叙述，不正确的是（　　）。

A．盛放酒精等易燃易爆品的容器若长时间敞口存放，不得靠近电炉、水浴锅等加热物，发现包装（渗漏、破损）问题应立即处理

B．应有严格的使用和报废药品管理制度。挥发性的药品应存放在专门的柜内。使用这类药品时应特别小心，必要时应戴口罩、防护眼镜及橡胶手套；操作时应在通风良好的地方进行，并远离火源；接触过的器皿应及时彻底清洗干净

C．蒸馏易挥发和易燃液体时禁止用火加热，应采用热水浴法或其他适当方法。采用热水浴法时，应防止水浸入加热的液体内

D．化验室内禁止吸烟。试验过程中加强明火控制，试验用火柴或其他火种确定完全熄灭后方可丢弃，严禁与带油物放在一起。擦拭过油品的废纸、废棉布等，应放入专用的垃圾袋内，以防遇火燃烧

答案：A

二、多选题

1．下列关于油罐内进行检修工作的描述，正确的是（　　）。

A．在油罐内进行检修工作，应按照容器内工作的有关规定执行，并应使用电压不超过 24V 的防爆灯

B．禁止使用汽油或其他可燃、易燃液体清洗油垢

C．在油罐内进行明火作业前，应将通向油罐的所有管路系统隔绝，油罐内部应冲洗干净，并进行良好的通风

D．油区检修应尽量使用有色金属制成的工具。使用铁质工具时，应采取涂黄油、加铜垫等措施

答案：BCD

2．化验室应配备（　　）。

A．自来水和通风设备　　B．消防器材

C．急救箱　　D．中和酸碱伤害时用的溶液

答案：ABCD

三、判断题

1．烘干滤油纸应使用专用烘箱，温度不得超过 70℃；烘箱不得放置于储油罐室内，工作人员离开油库前，应切断滤油机、烘箱等电气设备的电源。（　　）

答案：×（80℃）

2．卸油区及油罐区应有避雷装置和接地装置。油罐接地线和电气设备接地线应分别装设。钢质油罐必须装设防感应雷接地，其接地点不应少于两处，每处接地电阻不超过 30Ω。（　　）

答案：√

3．储气罐检修前，应确认储气罐已隔离、泄压，工作票所列安全措施确已执行。储气罐泄压时，泄压孔正前方严禁站人或堆放设备。尽可能不用安全阀泄压。（　　）

答案：×（禁止用安全阀泄压）

4．储气罐或管道未泄压前不得动火。拆除储气罐的管路、安全阀等附件时，应先将法兰盘上略近身体的一侧螺栓松开，再略松远离身体一侧的螺栓，使存留的气压等从对面缝隙排出，确认无余压后再进行拆除，以防止残压冲开零件伤害工作人员。（　　）

答案：×（先松远离身体一侧的螺栓，再松略近身体一侧的螺栓）

5．用烧杯加热液体时，液体的高度不应超过烧杯的 1/2。（　　）

答案：×（2/3）

四、填空题

1．油库的一切电气设施，如断路器、隔离开关、照明灯、电动机、电铃、自启动仪表接点等，均应为（　　）型。电力线路应是暗线或电缆，不应有架空线。

答案：防爆

2．输油管应有明显的接地点，每年测试接地电阻应符合要求，（　　）前应认真检查。

答案：雷雨季节

3．储气罐强度试验时，耐压区域应设隔离围栏并设置“（　　）”安全警示标志牌，禁止无关人员通过或逗留。

答案：未经许可　不得入内

4．火灾自动报警系统应接入24h有人值守的消防监控场所，并有（　　）功能。

答案：声光警示

五、简答题

1．简述在油区进行电、气焊作业的注意要点。

答案：在油区进行电、气焊作业时，电、气焊设备均应停放在油区外指定地点，并检查电、气焊设备没有漏电、漏气现象。电焊机的火线和接地线均应完整且连接牢靠，禁止用铁棒等物代替接地线和固定接地点。电焊机的接地线应接在被焊接的设备上，接地点应靠近焊接处，并采用双接地，严禁采用远距离接地回路。

2．因工作需要临时停用消防设施或移动消防器材时，应履行什么手续？

答案：因工作需要临时停用消防设施或移动消防器材时，应办理消防设施临时退出使用手续，写明退出原因和采取的临时措施，并经消防设备管辖部门、企业安全监督部门审核，经分管消防安全的领导批准。工作完毕后应及时恢复消防设施。

第9章《11　水工建筑物及相关设施工作》考核题

一、单选题

1．下列不属于大坝廊道必须设置的是（　　）。

A．指引出口的标识　　B．廊道名称

C．固定电话　　D．永久桩号

答案：C

2．下列关于引水系统作业的叙述，不正确的是（　　）。

A．在打开人孔门前，应确认引水管道内的水已排至可作业范围

B．进入引水管道工作，人孔门应保持全开，有专人在入口处监护

C．做好人员、工器具和材料出入登记

D．每天收工前，工作负责人应确认管道内人员已全部撤离，并在人孔门处设置“未经许可　不得入内”安全警示标志牌

答案：A

3．水情测报系统的运行维护应严格遵循电力监控系统安全防护规定的（　　）的基本原则。严禁计算机监控系统软件通过网络或跨安全分区进行远程维护。

A．“安全分区、网络专用、横向隔离、纵向认证”

B．“安全分区、网络专用、纵向隔离、横向认证”

C．“网络分区、安全专用、横向隔离、纵向认证”

D．“网络分区、安全专用、纵向隔离、横向认证”

答案：A

4．钻机平台应平整坚固，满足最大负荷（　　）倍以上的承载安全系数。钻机四周应保证有（　　）mm 的安全活动范围，临空面应设置防护栏杆。钻机安装时应用锚筋固定，转动轮必须安装防护罩。

A．1.5；500～1000　　B．1.5；500～800

C．1.3；500～1000　　D．1.3；500～800

答案：C

5．水深应小于（　　）m，流速小于（　　）m/s，并做好安全监护措施，方可涉水作业。凡遇（　　）级及以上大风时，船舶应靠岸停泊。

A．1.5；3；6　　B．1.2；3；6

C．1.2；3；5　　D．1.5；3；5

答案：B

6．下列关于潜水员下潜时必须遵守的规定，不正确的是（　　）。

A．戴好头盔后应试验排气阀门，调节空气，确认正常后，方可沿水绳下水

B．当头盔刚淹没水线下时，停止排气，检查潜水衣、头盔、接口、袖口等有无漏气现象，经信号员检查许可后，方可下潜

C．下潜速度一般不超过 8m/min

D．下潜到工作位置后，立即打信号灯或用水下专用通信设备，向岸上指挥人员汇报自己的感觉和身体情况，服从岸上指挥人员的指令，并将水绳按水流方向放置在身体的下游侧

答案：C

二、多选题

1．在（　　）工作场所作业，以及水上作业和野外作业，不应少于 2 人。

A．大坝廊道　　B．两岸边坡　　C．引流道　　D．调压井

答案：ABCD

2．在钻孔作业机械转动时，应被禁止的工作是（　　）。

A．进行机器部件的擦洗和维修

B．跨越传动皮带、转动部位或从其上方传递物件

C．戴手套挂皮带或打蜡

D．用铁器拨、卸、挂传动中的皮带

答案：ABCD

3．一般情况下不宜进行夜间水下作业。如遇特殊情况需在夜间作业时，应经主管生产的领导（总工程师）批准，下列应注意事项正确的是（　　）。

A．潜水作业船上必须有良好的照明设备

B．自作业开始至结束，必须有强光照射潜水员排出气泡的水面

C．必须保证在电气照明故障时有常明设备

D．遇电气照明故障时，应立即命令潜水员按减压规定上升出水

答案：ABCD

4．水上作业船只应保持适航状态，配备（　　）等。

A．救生用具　　B．堵漏材料　　C．消防器材　　D．排水工具

答案：ABCD

三、判断题

1．水库坝前停靠的船舶、浮动码头等应抛锚或拴系牢靠，汛期应加系防汛缆绳。浮动码头的锚链应每半年检查一次，确保牢靠。（　　）

答案：×（每季度）

2．改变水工建筑物结构的开挖、钻孔、割断钢筋等作业，应事先进行安全复核，并经本企业安监部门审核、主管生产的领导（总工程师）批准。（　　）

答案：×（并经本企业技术部门审核）

3．廊道应保持通风。通风不良且长期无人出入的隧洞、廊道、检修井等，应充分通风并确保含氧量在19.5%～21%范围且无有毒有害气体后，方可进入作业。（ ）

答案：√

4．在进行人字闸门底枢检修前，应确认人字闸门已垫起并固定牢靠。可使用液压千斤顶和支墩支撑闸门。（ ）

答案：×（禁止使用液压千斤顶替代支墩支撑闸门）

5．卷扬式启闭机的抱闸及安全装置失灵时，禁止进行启闭操作。紧急状态下，需要人为松开抱闸进行启闭操作时，应做好安全措施，并经主管生产的领导（总工程师）批准。（ ）

答案：√

6．雷雨天气禁止对中继站、雨量站、水位站等站点进行维护、检修。（ ）

答案：√

7．化学灌浆材料应按其性能分别堆放、专人保管，易燃易爆材料应隔离存放。运输时应专人负责，材料严格封存包装，妥善搬运存放，禁止碰撞冲击，避免曝晒，以免发生燃烧和爆炸。（ ）

答案：√

8．进行水上作业的人员应穿救生衣，穿雨靴。雨天作业时，雨衣只能披在身上，不应穿袖。（ ）

答案：×（禁止穿雨靴等笨重鞋类）

9．上下码头和跨越两船时，如高低落差400mm以上者，应使用跳板或梯子。（ ）

答案：×（500mm）

10．地质灾害排查应不少于两人进行，工作时人与人之间间距不超出视线范围；当前往有一定危险的区域察看时，必须有一人在安全区观察周围情况，并进行安全提示。（ ）

答案：√

11．在高处、水面、坑道、竖井、临水边墙等容易发生危险的地方进行工作时，人员不少于两人，并应携带必要的安全防护器具。操作时，必须集中精力，不得说笑、打闹。（ ）

答案：√

四、填空题

1．施工现场应设置安全警示标志牌，以警示车辆行人绕行，夜间应设置（ ）警示灯。

答案：红色

2. 在闸门上工作，应严格遵守高处作业有关规定，在启闭中的闸门上禁止站人。上下攀爬闸门应使用专用爬梯，作业人员应系好安全带并使用（　　）。

答案：速差自控器

3. 在处理液压系统故障时，禁止带压紧固管路接头，拆卸管路前，应确认管路（　　）。

答案：无压

4. 进入引水管道人员应穿防滑橡胶靴，并随身携带（　　）。在管道内行走时，人员之间应保持一定距离，以防跌滑时对他人造成伤害。

答案：应急照明灯

5. 水文缆道主索、工作索上油时，应戴（　　）手套，防止被钢丝绳断丝扎伤。

答案：帆布

6. 潜水员在进行水下闸门作业时，必须在闸门关闭后下水，在闸门开启前出水，并做好（　　）的措施。

答案：防误提闸门

7. 地质灾害防治工程施工应尽可能安排在（　　）期进行，并尽量减小施工扰动。施工过程中应加强对工地周边地质灾害隐患的监测和预警，制订相关预案，切实保证在建工程和施工人员安全。

答案：非汛

五、简答题

1. 潜水员在水下工作时，应遵守的规定有哪些？

答案：（1）必须按照工作前制订的专项方案（含组织、安全、技术、应急措施等）进行，工作开始前应及时向岸上指挥人员汇报潜水方向，岸上指挥人员应根据气泡对潜水员的路线进行调整布置。

（2）应将信号绳和气管在臂上缠一圈。

（3）应随时清理信号绳和气管，以免工作位置转移时发生缠绕。

（4）禁止将信号绳作他用，打信号应清楚，接到转移方向指示时，应先面对信号绳和气管，再按指示方向前进。

（5）应避免踏动淤泥，在淤泥上工作时，应调整空气，使潜水衣有一定的浮力；当陷入淤泥中时，应缓慢小心地调整空气，改变潜水衣的浮力；从淤泥中拔出来时，应注意防止放漂。

（6）使用调整阀时应谨慎小心，不应打开过大，防止放漂，在任何情况下，下肢不应高于头部。

（7）带着多根绳子进行工作时，应预先做好记号，工作时未查明是哪根绳子前，不应冒险割断。进行复杂的水下作业时，必须利用“进行绳”来引导方向。

第 10 章 《12　起重作业》考核题

一、单选题

1．供电主滑线应在非导电接触面涂（　　）油漆，并在适当的位置设置安全警示标识或表示带电的指示灯。

A．黄色　　B．红色　　C．绿色　　D．橙色

答案：B

2．起重机作业完毕后应遵守安全规定，下列叙述错误的是（　　）。

A．应摘除挂在吊钩上的钢丝绳，并将吊钩升起

B．对于用油压或气压制动的起重机，应将吊钩降至地面，吊钩钢丝绳呈收紧状态

C．臂架起重机应将起重臂放至 40°～60°，刹住制动器，所有操纵杆放在空挡位置并切断主电源

D．如遇天气预报风力将达 5 级时，应将臂杆转至顺风方向并松开回转制动器；风力将达 7 级时，应将臂杆放下

答案：D

3．电动行车的移动机构及电动行车小车的移动机构，当其行车速度超过（　　）m/s 时，应设有切断电源的自动刹车装置。

A．0.2　　B．0.3　　C．0.4　　D．0.5

答案：D

4．电动起重机卷筒的每一方面驱动都应有 2 个刹车装置，但起重能力在（　　）t 以下而按设备的结构又无法再装第二套刹车装置时，可在仅有一套刹车装置的情况下投入运行。

A．25　　B．30　　C．35　　D．40

答案：B

5．汽车起重机运行必须遵守相关规定，下列叙述不正确的是（　　）。

A．当重物处于悬挂状态时，司机和起重指挥人员严禁离开工作岗位

B．不应在暗沟、地下管沟、防空洞等上面作业

C．风力超过 5 级时严禁作业

D．应在平地上工作，其允许倾斜度不得大于 4°

答案：D

6．当吊钩下降到最低极限位置时，钢丝绳在卷筒上的剩余安全圈数（固定绳尾的圈数除外）至少应保持（　　）圈。在此安全圈数下，绳端固定装置应在承受（　　）

倍钢丝绳最大工作静拉力时不发生导致松动的变形。

A．2；2.5　　B．3；2.5　　C．2；2　　D．3；2

答案：A

7．下列关于起重用钢丝绳、吊装带、纤维绳的描述，不正确的是（　　）。

A．钢丝绳上的污垢及干硬的润滑油，应用抹布和煤油将其清除，不应使用钢丝刷或其他锐利的工具清除

B．通过滑轮或滚筒的钢丝绳不应有接头，往滑轮上缠绳时，应注意松紧度，同时不使其扭卷

C．切断绳索时，应先将预定切断的两边用软钢丝扎结，以免切断后绳索松散，钢丝绳在切断前，麻心钢丝绳和钢心钢丝绳每边均需要扎结 4 道，禁止用电焊或气焊切割钢丝绳

D．吊起重物时，其绳索间的夹角一般不大于 90°，用单吊索起吊重物挂钩时应打“挂钩结”

答案：C

8．手拉葫芦使用应遵守相关规定，下列叙述不正确的是（　　）。

A．起吊前应检查各机件是否完好无损、传动部分及起重链条润滑是否良好，刹车及传动装置是否良好，并至少需要进行两次空载起落试验且试验结果均为正常后再进行工作

B．手拉链条拉不动时不应增加拉力，应立即停止使用，检查重物是否与其他物件牵连，重物重量是否超过额定起重量，葫芦机件有无损坏等

C．手拉葫芦制动装置的摩擦面应保持干净，严禁油、水等沾污

D．严禁用 2 台及以上手拉葫芦同时起吊重物

答案：A

9．使用跳板时应注意相关事项，下列说法正确的是（　　）。

A．跳板厚度应大于 50mm，严禁使用腐朽、扭纹、破裂的跳板

B．单行跳板，其宽度应大于 500mm

C．双行跳板，其宽度应大于 1.0m

D．跳板坡度应小于 1:3。凡超过 4m 长的跳板，下部应设支撑

答案：A

二、多选题

1．起重机上外露的、有伤人可能的活动零部件，均应装设防护罩，包括（　　）。

A．开式齿轮、联轴器　　B．传动轴、链轮

C．链条、传动带　　D．皮带轮

答案：ABCD

2．遇有（　　）情况时，禁止用各式起重机起吊。

A．部分埋在地下或无法估计质量的物件时

B．在起吊的管子内有其他物件时

C．重物与设备部件之间有连接尚未完全分离时

D．有安装配合要求的部件在结合面未出现均匀的缝隙前

答案：ABCD

3．在架空电力线路两旁附近工作时，起重设备的任何部位或被吊物边缘在最大偏斜时应与电压等级线路边线保持安全距离。下列电压等级和最小安全距离表述正确的是（　　）。

A．电压等级 1～10kV 时，最小安全距离 3.0m

B．电压等级 35kV 时，最小安全距离 4.0m

C．电压等级 220kV 时，最小安全距离 6.0m

D．电压等级 750kV 时，最小安全距离 10.0m

答案：ABC

4．下列属于卷扬机在运转中禁止进行的工作的是（　　）。

A．往滑车上套钢丝绳

B．修理或调整卷扬机的转动部分

C．当物件下落时，用木棍来制动卷扬机的滚筒

D．人站在提升或放下重物的附近

答案：ABCD

5．使用扒杆或缆索起重机起重时应进行认真检查，下列描述正确的是（　　）。

A．基础或垫木及锚碇（桩锚或地锚）必须稳固

B．承载索、拉绳应拉紧

C．起吊载荷不应超过允许载荷，严禁偏拉斜吊

D．锚碇（桩锚或地锚）应拴紧，防止松动

答案：ABCD

6．遇有（　　）情形之一者，应全面停止升船机的一切操作。

A．电站泄洪或防洪调度机构预报 24h 内可能泄洪时

B．因防汛、防洪、抗旱需要，达不到船闸运行条件的

C．5 级及以上大风时

D．大雾、上下行能见度在 30m 以内时

答案：ABD

7．开动卷扬机前需要认真准备并检查，下列描述正确的是（　　）。

A．指挥人员、起重工和司机等应预先确定并熟悉联系的信号，以便工作协调，

避免发生危险

B．指挥人员应与司机保持密切联系；指挥人员对所卷扬的物件，在任何位置均能看见

C．检查各起重零件，如钢丝绳、滑轮、吊钩和各种连接器；如有损坏，应及时修理或调整

D．检查转动部分有无缺陷，特别是刹车装置，如不灵活、不可靠，应及时调整或修理

答案：ABCD

三、判断题

1．各式起重机应根据需要安装过卷扬限制器、额定起重量限制器、起重臂俯仰限制器、行程限制器、联锁开关等安全装置以及移动旋转和升降机构的刹车装置。（　　）

答案：√

2．起重工作应有统一的信号，起重机操作人员应根据指挥人员的明确信号进行操作；操作人员未接到指挥信号时，除规避危险之外，不得进行任何操作；对紧急停车信号，不论何人发出，都应立即执行。（　　）

答案：√

3．动臂起重机变幅机构进行调整或修理时，必须将伸臂降至地面。（　　）

答案：×（也可采取措施将伸臂固定牢靠）

4．各式电动起重机，在工作中一旦停电，应立即切断电源，再做好防止突然来电自行启动的措施。（　　）

答案：×（应做好防止突然来电自行启动的措施，再切断电源）

5．桥式起重机最高点与屋架最低点间应有 200mm 以上的距离，行车和司机室的突出面与建筑物的距离不得小于 200mm。由地面到轨道层，应设有扶梯。（　　）

答案：×（均为 100mm）

6．悬臂式起重机吊杆升起的仰角不应大于 75°，起吊前应检查仰角指示器的位置是否符合实际。（　　）

答案：√

7．额定起重量为 1t 及以上的电动葫芦应装设额定起重量限制器。当实际起重量超过 90%额定起重量时，额定起重量限制器应发出报警信号；当实际起重量在 100%～110%的额定起重量之间时，应自动切断起升动力电源。（　　）

答案：×（95%报警）

8．电动葫芦每月至少进行一次日常维护保养和自行检查，每年进行一次全面检查。发现异常情况应及时处理，相关记录存入安全技术档案。（　　）

答案：√

9. 合成纤维或吊装带（聚酰胺、聚酯、聚苯烯）应在避光和防紫外线辐射的环境中存放。（　　）

答案：√

10. 使用液体或压缩空气传动的千斤顶时，禁止工作人员站在千斤顶安全栓的旁边。（　　）

答案：×（正前方）

11. 卸扣应是铸造的，并经过热处理。（　　）

答案：×（锻造）

12. 生产厂房装设的电梯，在使用前或者投入使用后 30 日内，应当向直辖市或者设区的市的特种设备安全监督管理部门登记。（　　）

答案：√

13. 组立扒杆和缆索起重机支架时，应有专人统一指挥，指挥者应站在能看见各处的较高地方，前后方严禁站人。每根拉绳应有专人负责，按照指挥信号准确松紧。（　　）

答案：√

四、填空题

1. 起重机械应标明额定载荷，操作室应粘贴《特种设备使用标志》和（　　）。禁止使用没有制造厂铭牌的各种起重机具。

答案：安全操作规程

2. 桥式起重机大车滑线端的端梁下，应设置（　　），防止吊具或钢丝绳意外接触滑线。

答案：导电滑线防护板

3. 电动葫芦应设置上升和下降极限位置（　　），且能保证当吊钩上升或下降到极限位置时自动切断该方向的动力电源。

答案：限位器

4. 用手摇卷扬机提升重物时，应使卷扬机上的棘轮卡子卡在（　　）上。

答案：棘轮轮齿

5. 在载荷条件下，启闭机应起升至上限位置进行（　　）试验，试验后系统复位正常，各部位连接完好。

答案：下滑复位

6. 每台手拉葫芦应附有（　　）、生产许可证标记和产品合格证。对没有制造厂铭牌或调换过零件（如链索、蜗母轮等）的链式起重机，应根据链索及蜗母轮的计算能力做载荷试验，以规定其工作载荷。

答案：产品使用维护说明书

7. 电梯的安装、改造、维修及日常维护保养，应由电梯制造单位或者其通过合同委托，并依照《特种设备安全监察条例》取得许可证的单位进行。电梯应至少每（　　）日进行一次清洁、润滑、调整和检查。

答案：15

五、简答题

1．生产用电梯轿厢内应设置哪些安全警示标识？

答案：在电梯轿厢内醒目位置应粘贴“严禁打闹蹦跳”“严禁靠门”“严禁扒门”“严禁超载”“禁止乱动按钮”“请勿在厅门处停留”“如遇火警　请勿乘坐电梯”等安全警示标识。

2．简述人工搬运的三种方式及其安全要求。

答案：（1）肩扛。重物质量以不超过本人体重为宜。最好有人搭肩，搭肩应稍下蹲，待重物到肩后，直腰起立，不应弯腰，以防扭伤腰部。

（2）肩抬。2 人以上抬运重物时，必须同一顺肩。换肩时重物应放下。多人共同搬运、抬运或装卸较大的重物时，应有 1 人担任指挥，搬运的步调应一致，前后扛应同肩，必要时还应有专人在旁监护。

（3）使用撬杠。可根据具体情况采用长短、大小不同的撬杠。操作时，撬杠应放在身体一侧，两腿叉开，两手用力。不应站在或骑在撬杠上面工作，不应将撬杠放在肚子下，以防发生事故。

第11章 《13 高处作业》考核题

一、单选题

1．高处作业地点的下方应设置隔离区，并设置明显的安全警示标识，防止落物伤人。隔离区域为 R 与起吊工件最大长度之和，h 为作业位置至其底部的垂直距离，R 为可能坠落范围的半径。下列对于 R 的取值原则描述正确的是（　　）。

A．当 $2m \leqslant h \leqslant 5m$ 时，$R=2m$　　B．当 $5m < h \leqslant 15m$ 时，$R=4m$

C．当 $15m < h \leqslant 30m$ 时，$R=6m$　　D．当 $h > 30m$ 时，$R=8m$

答案：B

2．峭壁、陡坡的场地或人行道上的冰雪、碎石、泥土应经常清理，靠外面一侧应设（　　）m 高的栏杆。在栏杆内侧底部应设（　　）mm 高的踢脚板或土埂，以防落物伤人。

A．1.2；150　　B．1.2；180　　C．1.5；150　　D．1.5；180

答案：B

3．当高处行走区域不能装设防护栏杆时，应设置（　　）m 高且结实牢固的安全水平扶绳（带有塑胶套的纤维芯钢丝绳 6×37＋1），且每隔（　　）m 应设一个固定支撑点。

A．1.2～1.4；1　　B．1.1～1.4；1

C．1.2～1.4；2　　D．1.1～1.4；2

答案：D

4．在土质地面挖掘立杆基坑时，坑深应为（　　）mm，并应于埋杆前将坑底夯实，或按计算要求加设垫木。当立杆底端无法埋设时，立杆在地表面处必须加设扫地杆。

A．300～500　　B．300～600　　C．250～500　　D．250～600

答案：A

5．吊篮上使用电动机外壳及所有电气设备的金属外壳、金属护套应可靠接地，接地电阻应不大于（　　）Ω。

A．3　　B．4　　C．5　　D．6

答案：B

6．下列关于斜道与跳板的叙述，不正确的是（　　）。

A．斜道坡度如大于 1:3，斜道应架成台阶，每阶的高度以 150mm 为宜

B．斜道的宽度，如单向通行，不应小于 1.0m；如双向通行，不应小于 1.5m

C．斜道板与跳板厚度不应小于 50mm，如果其跨度超过一般脚手板的规定时，则其厚度应根据计算决定

D. 跳板的坡度应保持在1:3以下，在跳板的全宽上应钉有防滑木条，木条间距以300～500mm为宜

答案：D

7. 下列关于梯子使用的叙述，不正确的是（　　）。

A. 在梯子上工作时，梯子（单梯）与地面的斜角度为60°左右。工作人员应登在距梯顶不小于1.2m的梯蹬上工作

B. 在通道上使用梯子时，应设监护人或设置临时围栏。梯子不应在开门方向使用，必要时，应采取防止门突然开启的措施

C. 软梯的安全系数不得小于10。软梯应挂在可靠的支持物上。使用软梯前，应由工作负责人进行检查，并清除软梯上方易坠落的杂物

D. 软梯上只允许1人工作。工作人员衣着应灵便，必要时做好防止坠落措施

答案：A

8. 下列关于悬崖峭壁上工作的叙述，不正确的是（　　）。

A. 悬崖陡壁上的作业，应按自下而上的方式进行。使用梯子、脚手架应按照《电力安全工作规程　水力机械部分》有关规定执行。在凹凸不平的悬崖陡壁上作业，禁止使用吊篮

B. 严禁悬崖陡壁上下交叉作业。工作面下方有人通行时，应设置安全通道，并在路口设置安全警示标识

C. 在悬崖陡壁上作业或行走，应在临空面用钢钎作柱，设置不低于1.2m高的木挡屏

D. 小路上松动的土石应全部清除。在小路靠山侧应设置扶绳，以便行走扶用

答案：A

二、多选题

1. 以下（　　）脚手架工程属于危险性较大的分部分项工程，施工单位应编制施工专项方案，经其技术负责人审核签字并加盖单位公章后实施。

A. 搭设高度24m及以上的落地式钢管脚手架工程

B. 悬挑式脚手架工程

C. 高处作业吊篮

D. 异型脚手架工程

答案：ABCD

2. 以下（　　）脚手架工程属于超过一定规模的危险性较大的分部分项工程，施工单位应编制施工专项方案，组织召开专家论证会通过后实施。

A. 搭设高度24m及以上的落地式钢管脚手架工程（包括采光井、电梯井脚手架）

B. 高处作业吊篮

C．搭设高度 50m 及以上的落地式钢管脚手架工程

D．分段架体搭设高度 20m 及以上的悬挑式脚手架工程

答案：CD

3．下列关于门式脚手架剪刀撑设置的规定，正确的是（ ）。

A．当门式脚手架搭设高度在 24m 及以下时，在脚手架的转角处、两端及中间间隔不超过 15m 的外侧立面必须各设置一道剪刀撑

B．当脚手架搭设高度超过 24m 时，在脚手架全外侧立面上必须设置连续剪刀撑

C．对于悬挑脚手架，在脚手架全外侧立面上必须设置连续剪刀撑

D．当门式脚手架搭设高度在 24m 及以下时，在脚手架的转角处、两端及中间的剪刀撑应由底至顶连续设置

答案：ABCD

三、判断题

1．高处作业人员在作业过程中，水平移动时，应使用水平绳或增设临时扶手；移动频繁时，宜使用双钩安全带；垂直转移时，宜使用安全自锁装置或速差自控器。（ ）

答案：√

2．临时搭设的孔洞盖板、栏杆、安全网等安全防护设施不应随意拆除。必须拆除时，应征得使用负责人的同意，并采取临时安全防护措施，作业结束后立即恢复原状即可。（ ）

答案：×（需经其使用负责人验收合格）

3．所有脚手架应按规定实行厂级、部门、班组三级验收制度。（ ）

答案：√

4．在脚手架基础邻近处进行挖掘作业，必须做好必要的安全防护措施。（ ）

答案：×（禁止在脚手架基础及其邻近处进行挖掘作业）

5．脚手架应同建筑物连接牢靠，钢管脚手架的立杆应垂直稳放在垫板上，在放置垫板前应将地面夯实、整平。立杆应套上底座，底座由底板及焊接在底板上的管子制成。（ ）

答案：√

6．禁止用麻绳做吊篮悬挂绳和安全绳。悬挂所用的钢丝绳和其他绳索应做 1.5 倍额定载荷的静载试验。吊篮使用前应进行100%额定载荷的动载试验，试验以匀速升降法进行，并应做好试验记录。（ ）

答案：×（110%）

7．使用中的吊篮钢丝绳每月应至少检查 2 次。（ ）

答案：√

8．脚手架上进行电、气焊等动火作业，应设置接火盒或防火毯等防火措施，防止

火星和切割物溅落。每次收工时都应全面检查清除火种和易燃物。（　　）

答案：√

9．操作平台的搁置点、拉结点、支撑点应设置在稳定的主体结构上，且应可靠连接；操作平台的结构应稳定可靠，承载力应符合设计要求。（　　）

答案：√

四、填空题

1．在坝顶、陡坡、屋顶、悬崖、杆塔、吊桥及其他危险的边沿进行工作，醒目位置应设置“当心坠落”安全警示标志牌，临空一面应装设（　　）或防护栏杆，工作人员必须使用安全带。

答案：安全网

2．在不坚固结构上（如石棉瓦、彩钢板屋顶）工作应采取（　　）措施。

答案：防坠落

3．搭拆脚手架应有专人负责统一指挥，工作人员应戴安全帽，系安全带，穿（　　）。

答案：防滑鞋

4．严禁任何人改变使用过程中脚手架的结构或增、减脚手架部件，确需改变的，应撤出全部作业人员并做好相关审批手续后，由（　　）实施，经重新验收合格后方可使用。

答案：原脚手架搭设部门（单位）

5．型钢悬挑梁宜采用（　　）截面的型钢，悬挑钢梁型号及锚固件应按设计确定，钢梁截面高度不应小于160mm。

答案：双轴对称

6．应在检修作业平台醒目位置设置标明（　　）的限载牌，并限定允许的作业人数。

答案：允许载荷值

五、简答题

1．简述拆除脚手架时应遵守的规定。

答案：（1）架体拆除作业应设专人指挥，当有多人同时操作时，应明确分工、统一行动，且应具有足够的操作面。高处作业应使用合格的安全带。

（2）脚手架拆除作业必须由上而下逐层进行，严禁上下同时作业；连墙件必须随脚手架逐层拆除，严禁先将连墙件整层或数层拆除后再拆脚手架；分段拆除高差大于两步时，应增设连墙件或抛撑加固。

（3）拆除过程中严禁抛掷。

（4）按照拆除的措施进行并设专人监护，拆除前应对施工人员进行安全技术交底。

（5）脚手架拆除前，工作负责人应到现场检查，如脚手架拆除后有遗留下的孔洞、栏杆不完整时，应做好临时防护措施，同时立即安排做好补缺工作。

（6）在拟拆除脚手架的周围应设围栏，并在通向拆除区域的各路口设置安全警示标识，禁止无关人员进入或逗留。

（7）应清除脚手架上杂物及地面障碍物，敷设在需要拆除的脚手架上的电线和水管应先拆除，电线应由电工拆除。

第12章 《14　有限空间作业》考核题

一、单选题

1．作业前（　　）min内，应使用气体检测仪对有限空间进行检测，检测内容包括氧含量、可燃气体浓度、有毒有害气体浓度，符合安全标准后方可进入。

A．20　　B．30　　C．40　　D．60

答案：B

2．下列关于有限空间作业个人防护要求的叙述，不正确的是（　　）。

A．应根据有限空间作业存在的危险有害因素种类及危害程度，为作业人员提供符合规定的劳动防护用品，并监督正确佩戴和使用，严禁无防护作业

B．在氧含量不足或易造成有毒有害物质积聚的有限空间作业时，应佩戴正压式空气呼吸器，必要时作业人员应系安全绳，安全绳的一端应握在外部监护人员手中

C．在易燃易爆的有限空间作业时，应穿工作服、工作鞋，使用防爆型低压灯具及不发生火花的工具

D．在有酸碱等腐蚀性介质的有限空间作业时，应穿戴好防酸碱工作服、工作鞋、手套等防护用品

答案：C

3．凡是需要在容器、槽箱进行的工作，在可能发生有害气体的情况下，工作人员不得少于（　　）人，其中（　　）人在外面监护。

A．4；2　　B．3；2　　C．3；1　　D．2；1

答案：B

二、多选题

1．下列关于有限空间作业前准备事项的叙述，正确的是（　　）。

A．有限空间作业工作负责人、专职监护人、工作班成员、应急救援人员应经过专项安全培训

B．工作负责人应当对作业环境进行评估，分析存在的危险有害因素，提出消除、控制危害的措施

C．工作负责人应将作业现场可能存在的危险有害因素、防控措施告知作业人员

D．有限空间作业应当采取可靠隔离措施，将可能危及作业安全的设备设施、存在有毒有害物质的空间与作业地点隔开

答案：ABCD

2．下列关于地下洞室和管（沟）道内作业的叙述，正确的是（　　）。

A. 在地下洞室或管（沟）道内进行工作时，工作现场不应少于 2 人，1 人在地面上担任监护。进入地下洞室或管（沟）道内的工作人员应戴安全帽，使用安全带，且安全带的绳子应绑在地面牢靠物体上，由监护人监视

B. 进入可能产生有毒有害气体或温度高的地下洞室或管（沟）道、隧道等处之前，应至少打开 2 个人孔，并在每个人孔上面放置通风筒或导风板，其中一个正对来风方向，另一个正对去风方向，以加强通风

C. 工作中如需冲洗地下洞室或管（沟）道，工作人员应全部从地下洞室或管（沟）道内撤出并清点无误，清出工器具、材料后，方可冲洗。在出入口处应有专人看守

D. 地下洞室或管（沟）道内的温度超过 35℃时，不应进入工作；30～35℃时，应采取降温措施，并适当地轮换工作和休息

答案：ABC

三、判断题

1. 有限空间作业应遵守“先通风、再检测、后作业”的原则，未经通风和检测合格，任何人员不得进入有限空间作业。（　　）

答案：√

2. 有限空间作业使用的电源线，穿过墙洞、管口处时应加设绝缘保护。所有电气设备应在有限空间出入口便于操作处设置电源控制开关，并设专人管理。（　　）

答案：√

3. 有限空间作业时，在有限空间外面应设有专人监护。监护人应密切注意作业人员情况，至少每 15min 与作业人员联系一次。（　　）

答案：×（30min）

4. 打开地下洞室或管（沟）道的人孔门进行工作时，应在人孔门的周围设置遮栏和“未经许可　不得入内”安全警示标志牌，并采取措施防止误关闭。夜间还应在遮栏上设置红色警示灯。（　　）

答案：√

5. 井下作业上下爬梯应使用速差自控器和安全绳。安全绳的一端紧握在井上监护人手中，末端系作业人员身上。（　　）

答案：×（末端系在地面牢靠点上）

四、填空题

1. 进入有限空间作业前应办理“（　　）”，确保安全防护措施到位后方可进入。

答案：有限空间作业票

2. 进入有限空间前，监护人应会同作业人员检查安全措施，统一联系信号，确认通信器材完备，建立可靠的（　　）。

答案：通信联络

3．有限空间作业发生事故后，禁止盲目施救，实施救援时，应急救援人员应做好自身防护，佩戴必要的（　　）、救援器材。

答案：呼吸器具

五、简答题

1．有限空间作业前需要进行检测气体浓度，简述气体检测的具体要求。

答案：（1）作业前30min内，应使用气体检测仪对有限空间进行检测，检测内容包括氧含量、可燃气体浓度、有毒有害气体浓度，符合安全标准后方可进入。

（2）气体检测仪应处于正常工作状态，且在校验合格有效期内。

（3）采样点应有代表性，容积较大的有限空间应采取上、中、下各部位取样。

（4）作业中，应定时检测或连续监测，作业中断超过30min，人员进入前应当重新通风、检测合格后方可进入。

（5）有限空间内的残留物料对作业人员有危害时，应在作业前进行清洗、清空或置换。

（6）涂刷具有挥发性溶剂的涂料时，应采取强制通风措施，并连续监测。

（7）检测人员应当采取相应的安全防护措施后方可进入有限空间进行检测，检测后应及时记录检测气体种类、含量、浓度等信息。应对作业场所中的危险有害因素进行定时检测，至少每2h复测1次。空气质量参数检测记录应经检测人员签名后与有限空间作业票一同保存。

（8）在作业条件发生变化，并有可能危及作业人员安全时，应立即撤离。若需继续作业，应重新办理有限空间作业票，并经检测合格及采取相应的安全措施后方可进入作业。

第 13 章 《15 焊接和切割作业》考核题

一、单选题

1．下列关于焊接和切割作业的叙述，不正确的是（　　）。

A．从事金属焊接、热切割的作业人员，应取得特种作业操作资格证书

B．从事焊缝射线照相的检测人员，应按标准要求取得特种作业操作资格证书

C．特种设备焊缝无损检测应由经核准的特种设备检验检测机构进行

D．压力容器和管道的焊接应由取得相应等级资质的焊工进行，作业时应随身携带资格证

答案：B

2．下列叙述不正确的是（　　）。

A．在高处进行焊接或热切割时，应采取安全措施防止焊接和热切割时熔渣飞溅引起人员烫伤、火灾爆炸事故

B．焊接或热切割处应使用石棉布、防火毯、接火盒等进行围接

C．工作地点下方应设置隔离围栏，设置安全警示标识，并安排专人监护

D．在可能发生坠落的场所进行焊接或热切割作业时，应使用安全带

答案：D

3．下列关于电焊钳的叙述，不正确的是（　　）。

A．应能牢靠地夹住焊条

B．保证焊条和电焊钳的接触良好

C．握柄应用绝缘材料制成，绝缘电阻应不低于 1MΩ

D．焊接电缆的绝缘部分进入电焊钳的深度至少为电缆外径的 2 倍，但最少为 30mm。在不夹持焊条时，应能防止意外触及其带电部分

答案：C

4．下列关于气瓶的存放，正确的是（　　）。

A．容积较小的仓库（储存量在 50 个气瓶以下）与其他建筑物的距离应不小于 25m；较大的仓库与施工及生产地点的距离应不小于 50m，与住宅和办公楼的距离应不小于 80m

B．乙炔气瓶仓库周围 10m 距离以内严禁烟火，不应堆置可燃物品。储存乙炔气瓶的仓库应通风良好，并避开放射性射线源

C．气瓶储存仓库内温度不超过 35℃，严禁明火和其他热源

D．接收气瓶时应检查确认瓶身在有效的检验周期内（盛装氧气、乙炔、氮气、IG541、七氟丙烷等一般气体的气瓶检验周期为 3 年，盛装惰性气体的气瓶

为 5 年），严禁接收和使用超期未检的气瓶

答案：D

5. 下列常用气体及气瓶外表涂色、字样和字色匹配正确的是（　　）。

A. 氧气、淡蓝色、氧气、黑色

B. 乙炔、白色、乙炔、红色

C. 二氧化碳、铝白色、液化二氧化碳、黑色

D. 氩气、银灰色、氩、白色

答案：C

6. 下列关于气瓶的使用要求，不正确的是（　　）。

A. 若发现气瓶上的阀门或减压器气门有缺陷时，应立即停止工作，更换气瓶或减压器；严禁自行对气瓶阀门进行维修

B. 在工作地点，最多只许有一个氧气瓶和一个乙炔气瓶

C. 使用中的氧气瓶和乙炔气瓶应垂直放置并固定。氧气瓶和乙炔气瓶之间的距离不得小于 8m，氧气瓶和乙炔气瓶到火源的距离不应小于 10m

D. 在连接减压器前，应将氧气瓶的输气阀门开启 1/4 转，吹洗 1～2s，然后用专用的扳手装上减压器。工作人员应站在阀门连接头的侧面

答案：B

二、多选题

1. 下列关于焊接和切割作业的叙述，正确的是（　　）。

A. 雨雪天气不应进行露天焊接或热切割作业，如应进行焊接时，应采取防雨雪的措施

B. 风力超过 6 级时，禁止露天进行焊接或热切割。风力在 6 级以下、3 级以上进行露天焊接或热切割时，应搭设挡风屏以防火星飞溅引起火灾

C. 禁止在装有易燃物品的容器上或在油漆未干的结构或其他物体上进行焊接

D. 焊接、热切割地点周围 10m 范围内，应无易燃易爆物品。必须在易燃易爆材料附近动火时，最小直线距离不得小于 6m，且用阻燃围屏隔离或用不燃材料遮盖

答案：AC

2. 气瓶搬运应符合的要求包括（　　）。

A. 气瓶搬运应使用专门的抬架或手推车。每一气瓶上应套以厚度不少于 25mm 的防震胶圈两个，以免搬运气瓶时互相撞击和震动

B. 用汽车运输气瓶时，气瓶不应顺车厢纵向放置，应横向放置

C. 严禁将氧气瓶和乙炔气瓶混合运送，并禁止与易燃物品或装有可燃气体的容器一起运送

D．当提升气瓶时，应使用专用吊篮或装物架。禁止使用钢丝绳或链条吊索直接吊运气瓶

答案：ABCD

3．下列关于气瓶安全泄压装置的装设要求，正确的是（　　）。

A．无缝气瓶的泄压装置应装设在瓶阀上

B．焊接气瓶的泄压装置只可单独装设在气瓶的阀座或封头部位

C．非重复充装焊接钢瓶的泄压装置可以装设在瓶阀上，也允许将爆破片直接焊接在气瓶封头的开孔部位

D．集束气瓶组的安全泄压装置应装在连接总管上

答案：ACD

4．将减压器安装在气瓶阀门或输气管前应注意的事项包括（　　）。

A．应选用检验合格和符合气体特性的专业减压器，禁止换用或替用

B．减压器（特别是连接头和外套螺帽）不应沾有油脂，如有油脂应擦洗干净

C．外套螺帽的螺纹应完好，帽内应有纤维质垫圈（不应用棉、麻绳、皮垫或胶垫代替）

D．预吹阀门上的灰尘时，工作人员应站在侧面，以免被气体冲伤，其他人员不应站在吹气方向附近

答案：ABCD

三、判断题

1．焊工应戴工作帽、防尘（电焊尘）口罩和手套，穿干燥的专用工作服和焊接防护鞋，上衣不应扎在裤子里，口袋不应有遮盖，脚面应有鞋罩，以免焊接时被烫伤。（　　）

答案：×（口袋应有遮盖）

2．电焊机一次侧电源线长度不超过 5m；二次线采用防水橡皮护套铜芯软电缆，长度不应大于 20m，且不得有接头，绝缘良好。（　　）

答案：×（二次线长度不应大于 30m）

3．开启乙炔气瓶的瓶阀时应缓慢，严禁开至超过 1.5 圈，一般只开到 3/4 圈以内以便在紧急情况下迅速关闭气瓶。（　　）

答案：√

4．冬季瓶阀或减压器有冻结现象时，应用 45℃以下温水解冻，严禁用火焰烤或铁器撞击。（　　）

答案：×（40℃）

5．减压器在气瓶上应安装合理、牢靠。采用螺纹连接时，应拧足 4 个以上螺扣。（　　）

答案：×（5 个）

6．焊工应戴防护眼镜、静电口罩或专用面罩，以防二氧化硫、氮氧化合物及金属烟尘吸入体内。（　　）

答案：×（以防臭氧、氮氧化合物及金属烟尘吸入体内）

四、填空题

1．现场作业使用的电焊机外壳应可靠接地，严禁多台电焊机串联接地。电焊机的裸露导电部分和转动部分及冷却用的风扇，均应装有（　　）。

答案：保护罩

2．橡胶软管采用异色软管，氧气管为（　　）色，乙炔气管为（　　）色，两种软管不应混用，不得用其他颜色的橡胶软管代替。

答案：蓝；红

3．在连接橡胶软管前，应先将软管吹净，并确定管中无水，乙炔气管与（　　）连接后，将混合气体排出后方可使用。禁止用氧气吹乙炔气管。

答案：回火阀

4．干式回火防止器标记颜色：燃气为红色，氧气为蓝色，压缩空气为（　　）。

答案：褐色

五、简答题

1．电焊工应配备的防护用具有哪些？

答案：（1）镶有滤光镜的手把面罩和套头面罩、防护眼镜。

（2）电焊手套、工作服。

（3）焊接防护鞋。

（4）清除焊渣用的白光眼镜（防护眼镜）。

2．简述气瓶安全泄压装置的选用原则。

答案：（1）乙炔气瓶应装设安全阀或带安全阀的复合装置。

（2）盛装易于分解或聚合的可燃气体的气瓶应装设易熔合金塞装置。

（3）盛装深冷液化气体的焊接绝热气瓶应装设爆破片和安全阀两个安全泄压装置。

3．CO_2气体保护焊焊接工作开始前，应对焊枪做哪些重点检查维护？

答案：（1）喷嘴管应光滑、清洁，喷嘴内、外表面有飞溅金属的，应立即除去，喷嘴变形应及时更换。

（2）导流套如有损坏应更换。

（3）导电嘴表面应光滑，如内孔损坏应更换新的。

（4）送丝弹簧管应定期检查清洁，发现损坏立即更换。

4．CO_2气体保护焊焊接工作开始前，应对送丝机做哪些重点检查维护？

答案：（1）送丝滚轮的沟槽里有油污和铁屑时，应及时清理，如沟槽磨损严重应更换。

（2）焊丝导向管应保持平直，不得变形或有油污。

（3）送丝电动机的碳刷磨损严重时，应更换。

（4）减速筒内润滑油不足时，应及时加入。

第14章 《16　土石方作业》考核题

一、单选题

1．开挖工程危险性较大的分部分项工程，需要施工单位编制施工专项方案，经其技术负责人审核签字并加盖单位公章后实施。以下不属于此类工程的是（　　）。

A．开挖深度超过3m的基坑（槽）的土方开挖、支护、降水工程

B．开挖深度虽未超过3m，但地质条件、周围环境和地下管线复杂的土方开挖、支护、降水工程

C．开挖深度虽未超过3m，但影响毗邻建（构）筑物安全的基坑（槽）的土方开挖、支护、降水工程

D．开挖深度超过5m的基坑（槽）的土方开挖、支护、降水工程

答案：D

2．在挖土坑中留作人行道的土堤，应保持有足够稳定的边坡，或加适当的支撑，但顶宽至少应大于（　　）m，相邻台阶的高差不得超过（　　）m。

A．0.7；1.6　　B．0.7；1.5　　C．0.8；1.6　　D．0.8；1.5

答案：B

3．下列关于爆破作业的叙述，不正确的是（　　）。

A．装药前3天应发布爆破公告并在现场张贴，内容包括爆破地点、每次爆破时间、安全警戒范围、警戒标识、起爆信号等

B．邻近交通要道的爆破需进行临时交通管制时，应预先申请并至少提前3天由公安交管部门发布爆破施工交通管制通知

C．在邻近通航水域进行爆破施工时，应在3天前通知港航监督部门

D．爆破可能危及供水、排水、供电、供气、通信等线路以及运输交通隧道、输油管线等重要设施时，应事先准备好相应的应急措施，向有关主管部门报告，做好协调工作并在爆破时通知有关单位到场

答案：A

4．下列关于爆破作业的叙述，正确的是（　　）。

A．露天浅孔、深孔、特种爆破，爆后应超过5min方准许检查人员进入爆破作业地点；如不能确认有无盲炮，应经10min后才能进入爆区检查

B．地下工程爆破后，经通风除尘排烟确认井下空气合格、等待时间超过10min后，方可准许检查人员进入爆破作业地点

C．点导火线应用香或其他特殊办法。在同一基坑内不能同时点4个以上的导火线，如需要时，可集体连引导火线

D．未响的炮眼和剩药的炮底，不应继续打眼或从炮眼里往外抽药包和雷管。重新打眼时，应离瞎炮 500mm 以上，并应与原来炮眼方向相同

答案：C

二、多选题

1．深度超过 1.5m 的基坑周边应安装防护栏杆，同时应满足的正确要求包括（　　）。

A．防护栏杆由横杆及立柱组成，高度为 1.05～1.2m

B．防护栏杆外放置有沙、石、土、砖、砌块等材料时应设置踢脚板。踢脚板高度不小于 180mm，踢脚板下沿离地高度不大于 10mm

C．防护栏杆上应加挂密目安全网，安全网自上而下封闭设置，网眼不大于 25mm

D．防护栏杆的材料应有足够的强度，并安装牢靠，上杆应能承受任何方向大于 1000N 的外力

答案：BCD

2．挖土机械在工作或行走时应遵守相关规定，下列叙述正确的是（　　）。

A．禁止任何人员在举重臂或吊斗下面逗留或通过

B．禁止无关人员上下挖土机，禁止利用挖斗载重或传递物品

C．禁止在挖土机的回转半径范围内进行各种辅助作业或平整场地

D．地面上应有专人指挥、引导和监护

答案：ABCD

3．关于爆破作业，对无效的炸药进行处理时，应采用可靠方法，不应任意销毁。下列处理方法正确的是（　　）。

A．硝酸炸药——用爆炸法、溶解法、淹溺法或烧毁法

B．黄色炸药——用爆破烧毁法

C．导火线——用烧毁法

D．雷管——用淹溺法

答案：ABC

4．下列不应进行爆破作业的是（　　）。

A．距工作面 20m 以内的风流中瓦斯含量达到 1%或有瓦斯突出征兆的

B．爆破会造成巷道涌水、堤坝漏水、河床严重阻塞、泉水变迁的

C．爆破可能危及建（构）筑物、公共设施或人员的安全而无有效防护措施的

D．光线不足且无照明或照明不符合规定的

答案：ABCD

三、判断题

1．工作人员下基坑、井坑应铺设钉有防滑条的跳板，如坑道狭窄，可使用靠梯，但梯阶的距离不大于 400mm。（　　）

答案：√

2．冬季挖土，在冻层深度范围内必须做适当的固壁支撑。（　　）

答案：×（冬季挖土，在冻层深度范围内可不设支撑。但超过此范围时，应做适当的固壁支撑）

3．当开动水洗式凿岩机时，应先开水门，后开风门；当停钻时应先关水门，后关风门。向水箱里注水或清理水箱时，开盖以前应关闭进气门并将放气门打开，以消除水箱中压力。（　　）

答案：√

4．遇到现场风力超过 8 级、浪高大于 1.0m 时，应停止爆破作业，所有人员应立即撤离到安全地点。（　　）

答案：√

四、填空题

1．大型机械进入基坑时应有防止机身下陷的措施。挖土机械开动前，应发出规定的（　　）信号。

答案：作业警示

五、简答题

1．基坑开挖时，若已挖出的基坑、沟槽等遇到雨、雪浸湿，应采取哪些措施？

答案：（1）局部放宽土坡边坡或加固边坡，以保持稳定。

（2）坡顶附近应禁止行人或车辆通过。

第15章 《17　机械加工》考核题

一、单选题

1．设备启动前应检查设备各操作手柄并确认其在空挡位置。先低速运行（　　）min，正常后方可开始工作。

A．2～5　　B．2～6　　C．3～5　　D．3～6

答案：C

2．加工长零件时应用刀架或中心架。长料加工时，长料从主轴后伸出的长度不得超过（　　）mm并应加上醒目标志。

A．100　　B．150　　C．200　　D．250

答案：C

3．下列关于台式砂轮机使用的叙述，不正确的是（　　）。

A．树脂和橡胶结合剂砂轮片存储半年后必须经回转试验，合格者方可使用

B．砂轮片磨损到原半径的1/3时应更换

C．砂轮片在运输和使用过程中不应碰撞坚硬的物体

D．砂轮片应远离油脂、水或其他溶剂

答案：A

二、多选题

1．在机械加工设备上或附近应设置明显的安全警示标志牌，以下正确的是（　　）。

A．“当心机械伤人”　　B．“禁止戴手套”

C．“必须戴防护眼镜”　　D．“未经许可　不得入内”

答案：ABC

2．下列关于台式砂轮机使用的叙述，正确的是（　　）。

A．砂轮应由两个直径相同的法兰盘夹紧，其直径不得小于砂轮直径的1/3。砂轮和法兰盘之间应衬以柔性材料制成的衬垫，其厚度为1～2mm，直径比压紧面直径大2mm，衬垫应将砂轮卡盘接触面全部覆盖

B．砂轮机应装有用钢板制成、有足够强度的防护罩，防护罩开口角度应不大于65°

C．砂轮安装轴水平面上方的开口角度应不大于65°。如需使用砂轮安装轴水平面以下砂轮部分加工时，防护罩开口角度可以增大到115°，但在砂轮安装轴水平面的上方，防护罩开口角度仍应不大于65°

D．防护罩在主轴水平面以上开口大于或等于30°时应设挡屑屏板。挡屑屏板安装于防护罩开口正端，宽度大于砂轮防护罩宽度，与砂轮圆周的间隙应小于

6mm。禁止使用无防护罩的砂轮机

答案：AD

三、判断题

1．机械加工设备及其电气盘柜的金属外壳、行车轨道等，应有可靠的保护接地，行灯和机床、钳工台局部照明电压不得超过24V。（　　）

答案：×（36V）

2．钳工台的钳把不得用套管接长加力或用手锤敲打，所夹工件不得超过钳口最大行程的3/4。（　　）

答案：×（2/3）

3．用锉刀在车床上操作时应右手在前，左手在后。（　　）

答案：√

4．严禁在刨床运转中调整滑枕行程。调整滑枕行程时，禁止用敲打方法来松开或压紧调整把手。（　　）

答案：√

四、填空题

1．在装夹或校正一些外形尺寸大、重量较重、形状复杂而装夹面积又较小的工件时，应做好防止工件飞出的措施，操作人员应尽量站在工件的（　　）位置。

答案：轴向

2．钳工台应设置符合要求的防护屏，确保金属碎屑不会伤及他人或碰到防护屏后反弹，钳工台周围应设置（　　）。

答案：安全警戒线

3．高速切屑及加工铸件时，必须戴（　　）或加设防护罩，以防切屑伤眼。

答案：防护眼镜

4．使用磨削机具时，应采取（　　）措施，防止火花引发火灾。

答案：防火

第 16 章 《18　道路与交通安全》考核题

一、单选题

1．下列关于厂内车辆行驶限速要求的叙述，不正确的是（　　）。

A．厂内机动车辆在无限速标志的厂内主干道行驶时，不应超过 30km/h

B．交叉路口、装卸作业、行人稠密地段、设有警告标志处或转弯、调头时，货运汽车载运易燃易爆等危险货物时，不应超过 20km/h

C．结冰、积雪、积水的道路，恶劣天气能见度在 30m 以内，不应超过 10km/h

D．进出厂房、仓库、车间大门、停车场、危险地段、生产现场、倒车或拖带损坏车辆时不应超过 5km/h

答案：B

二、多选题

1．厂内机动车辆的使用与管理应遵守相关规定，下列叙述正确的是（　　）。

A．厂内机动车辆应按照规定要求，经所在地政府相关部门注册登记、定期检验，安装厂内机动车牌照，安全检验合格后，方可投入使用

B．车辆装载不得超过铭牌核定载荷

C．装载货物应均衡平稳，捆扎牢靠，车厢侧板、后挡板应关好、拴牢。货物长度超过后挡板时，不得遮挡号牌、转向灯、尾灯和制动灯

D．机动车除驾驶室外严禁载人

答案：ABCD

三、判断题

1．机动车停车场或车库内禁止存放汽油、酒精、柴油等易燃易爆物品并禁止烟火，应备有足够的消防器材。（　　）

答案：√

2．在厂内道路上设置公用设施或因工程建设需要临时占用道路的，应经道路管理部门同意，履行审批手续，并设置三角反光牌或交通锥等安全隔离设施。道路养护或维修时应设置道路施工安全标志及必要的说明。（　　）

答案：√

四、填空题

1．车辆应配置完善的安全装置，如安全带、灭火器、安全锤等，非厂内机动车辆应配备（　　）和倒车影像，装载机等存在倒车视角死区的厂内机动车辆宜配备倒车影像。

答案：行车记录仪

2．厂内道路限速区域入口处应装设限速标志，机动车在道路上行驶不应超过限速。限速区域入口、弯道、交叉路口等处，应标有减速提示或安装（　　）。

答案：减速带

第四篇

Q/CHD 22—2019 《电力安全工作规程　燃机部分》考核题

第1章《3　术语和定义》考核题

一、单选题

1. 高处作业是指在距坠落高度基准面（　　）m 或其以上有可能坠落的高处进行的作业。

A．1　　B．1.5　　C．2　　D．2.5

答案：C

二、多选题

1. 燃气区域是指燃气电站产权边界内有围栏、罩壳封闭或划定的燃气调（增）压、调温、存储、处理等场所，包括（　　）。

A．LNG 气化（储存）站　　B．调（增）压站

C．煤场　　D．前置模块

答案：ABD

三、简答题

1. 什么是燃气电站？

答案：利用天然气、煤层气、煤制气及液化天然气（LNG）作为燃料生产电能、热能的发电站。

2. 什么是放散管？

答案：具有一定高度，且能向大气中直接排放气体的管道。

3. 什么是动火作业？

答案：能直接或间接产生明火的作业，包括熔化焊接、压力焊、钎焊、切割、喷枪、喷灯、钻孔、打磨、锤击、破碎、切削等作业。

4. 什么是有限空间？

答案：封闭或者部分封闭，与外界相对隔离，出入口较为狭窄，作业人员不能长时间在内工作，自然通风不良，易造成有毒有害、易燃易爆物质积聚或者氧含量不足的空间。

5. 什么是一个操作任务？

答案：根据同一操作指令，且为了相同的操作目的而进行的一系列相互关联，并依次进行操作的全部过程。

第2章《4 总则》考核题

一、单选题

1．新录用的工作人员应经（　　）体格检查合格，符合工作人员健康要求。

A．一级及以上医院或医疗机构　　B．二级及以上医院或医疗机构

C．三级及以上医院或医疗机构　　D．诊所

答案：B

2．消防沙箱、消防桶和消防铲、消防斧把上应涂（　　）色。

A．红　　B．橙　　C．黄　　D．蓝

答案：A

3．现场应保温的管道、容器等设备及系统应保温齐全，保温层应按工艺要求施工。当环境温度在25℃时，保温层表面的温度不宜超过（　　）℃。

A．40　　B．50　　C．60　　D．70

答案：B

4．在试验和推广新技术、新工艺、新设备、新材料的同时，应制订相应的安全措施，经本企业（　　）批准后执行。

A．安监部门负责人　　B．生产技术部门负责人

C．检修部门负责人　　D．主管生产的领导（总工程师）

答案：D

5．所有升降口、吊装孔、孔洞、楼梯、平台及通道等有坠落危险处，应设置固定式工业防护栏杆、扶手等设施，防护栏杆高度不低于（　　）m。

A．0.9　　B．1.0　　C．1.05　　D．1.2

答案：C

二、多选题

1．应坚持（　　）方针，贯彻“不安全不工作”原则，加强各级人员安全培训，完善安全生产条件，落实安全技术要求，努力建设本质安全型企业。

A．持续改进　　B．预防为主　　C．综合治理　　D．安全第一

答案：BCD

2．新建、改建、扩建工程的安全设施、职业病防护及消防设施应与主体工程同时（　　）、同时（　　）、同时（　　）。

A．投入生产和使用　　B．检修和维护

C．设计　　D．施工

答案：ACD

3．生产现场应配置防静电服、（　　），建立专门台账并定期检查校验。

A．便携式可燃气体检测仪　　B．防爆工器具

C．正压式空气呼吸器　　D．非防爆照明灯

答案：ABC

4．企业应落实安全生产（　　）的要求，建立健全各级人员安全生产责任制，完善考核内容和标准。

A．党政同责　　B．一岗双责　　C．齐抓共管　　D．失职追责

答案：ABCD

5．作业人员应熟悉本岗位所需的安全生产知识及技能，掌握（　　）以及防护服、工作鞋等个人防护用品的正确使用方法。

A．防坠器　　B．安全帽　　C．安全带　　D．缓冲绳

答案：ABCD

6．发生人身伤亡事故的，应对（　　）进行安全再培训。

A．事故责任人　　B．企业主要负责人

C．生产技术部门负责人　　D．相关安全生产管理人员

答案：AD

7．从事接触高温、低温物体，酸、碱的作业或在易燃易爆场所作业，应（　　）。

A．戴棉布手套　　B．戴专用手套　　C．穿防护工作服　　D．穿防护鞋

答案：BCD

三、判断题

1．开展作业时，任何人发现有违反《电力安全工作规程》的情况，应先请示公司领导，得到回复后方可采取行动。（　　）

答案：×（应立即制止，经纠正后方可恢复作业）

2．作业人员必须服从命令，不得拒绝违章指挥。（　　）

答案：×（有权拒绝违章指挥和强令冒险作业）

3．凡患职业禁忌证的人员禁止从事相关工作。（　　）

答案：√

4．现场消防设施周围可临时放置杂物。（　　）

答案：×（严禁堆放杂物和其他设备）

5．门口、通道、楼梯和平台等处不得放置杂物，并保持畅通。（　　）

答案：√

6．电工、焊工、起重工应持证上岗，高处作业人员无须持证上岗。（　　）

答案：×（高处作业人员应持证上岗）

7．机械设备断电隔离之前，可拆除联轴器和齿轮的防护罩。（　　）

答案：×（禁止拆除）

8．雷雨天气可到室外高压设备附近开展巡检工作。（　　）

答案：×（禁止在室外高压设备附近及可能遭遇雷击的地方停留）

9．燃机企业生产现场的油系统管路应用法兰、接头连接。（　　）

答案：×（不应用法兰、接头连接）

四、填空题

1．应坚持“安全第一、预防为主、综合治理”方针，贯彻“（　　）”原则，加强各级人员安全培训，完善安全生产条件，落实安全技术要求，努力建设本质安全型企业。

答案：不安全不工作

2．外来承揽各类工程的施工单位全体人员和临时参加现场工作的人员进入现场前，应经体格检查合格，并办理（　　）保险或（　　）保险。

答案：工伤；人身意外伤害

3．控制室、档案室、配电室、继保室、电子间等房间内不应有（　　）、（　　）、（　　）等管道通过。

答案：水；汽；油

4．油系统周围的热管道或其他热体应在保温层外面再包上（　　）。

答案：金属皮

5．易燃易爆、有毒有害危险品、放射源、高噪声，以及对周边环境可能产生污染的设备、设施、场所，在符合相关技术标准的前提下，应（　　）人员聚集场所。

答案：远离

6．固定爬梯应牢固可靠，梯段高度超过3m的钢直梯高出基准面2.4m以上部分应设（　　）。

答案：护笼

7．任何工作人员除自己严格执行《电力安全工作规程》外，有责任督促（　　）遵守该规程。

答案：周围的人员

8．工作人员应熟悉本岗位所需的相关应急内容，掌握逃生、自救、互救方法，具备必要的安全救护知识，学会紧急救护方法。特别要学会（　　）、（　　）等。

答案：触电急救法；心肺复苏法

9．使用有毒有害危险品（氯气、氨、汞、酸、碱等）时，工作人员应熟悉其（　　）及（　　），防止不当施救。

答案：特性；应急处理常识

10．在易燃易爆场所作业，应穿着（　　）工作服，并采取防火防爆措施。

答案：防静电

11．在低温环境下工作时，作业人员应穿（ ），佩戴（ ）等防护用品。

答案：防寒衣物；防寒安全帽

五、简答题

1．牢固树立“我要安全”的自主安全意识，应做到哪“四不伤害”？

答案：不伤害自己、不伤害他人、不被他人伤害、保护他人不被伤害。

2．厂房、栈桥等建（构）筑物需要人工清除覆冰或积雪时，应采取哪些安全措施？

答案：厂房、栈桥等建（构）筑物需要人工清除覆冰或积雪时，应采取可靠的防滑、防倒塌、防坠落、防冰砸等安全措施，随时检查除冰建筑物受力情况，防止发生倒塌事件。

3．简述工作人员进入生产现场的着装要求。

答案：工作人员进入生产现场，应穿着材质合格的工作服，衣服和袖口必须扣好，着装不应有可能被转动设备绞住或卡住的部分。禁止戴围巾、穿裙子、穿短裤、穿拖鞋、穿凉鞋、穿高跟鞋。辫子、长发必须盘在帽内。

第3章《5 电气安全基本规定》考核题

一、单选题

1．临时电源线应使用（　　）。

A．花线　　B．有接头的电缆

C．塑料线　　D．橡皮护套铜芯软电缆

答案：D

2．用电设备的电源引线长度不得大于（　　）m。距离大于该长度时应设便携式开关箱。

A．3　　B．4　　C．5　　D．10

答案：C

3．现场的临时照明线路应经常检查、维护。照明灯具的悬挂高度应离工作面（　　）m以上，低于该高度时应设保护罩。

A．2.5　　B．2.0　　C．1.5　　D．1.0

答案：A

二、多选题

1．旋转电动机发生火灾时，禁止使用（　　）直接灭火。

A．干粉灭火器　　B．水　　C．二氧化碳灭火器　　D．干沙

答案：ABD

三、判断题

1．设置在电气设备上的安全警示标志牌，运行人员可根据自身需要进行移动。（　　）

答案：×（除原来设置人员或负责的运行值班人员外，其他任何人员不得移动）

2．遇有电气设备着火时，应首先进行灭火，然后再切断电源。（　　）

答案：×（应首先将有关设备的电源切断，然后进行灭火）

3．生产现场严禁有裸露的电线头。若有裸露的电线，均应视为带电，不应触碰。（　　）

答案：√

4．临时用电时可将电源线直接钩挂在闸刀上或直接插入插座内使用。（　　）

答案：×（严禁将电源线直接钩挂在闸刀上或直接插入插座内使用）

四、填空题

1．所有电气设备的金属外壳均应有良好的（　　）。使用中不应拆除或对其进行任何工作。

答案：接地装置

2．任何电气设备在未验明无电之前，应视为（ ）。

答案：带电设备

3．接、拆临时电源的工作应由具有（ ）资质的人员执行。

答案：电工

五、简答题

1．临时电源线布置时应注意哪些安全事项？

答案：临时电源线应合理布置，禁止接触高温及尖锐物，禁止直接绑挂在金属构件上或放在潮湿的地面上，室内架空高度应大于 2.5m，室外应大于 4m，跨越道路时应大于 6m。若需放在地面上，应做好防止碾压的措施；对埋地敷设的电缆线路，应设有走向标志和安全警示标识，电缆埋地深度不应小于 0.7m，穿越公路时应加设防护金属套管。靠近热源敷设时，应采取隔热措施。电源线固定应使用绝缘体绑扎。

第 4 章 《6　保证安全的组织措施》考核题

一、单选题

1．工作票的有效期，以值长批准的有效期为准，工作若不能按批准工期完成时，工作负责人必须提前（　　）h 向工作许可人申明理由，办理申请延期手续。

A．0.5　　B．2　　C．8　　D．24

答案：B

2．下列关于工作负责人的说法，不正确的是（　　）。

A．熟悉《电力安全工作规程》的有关部分

B．可由实习人员担任

C．掌握安全施工方法、检修工艺和质量标准

D．掌握检修设备情况及与检修设备有关的系统

答案：B

3．作业风险分级管控中，存在较大风险时对应管控级别应为（　　）级。

A．企业　　B．部门　　C．班组　　D．岗位

答案：B

4．动火工作票保存期不少于（　　）个月。

A．3　　B．6　　C．12　　D．24

答案：B

5．一级动火作业过程中，应每间隔（　　）min 检测动火现场可燃性、易爆气体含量或粉尘浓度是否合格，当发现不合格或异常升高时应立即停止动火。

A．15　　B．30　　C．60　　D．120

答案：A

6．工作票一般由工作负责人填写，填写后交（　　）审核。

A．工作班成员　　B．专职监护人

C．工作票签发人　　D. 企业主管生产的领导（总工程师）

答案：C

二、多选题

1．下列操作可以不填用操作票的是（　　）。

A．事故处理　　B．开、关单一阀门

C．燃气轮机离线水洗、在线水洗　　D．按下单一操作按钮

答案：ABD

2．下列应填用热力机械工作票的工作是（　　）。

A．在工程师站进行组态、参数修改及代码传送

B．需要将生产设备停止运行，由运行值班人员断开电源，隔断与运行设备联系的热力系统，对检修设备进行泄压等安全措施的检修工作

C．对电力生产区域、人员、设备安全可能造成直接影响的工作

D．需要运行值班人员在运行方式、操作调整上采取保障人身、设备安全措施的工作

答案：BCD

3．下列属于操作人安全职责的是（　　）。

A．按操作票顺序正确发出操作命令并监护执行

B．正确填写操作票

C．正确执行操作票和监护人的指令

D．单人操作时，对操作的正确性负责

答案：BCD

4．工作票许可手续完成后，工作负责人（监护人）应向工作班成员交代（　　），进行安全风险告知，并履行确认手续。

A．工作内容　　B．人员分工

C．危险部位　　D．现场安全措施

答案：ABCD

5．各企业应每年对工作负责人、工作票签发人、工作许可人进行（　　）的培训和考试，考试合格的，经本企业主管生产的领导（总工程师）批准，并书面通知相关岗位。

A．商务知识　　B．安全规程　　C．运行规程　　D．检修规程

答案：BCD

6．根据（　　）因素将动火级别分为一级动火、二级动火两个级别。

A．火灾危险性　　B．发生火灾损失　　C．发生火灾影响　　D．火灾起因

答案：ABC

7．下列操作应填用操作票的是（　　）。

A．燃机、汽轮机、锅炉的启动与停止

B．主要辅助设备，如润滑油系统、增压机系统、给水泵组、循环水泵等的启动与停止

C．燃气调压站、前置模块、氢冷发电机的气体置换

D．开、关单一阀门

答案：ABC

8．工作票的“工作内容”栏里需描述工作内容，是工作任务的分解，要求应（　　）。

A．准确　　B．清楚　　C．具体　　D．复杂

答案：ABC

9．下列关于动火工作负责人安全职责的说法，正确的是（　　）。

A．正确、安全地组织动火工作

B．确认动火安全措施是否正确、完备，是否符合现场实际条件，必要时进行补充

C．始终监督现场动火工作

D．办理动火工作票开工和终结手续

答案：ABCD

10．下列属于消防监护人安全职责的是（　　）。

A．检查动火现场是否配备必要、足够、有效的消防设施、器材

B．核实动火工作时间、部位

C．向工作负责人交代运行所做的安全措施

D．检查现场防火和灭火措施是否正确、完备

答案：AD

11．遇到（　　）等情况严禁动火。

A．风力达5级及以上的露天动火作业

B．带电设备未停电前

C．喷漆现场

D．压力容器或管道泄压后

答案：ABC

12．动火工作完毕后，（　　）应清理现场，确认现场无残留火种等。

A．动火执行人　　B．消防监护人

C．动火工作负责人　　D．运行许可人

答案：ABCD

三、判断题

1．有限空间作业票可代替检修工作票（主票）或设备停、复役手续。（　　）

答案：×（不得代替）

2．在厂区内进行挖土、打桩等工作，可不填用动土作业票。（　　）

答案：×（在厂区内挖土、打桩等入土深度0.5m以上，应填用动土作业票）

3．工作完工后，工作负责人应全面检查并组织清扫、整理工作现场，恢复“检修自理的安全措施”，保留运行人员所做的安全措施，确认无误后，带领全体工作班成员撤离工作现场。（　　）

答案：√

4．在确定同一停役隔离系统的所有工作票终结后，无须得到值班负责人许可指令，即可进行复役操作。（　　）

答案：×（需要得到值班负责人许可指令后）

5．单人操作可不使用操作票，按照有关规范执行，或使用经批准的标准操作票。（　　）

答案：√

6．值班负责人审查工作票填写符合要求，所列安全措施、注意事项是否正确完备，无误后，在工作票接收人处签名。（　　）

答案：√

7．一份工作票中，工作票签发人、工作负责人和工作许可人三者可相互兼任。（　　）

答案：×（不应相互兼任）

8．一台机组的一组热力设备或一个管路系统的检修工作，若能全部有效采取隔离、泄压、放水、降温等安全措施时，可以签发一份工作票。（　　）

答案：√

9．工作班成员在开工前要自行开展风险辨识工作，并制订风险管控措施。（　　）

答案：×（工作负责人、操作监护人负责在开工前组织工作班成员进行风险辨识，制订风险管控措施）

10．对应风险管控级别的相关负责人应现场到位，督促风险管控措施落实。（　　）

答案：√

11．工作票的“部门”栏，应填写检修班组所在部门简称。（　　）

答案：×（填写部门全称）

12．应将每个工作人员的姓名填入工作票的“工作班成员”栏，超过 10 人的只填写 10 人姓名，并写明工作班成员人数（如×××等共×人），“共×人”的总人数包括工作负责人。（　　）

答案：√

13．工作票的“工作票延期”栏，应由当班值长或值班负责人在纸质工作票上填写延长到的时间，工作负责人在纸质工作票上签名。（　　）

答案：×（工作负责人在纸质工作票上填写延长到的时间，当班值长或值班负责人在纸质工作票上签名）

14．工作票的“工作终结”栏应由工作负责人填写并签名，工作许可人确认签名。（　　）

答案：√

15．采用“三票合一”的工作票涉及电气工作时，若无接地刀闸或接地线，“工作

票终结”栏应保持空白。（　　）

答案：×（在相关栏内填写“/”，不得空白）

16．执行停、送电工作时可口头联系或约时停、送电。（　　）

答案：×（严禁口头联系或约时停、送电）

17．工作负责人、工作许可人任何一方不得擅自变更安全措施，值班人员不得变更有关检修设备的运行、接线方式。（　　）

答案：√

18．开展工作时，工作负责人可根据情况直接扩大工作内容。（　　）

答案：×（不得擅自扩大工作内容）

19．在未办理工作票终结手续以前，工作负责人可要求将检修设备投入运行。（　　）

答案：×（在未办理工作票终结手续以前，任何人不得将检修设备投入运行）

20．监护操作时，监护人应自始至终认真监护，不得离开操作现场或进行其他工作，但可根据情况协助操作人动手操作。（　　）

答案：×（严禁监护人动手操作）

21．一级、二级动火工作票的签发人、运行许可人、动火工作负责人应每年进行一次考试，考试合格后，经本企业主管生产的领导（总工程师）批准并书面公布。未经考试合格并书面公布的人员，不得办理相应等级的动火工作票。（　　）

答案：√

22．可以采用不动火的方法代替而同样能够达到效果时，宜采用替代的方法处理。（　　）

答案：√

四、填空题

1．设备操作分为（　　）操作和（　　）操作两种。

答案：监护；单人

2．票面需要填写数字的，应使用阿拉伯数字（母线可以使用罗马数字）；时间按24h计算，年度填写（　　）位数字，月、日、时、分填写（　　）位数字。

答案：4；2

3．若工作间断期间，该项工作的工作负责人需要担任其他工作的工作负责人，应由工作负责人将工作票向（　　）押回，并办理相关手续。

答案：工作许可人

4．工作票应使用统一格式，各企业可以根据实际情况进行（　　），但不应（　　）。

答案：补充；删减

5．涉及热工保护、安全自动装置、控制系统工作，除填用工作票外，对复杂的保护装置或有联跳回路的保护装置，如燃机、汽轮机、余热锅炉主保护等的现场维护、解投、校验工作，还应填用（ ）。

答案：热工控制系统安全措施票

6．实施检修、操作任务前，应对作业任务全过程进行（ ）。

答案：风险辨识

7．各企业应根据动火等级划分（ ）动火区和（ ）动火区。

答案：一级；二级

8．一级动火工作票的有效期为（ ）h，二级动火工作票的有效期为（ ）h。

答案：24；120

9．一级动火作业在首次动火时，各级审批人和动火工作票签发人均应到现场检查防火安全措施是否完备，可燃性、易爆气体含量或粉尘浓度是否合格，并在监护下做（ ）试验，确无问题后方可动火作业。

答案：明火

10．纸质工作票应用（ ）或（ ）填写，一式（ ）份，填写应正确清楚，使用标准的术语。

答案：钢笔；签字笔；两

11．微机工作票打印后，工作许可人和工作负责人在检查核对安全措施执行无误后，由（ ）在工作许可栏手动填写许可工作开始时间并签名，（ ）确认签名。

答案：工作许可人；工作负责人

12．作废的操作票应注明“（ ）”字样，未执行的应注明“（ ）”字样，操作完毕的操作票应在终止符上盖“（ ）”章。

答案：作废；未执行；已执行

13．消防监护人应由本企业（ ）消防员或（ ）消防员担任。

答案：专职；志愿

14．一级动火工作票一般应提前（ ）h 办理。

答案： 8

15．一级、二级动火作业，在次日动火前必须重新测定可燃性、易爆气体（ ）或粉尘（ ），合格后方可重新动火。

答案：含量；浓度

五、简答题

1．简述作业风险辨识内容。

答案：(1) 因人的作业行为不当、安全技能不足、精神状态不良等可能导致的风险。

(2) 因设备设施系统、机具的不安全状态等可能导致的风险。

(3) 因作业环境不良、防范措施不完善等可能导致的风险。

（4）因作业过程组织、协调、管理不善等因素可能导致的风险。

（5）其他风险。

2．简述有限空间作业票的管理要求。

答案：（1）各企业应根据风险辨识结果对有限空间作业进行分级管控。对于可能含有有毒有害、易燃易爆介质的容器内的有限空间作业应列为重大风险；对于金属容器内或潮湿环境内的有限空间作业应列为较大风险。

（2）有限空间作业应严格履行审批手续，作业前应填写有限空间作业票中的有关内容，根据风险评估结果交由有关部门、主管生产的领导（总工程师）进行审查、会签。

（3）有限空间作业票由设备（设施）主管部门保存，已执行的有限空间作业票保存期不少于6个月。

3．操作监护人的安全职责有哪些？

答案：（1）审查操作票的正确性。

（2）按操作票顺序正确发出操作命令并监护执行。

（3）会同操作人对执行操作指令的正确性负责，监护人负主要责任。

（4）在操作过程中出现疑问及异常时，应立即停止操作，并汇报值长（值班负责人）。

4．工作负责人的安全职责有哪些？

答案：（1）正确、安全地组织工作，对工作人员给予必要指导。

（2）检查工作票所列安全措施、注意事项是否正确完备，会同工作许可人检查所有安全措施的执行情况，是否达到全过程安全检修工作条件，是否符合现场实际。

（3）工作前对工作班成员交代工作任务及安全风险、管控措施和注意事项，并对其完备性负责。督促所有工作班成员在作业风险分级管控卡相应栏目上确认签名；结合实际对工作班成员进行安全思想教育。

（4）随时督促、监护工作班成员遵守《电力安全工作规程》和安全措施。

（5）确认工作班成员精神状态是否良好、工作班成员变更是否合适。

5．工作票签发人的安全职责有哪些？

答案：（1）确认工作是否必要和可能。

（2）确认工作票上所填安全措施是否正确完备。

（3）确认所派工作负责人和工作班成员是否适当和足够，精神状态是否良好，能否胜任所承担的工作。

（4）经常到现场检查工作是否安全进行。

6．工作许可人的安全职责有哪些？

答案：（1）审查工作票所列安全措施是否正确、完备，是否符合现场实际安全条件。

（2）确认工作现场布置的安全措施是否完善，必要时予以补充。

（3）检查检修设备与运行设备确已隔离；安全措施确已正确执行。检查检修设备有无突然来电和流入汽、水及易燃易爆、有毒有害介质的危险。

（4）会同工作负责人到现场共同确认工作票所列安全措施已正确执行，对工作负责人具体指明哪些设备有压力、高温和有爆炸危险等。

7．工作班成员的安全职责有哪些？

答案：（1）工作开工前参加风险辨识，熟悉工作任务及安全风险、管控措施和注意事项，并在作业风险分级管控卡相应栏目上确认签名。

（2）认真执行《电力安全工作规程》有关要求和现场安全措施。

（3）遵守安全规程和规章制度，规范作业行为，确保自身、他人和设备安全。

（4）正确使用安全工器具和劳动保护用品。

8．专职监护人的安全职责有哪些？

答案：（1）明确被监护人员和监护范围。

（2）工作前对被监护人员交代安全措施，告知风险及管控措施、安全注意事项。

（3）监督被监护人员遵守《电力安全工作规程》和现场安全措施，及时纠正不安全行为。

9．什么是一级动火区？

答案：一级动火区是指火灾危险性很大，发生火灾造成后果很严重的部位、场所或设备。

10．什么是二级动火区？

答案：二级动火区是指一级动火区以外的防火重点部位、场所或设备及禁火区域。

第5章《7 保证安全的技术措施》考核题

一、单选题

1．在燃气系统进行置换、吹扫工作时，排出的气体应引至安全场所，经排放管将残留可燃气体排放到屋顶（　　）m以上。

A．0.5　　B．1　　C．2　　D．5

答案：C

2．检修或施工现场危险场所夜间应设警示灯，警示灯应为（　　）色，必要时应派专人看守。

A．蓝　　B．黄　　C．橙　　D．红

答案：D

二、多选题

1．设备停电时，移动式断路器（开关）应拉至（　　）位置。

A．备用　　B．试验　　C．任意　　D．检修

答案：BD

2．转动机械设备的检修，应关闭所有应关闭的（　　），切断可能进入的介质（包括气、汽、水、油、烟、风等）。

A．照明　　B．阀门　　C．闸板　　D．挡板

答案：BCD

3．在燃气系统及燃气锅炉或在氢冷发电机及其氢冷系统上进行检修、试验工作，在做好可靠的隔离措施后，应用（　　）对工作的系统进行置换、吹扫。

A．压缩空气　　B．其他惰性气体　　C．CO_2　　D．N_2

答案：BCD

4．在有限空间内工作，人孔门处应设置“（　　）”安全警示标志牌，有限空间外应设有专人监护。

A．止步　高压危险　　B．在此工作

C．剧毒危险　　D．未经许可　不得入内

答案：BD

三、判断题

1．电源线拆接等工作应由有经验的运行人员进行。（　　）

答案：×（必须由有资质的电工进行）

2．开展泄压工作时，若压力表指示虽在“零”位，但关闭的阀门后管段仍有汽、水等介质流动的声音等现象时，也可认为设备和系统内部无压力，泄压工作完成。（　　）

答案：×（应认为设备和系统内部仍有压力，在未查明原因前，不得开工）

3．设备经置换后，如需进入其内部工作，必须再用空气置换惰性气体。（　　）

答案：√

4．泄压时，应先将法兰上近身体一侧的螺栓松开，再略松远离身体一侧的螺栓，使存留的汽、气、水、油等从缝隙排出。（　　）

答案：×（应先将法兰上远离身体一侧的螺栓松开，再略松近身体一侧的螺栓，使存留的汽、气、水、油等从对面缝隙排出）

5．设备检修需要断开电源时，应断开所有可能造成其联锁动作的断路器，并设置“禁止合闸　有人工作”安全警示标志牌。（　　）

答案：√

6．燃气、氢气系统进行置换时，应定期取样，选用的分析仪表指示正确可靠，取样点应选在气流易流动的区域。（　　）

答案：×（取样点应选在不易流动的死区）

四、填空题

1．在设备内部工作，如设备下部有与系统连接的管口、孔洞等，应对这些管口、孔洞采取（　　）措施。

答案：封闭隔离

2．进入容器内部工作前，应打开各（　　）进行通风换气。

答案：孔口

3．做泄压措施前，应先检查确认检修的设备、系统确已可靠（　　）。

答案：隔离

4．设备检修需要断开电源时，应在已拉开的断路器、隔离开关明显位置设置“（　　）”安全警示标志牌。

答案：禁止合闸　有人工作

5．在禁火区域内动火或在可能存在易燃易爆、有毒有害气体的场所内作业，应做好（　　）与（　　）的技术措施。

答案：检测；分析

五、简答题

1．简述对设备进行隔离操作之前所需注意的安全事项。

答案：应按照要求核对设备、系统的名称、编号、位置等，确认无误后方可进行操作。

第 6 章《8　工器具的使用》考核题

一、单选题

1．台虎钳的钳把不应用套管接长加力或用手锤敲打；所夹工件不应超过钳口最大行程的（　　）。

A．1/2　　B．3/4　　C．1/3　　D．2/3

答案：D

2．砂轮片磨损到原直径的（　　）时，必须更换。

A．1/2　　B．3/4　　C．1/3　　D．2/3

答案：C

3．安全带和安全绳在使用前应进行检查，并应每（　　）年按批次进行静载试验。

A．0.5　　B．1　　C．2　　D．3

答案：B

4．长期停用或新领用的电动工具，应用 500V 的绝缘电阻表测量其绝缘电阻，如带电部件与外壳之间的绝缘电阻值达不到（　　），应进行维修处理。

A．10Ω　　B．20kΩ　　C．2MΩ　　D．10MΩ

答案：C

5．砂轮机必须装有用钢板制成、有足够强度的防护罩。防护罩的开口角度不超过（　　）。

A．30°　　B．45°　　C．60°　　D．90°

答案：D

二、多选题

1．大锤和手锤的锤头须完整，其表面须光滑微凸，不应有（　　）情形。

A．凹入　　B．裂纹　　C．歪斜　　D．缺口

答案：ABCD

2．安全工器具应有（　　）以及使用说明书。

A．产品使用许可证　　B．铭牌

C．产品鉴定合格证　　D．出厂试验合格证

答案：ABCD

3．用凿子凿（　　）物体时，须戴防护眼镜，必要时装设安全遮栏，以防碎片打伤他人。

A．生铁　　B．生铜　　C．木箱　　D．水泥

答案：ABD

4．使用安全带时应高挂低用，挂钩和绳子应挂在（　　）上。

A．牢固的构件　　B．专为挂安全带用的钢架

C．专为挂安全带用的钢丝绳　　D．移动或不牢固的物件

答案：ABC

三、判断题

1．锉刀、手锯、木钻、螺丝刀等手柄缺失后应以棉布包裹手持部位后方可使用。（　　）

答案：×（手柄应安装牢固，没有手柄的不得使用）

2．大锤及手锤的柄可用大木料劈开制作。（　　）

答案：×（须用整根的硬木制成，不得用大木料劈开制作）

3．安全工器具必须定期检验，经检验合格张贴合格证后方可使用。（　　）

答案：√

4．每次使用前用手将速差自控器安全绳（带）缓慢拉出，应能有效制动并完全回收。（　　）

答案：×（快速拉出）

5．可在有易燃气体的环境中使用能够产生火花的电动工具。（　　）

答案：×（不得使用）

6．气压0.5MPa时，可用供气管路中的压缩空气清洁机器和吹扫。（　　）

答案：×（气压大于0.2MPa时不应用）

7．使用大锤工作时应戴手套。（　　）

答案：×（不得戴手套）

8．使用撬杠时，支垫物应可靠，并采取防止被撬物件倾倒和滚落的措施。（　　）

答案：√

9．安全帽的帽壳应完整、无变形和损伤，需要时可在安全帽上进行打孔、拆卸或添加附件。（　　）

答案：×（禁止自行打孔、拆卸或添加附件）

10．使用安全帽时，后箍应调整到松紧合适的位置，帽带应适度紧系于下颚。（　　）

答案：√

11．使用手持式电动工具时，应站稳并采取正确的姿势。禁止伸手越过电动工具和用具取物。需要时可临时用手脚固定工件。（　　）

答案：×（禁止用手脚固定工件）

四、填空题

1．台虎钳前应设置符合要求的（　　），确保金属碎屑不会伤及他人或碰到防护屏后反弹。

答案：防护屏

2．使用防毒面具前必须检查确认面具的完整性和气密性良好，（　　）有效。

答案：滤毒罐

3．在金属容器（如汽包、凝汽器、槽箱等）内或潮湿、含有酸类的场地上工作时，应使用（　　）V 以下的电动工具，或选用（　　）类手持式电动工具。

答案：24；Ⅱ

4．使用安全工器具前应进行（　　）检查，合格后方可使用。

答案：外观

5．对不符合安全技术标准的安全工器具应予以（　　）。

答案：报废

6．在使用电动工具工作中，因故离开工作场所或暂时停止工作以及遇到临时停电时，必须（　　）电源。

答案：切断

7．固定式砂轮机磨削产生的火花应向（　　）；移动式砂轮机磨削时产生的火花应向（　　）使用者方向。

答案：下；远离

8．行灯电压不应超过（　　）V。在周围均是金属导体的场所和容器内工作时，不应超过（　　）V；在潮湿的金属容器内、有爆炸危险的场所（如沟道内）等处工作时，不应超过（　　）V。

答案：36；24；12

9．未断开潜水泵电源前，禁止任何人进入被排水的坑、池内，并设置“（　　）”安全警示标志牌。

答案：当心触电

10．使用Ⅰ类或外壳为金属材料的电动工具时，应戴（　　）。

答案：绝缘手套

五、简答题

1．使用正压式空气呼吸器前应进行哪些检查？

答案：（1）储气瓶内空气充足。

（2）供气管路系统完整无损伤，配件间连接正常，气密性完好。

（3）余气报警器工作正常。

（4）正压测试面罩气流流出正常。

2．使用电动工具前应进行哪些检查？

答案：（1）是否有出厂合格证。

（2）定期检验合格证是否在有效期内。

（3）电线是否完好。

3．喷灯应符合哪些规定，方可点火？

答案:（1）油桶不漏油，喷火嘴无堵塞，丝扣不漏气。

（2）油桶内的油量不超过油桶容积的 3/4。

（3）加油的螺栓塞拧紧。

第 7 章《9　燃气系统的运行与检修》考核题

一、单选题

1．燃气中的天然气是以甲烷为主要成分的清洁燃料，易燃，与空气混合能形成爆炸性混合物，其燃点为（　　）℃。

A．300　　B．450　　C．650　　D．900

答案：C

2．燃气管道吹扫、试压、干燥合格后，在天然气进入管道前，应用（　　）等气体置换管道中的空气，并经检测合格。

A．压缩空气　　B．氮气　　C．氢气　　D．氧气

答案：B

3．燃气放散管应采用（　　）材料，并应采取稳管加固措施。

A．金属　　B．玻璃　　C．塑料　　D．橡皮

答案：A

4．燃气管道安装完毕后必须依次进行管道（　　）试验。

A．吹扫、严密性、强度　　B．强度、吹扫、严密性

C．严密性、强度、吹扫　　D．吹扫、强度、严密性

答案：D

5．用氮气置换燃气管道内的空气时应控制温度，向管道内注氮时，进入管道的氮气温度不宜低于（　　）℃。

A．0　　B．5　　C．10　　D．−5

答案：B

6．采用惰性气体置换燃气管道内的空气，当置换管道末端气体中含氧量不大于（　　）时，置换合格。

A．2%　　B．3%　　C．5%　　D．8%

答案：A

7．燃气区域设施应有可靠的防雷接地装置，防雷装置每年应进行（　　）次检测，接地电阻不应大于（　　）Ω。

A．1；5　　B．2；5　　C．1；10　　D．2；10

答案：D

8．燃气区域内应采取防止静电荷产生和聚集措施，并设置可靠的防静电接地装置，每年检测不得少于（　　）次，接地电阻不应大于（　　）Ω。

A．1；10　　B．2；10　　C．1；100　　D．2；100

答案：C

9. 承担燃气钢质管道、设备焊接的人员，必须具有锅炉压力容器压力管道特种设备操作人员资格证（焊接）、焊工合格证书，且在证书的有效期及合格范围内从事焊接工作。间断焊接时间超过（　　）个月，应重新考试合格后方可再次上岗。

A. 3　　B. 6　　C. 9　　D. 12

答案：B

二、多选题

1. 燃气在电站内经过滤、加热及调压后应达到燃机制造厂对燃气各项指标的要求。加热燃气时，宜采用（　　）。

A. 蒸汽　　B. 明火

C. 热水　　D. 其他较安全的加热方法

答案：ACD

2. 燃气区域应设置（　　）等明显的安全警示标志牌和相应的燃气消防安全管理制度。

A. “禁止操作　有人工作”　　B. “未经许可　不得入内”

C. “防火重点区域（部位）”　　D. “禁止烟火”

答案：BCD

3. 置换燃气系统管道内的空气应采用（　　）。

A. 氢气　　B. 无腐蚀、无毒害性的惰性气体

C. 氧气　　D. 氮气

答案：BD

三、判断题

1. 燃气区域应独立布置，设置在不易被碰撞、不影响交通的位置。（　　）

答案：√

2. 燃气区域围栏门应关闭上锁，并使用普通钢制锁具。（　　）

答案：×（不应使用碰撞产生火花的锁）

3. 燃气区域内应保持清洁，无杂草，无油污，搭建临时建筑时应做好防火措施。（　　）

答案：×（不得搭建临时建筑）

4. 燃机主厂房顶部的防爆型排风机应保持完好状态，并定期切换运行。该排风机损坏后可使用非防爆型排风机进行更换或替代。（　　）

答案：×（禁止使用非防爆型排风机进行更换或替代）

5. 燃气管道可使用铸铁管道、附件和阀门。（　　）

答案：×（禁止使用）

6．燃气管道应有良好的防雷、防静电接地装置，并定期进行检查和检测。燃气管道可作为导体和接地线使用。（   ）

答案：×（严禁作为导体和接地线使用）

7．燃气管道布置应根据燃气特性、管径大小和运行维护等因素确定。（   ）

答案：√

8．燃气管道采用地上敷设时，应在人员活动较多和易遭车辆、外来物撞击的地段采取保护措施，并设置明显的安全警示标识。（   ）

答案：√

9．燃气放散管应设置在不致发生火灾危险的地方，并应在放散竖管顶端装设弯管。（   ）

答案：×（严禁在放散竖管顶端装设弯管）

10．停止运行、报废的燃气管道应及时进行处置，暂时没有处置的应采取必要的安全防护措施，继续对其进行管理，并应与运行中的管道有效隔离。（   ）

答案：√

11．燃气系统置换过程中，混合气体应排至放空系统放掉，放空隔离区内不允许有烟火和静电火花产生。（   ）

答案：√

12．燃气区域内可使用苯类溶剂擦地面、设备和衣物，禁止使用汽油或轻质油。（   ）

答案：×（禁止使用苯类溶剂擦地面、设备和衣物）

13．燃气系统在检修后应进行气密性试验，不合格的严禁投入使用。经试验合格后的设备，可再进行切割或松动法兰螺栓。（   ）

答案：×（不得再进行切割或松动法兰螺栓等，否则应重新进行试验）

14．应用捻缝或打卡子的方法消除燃气管道的不严密处。（   ）

答案：×（禁止用捻缝和打卡子的方法）

四、填空题

1．燃气系统在燃气运行期间应处在（   ）状态，以避免空气进入系统。

答案：正压

2．应根据燃气系统的运行情况对燃气阀门定期进行（   ）操作和维护保养。

答案：启闭

3．除特殊情况可采用法兰连接，正常情况下燃气管道的连接应采用（   ）连接。

答案：焊接

4．连接燃气管道的法兰连接处，应设（   ）（绝缘管道除外），当法兰用（   ）副以上的螺栓连接时，法兰可不用金属线跨接，但必须构成电气通路。

答案：金属跨接线；5

5．从房内穿越的架空燃气管道，必须做好穿墙套管的严密封堵，合理设置（ ），防止燃气泄漏引起意外事故。

答案：固定式可燃气体检测器

6．燃气管道应在管道沿线设置管道标志，管道标志毁损或者安全警示不清的，应及时（ ）或（ ）。

答案：修复；更新

7．在用和备用的燃气设备应定期进行轮换使用，过滤器应及时进行（ ）和（ ）。

答案：清理；排污

8．在燃气区域及未经置换的燃气系统进行作业时，应使用（ ）制成的工具；如使用钢制工具时，应采取防止产生火花的措施，如（ ）或（ ）。

答案：有色金属；涂黄油；加铜垫

9．燃气管道内部的凝结水发生冻结时，应用（ ）或（ ）熔化，严禁明火烘烤。

答案：蒸汽；热水

五、简答题

1．燃气调压装置的运行应符合哪些规定？

答案：（1）调压装置应定期进行检查，内容应包括调压器、过滤器、仪器仪表等设备及管路的运行工况和运行参数，不得有泄漏等异常情况。

（2）严寒和寒冷地区应在采暖期前检查调压室的采暖状况或调压器的保温情况。

（3）过滤器前后差压应定期进行检查，并应及时排污和清洗。

（4）应定期对切断阀、安全放散阀、水封等安全装置进行检查。

2．燃气安全技术操作规程和巡检制度应包括哪些内容？

答案：系统工艺流程及技术指标，操作程序卡，定期维护和试验，异常情况处理措施，防冻、防堵、防凝安全要求，巡检和紧急疏散路线等。

3．燃气系统置换结束后，若准备在燃气管道上进行更换阀门、垫片或进行焊接等工作，应提前采取哪些安全措施？

答案：置换结束后，在燃气管道上进行更换阀门、垫片或进行焊接等工作前，必须将检修管道与燃气管道可靠隔断（关闭阀门并加堵板）。

4．燃气系统置换结束后，若准备将燃气系统投入运行，应提前采取哪些安全措施？

答案：置换结束后，燃气系统投入运行前应与惰性气体置换系统解除连接，以防燃气窜入置换系统引起事故。

5．燃气区域检修用的临时电源，应符合哪些安全要求？

答案：（1）电源箱应设置在燃气区域外面。

（2）穿过通道的电线，应有防止被轧断的措施。

（3）临时电线应有可靠的绝缘及防爆性能。

（4）禁止将临时电线跨越或架设在热体管道设备上。

（5）可燃气体浓度检测合格前，禁止将临时电线引入未经隔绝、通风和冲洗的容器内部。

（6）所有临时电线在检修工作结束后，应立即拆除。

6．进入燃气区域限制性空间或其他高浓度区作业，应符合哪些安全要求？

答案：（1）进入前应先强制通风换气，使有毒有害气体含量小于规定值，含氧量保持在 19.5%～21%。若需进入含氧量低于规定要求或含有毒气体的作业区域，应制订专项方案（含组织、安全、技术、应急措施等），经本企业主管生产的领导（总工程师）批准，并使用正压式空气呼吸器等防护装备，方可进入。

（2）作业前测量可燃气体含量，做好人员个体防护措施，确认安全后方可进入。作业中应连续监测可燃气体、其他有毒有害气体和氧气浓度，如不符合要求，应立即停止作业，撤离人员。

（3）维护检修作业应采取防爆措施，使用防爆工器具。

（4）作业全过程，现场应有专人监护，且与有限空间内人员定时喊话联系，备有必要的急救药品。

7．燃气调压装置的维护、检修应符合哪些规定？

答案：（1）当发现调压器及各连接点有燃气泄漏、调压器有异常喘振或压力异常波动等现象时，应及时处理。

（2）应及时清除各部位油污、锈斑，不得有腐蚀和损伤。

（3）新投入使用和保养修理后重新启用的调压器，应经过调试达到技术要求后，方可投入运行。

（4）停气后重新启用的调压器，应检查进出口压力及有关参数。

（5）配有伴热系统的调压装置，应定期对伴热系统的进出口温度进行检查，不得超出正常范围。

第8章《10　燃气轮机组的运行与检修》考核题

一、单选题

1．燃气轮机组轴系应安装（　　）套转速监测系统。

A．0　　B．1　　C．2　　D．3

答案：C

2．燃气轮机组在发生严重刮缸时，应立即停运盘车，采取闷缸措施（　　）h后，尝试手动盘车，直至投入连续盘车。

A．6　　B．12　　C．24　　D．48

答案：D

二、多选题

1．燃气轮机组应根据主机设计特点设置全淹没气体灭火系统，并装设（　　）和（　　），定期检测，保持系统性能良好。

A．固定式可燃气体检测器　　B．安全警示标志牌

C．火灾自动探测报警系统　　D．泡沫灭火器

答案：AC

2．燃气轮机组 CO_2 灭火保护区域应有（　　）的安全警示标志牌，并保持完整清晰。

A．“禁止操作　有人工作”　　B．“当心冻伤”

C．“未经许可　不得入内”　　D．“当心窒息”

答案：BCD

3．燃气轮机组运行时，应加强燃机（　　）的综合分析，及时找出设备异常的原因，防止局部过热燃烧引起的设备裂纹、涂层脱落、燃烧区位移等损坏。

A．火焰强度　　B．排气温度

C．轮间温度　　D．排气分散度

答案：ABCD

4．燃气轮机组本体检修时，工作人员拆卸过渡段需进入燃机透平缸内工作时，应有专人在外监护；燃机透平缸内的照明应使用（　　）。

A．12V行灯　　B．36V行灯

C．手电筒　　D．防爆手电筒

答案：AD

5．应定期对压气机进行离线水洗和在线水洗。压气机水洗时，（　　）应按制造厂家或运行规程要求。

A．冲洗水的水质　B．冲洗水温度　C．环境温度　D．轮间温度

答案：ABCD

三、判断题

1．对新投产的燃气轮机组或调节系统进行重大改造后的燃气轮机组应根据现场实际情况决定是否安排甩负荷试验。（　）

答案：×（必须进行甩负荷试验）

2．在进行压气机、R_0 级叶片检查等涉及压气机进口可调导叶的检修工作时，应做好进口可调导叶固定止转的安全措施，防止进口可调导叶突然转动伤人。（　）

答案：√

3．燃气轮机组本体检修时，在可能存在可燃气体的环境下，经值长同意后可进行火花塞点火试验。（　）

答案：×（严禁进行火花塞点火试验）

4．机组停机状态下，在天然气未置换成惰性气体前，应采用打开辅助截止阀、速比阀、燃料控制阀等燃料阀直接向燃机透平输送天然气的方法进行查漏等试验检修工作。（　）

答案：×（禁止采用）

5．燃气轮机组运行中，轮机间、排气扩压间、燃气模块、负荷齿轮间、润滑油模块间仓门应开启；CO_2 灭火系统应正常投用。（　）

答案：×（仓门应关闭）

6．燃气轮机组运行中，可燃气体检测报警系统应投用，各检测器应工作正常。可燃气体检测报警系统故障或可燃气体浓度高报警时，应禁止启动机组。（　）

答案：√

7．拆卸防喘阀、燃气（油）截止阀等带有弹簧的阀门时，应根据其构造使用专用工具，均衡地放松弹簧，以防弹簧弹出伤人。（　）

答案：√

四、填空题

1．燃气轮机组运行时，为防止压气机出现喘振情况，在机组运行的各阶段，检查进口可调导叶能按照逻辑设定（　），无卡涩现象。

答案：正确调节开度

2．燃气模块可燃气体检测系统应工作正常，经常检查各探头有无（　）显示。

答案：浓度

3．对于雨水较多、湿度较大地区，应定期对燃气轮机组（　）进行检查，确保末端精滤不会因浸水破损被吸入压气机内部。

答案：除水、除湿滤芯

4．进入油箱应穿专用（　　）服，鞋底应擦干净或戴鞋套，照明应使用小于或等于12V的（　　）或防爆手电筒。

答案：无扣连体；行灯

5．燃气模块内设备检修照明，应使用（　　）型照明灯具。

答案：防爆

6．机组运行中确需进入 CO_2 释放区时，在进入前，应关闭 CO_2 灭火供气总阀并（　　），退出 CO_2 火灾保护，对 CO_2 释放区内气体含量进行检测，含氧量应在（　　）～（　　），可燃气体含量符合要求后，方可进入。

答案：上锁；19.5%；21%

五、简答题

1．压气机进气小室更换滤芯，应遵守哪些规定？

答案：（1）禁止在机组运行或高速盘车状态下进行滤芯更换工作，防止滤芯拆除时杂质被吸入压气机内部。

（2）带有自清装置系统的，更换滤芯时应隔绝反吹气源，防止滤芯反吹系统误动对工作人员造成伤害。

（3）更换滤芯工作结束以后，应清理场地，防止异物残留。

（4）严禁在进气滤芯小室内及周围从事动火工作，以免滤芯发生燃烧。如确需进行动火作业，需制订专项方案（含组织、安全、技术、应急措施等），并在现场配备灭火器材。

（5）压气机进口滤芯更换后应进行透光检查，对滤芯前后空间进行清理，保证无杂物遗留。

2．燃气轮机组本体检修前，应遵守哪些规定？

答案：（1）隔离燃气系统相应阀门，并上锁，挂安全警示标志牌。燃气模块用惰性气体进行置换，并检测可燃气体浓度合格。

（2）停运燃机盘车、燃机变频启动装置或启动电机，断开发电机出口断路器、出口刀闸及励磁装置，相应电动、气动执行机构停电、停气，挂安全警示标志牌。

（3）对于单轴燃气-蒸汽联合循环机组的汽轮机应隔绝汽源，相应隔离电动阀门停电、气动阀门停气，并挂安全警示标志牌。

（4）停用润滑油、液压油系统，断开油泵电机动力电源，并挂安全警示标志牌。

（5）进入轮机间、燃气模块内工作，应关闭 CO_2 灭火供气总门并上锁，挂安全警示标志牌，退出 CO_2 灭火保护。

（6）压气机进口可调导叶应置于全开位，并做好固定止转的安全措施。

（7）在压气机缸内、透平缸内工作时，应实行登记制度，穿无扣连体服，工作结束时必须对人员、物品进行逐一清点，防止遗漏。

3．燃气轮机组超速试验，应按哪些要求进行？

答案：(1) 燃气轮机组按设备供货商技术规范要求暖机，暖机结束立即进行燃气轮机组超速试验。

(2) 电超速保护试验，动作值符合供货商要求。

(3) 对配置机械超速保护的燃气轮机组，每个危急保安装置应至少试验两次。

(4) 对于单轴布置刚性连接的燃气-蒸汽联合循环机组，超速试验前的暖机应同时满足燃机与汽轮机的要求。

第 9 章《11　燃气分布式供能站的运行与检修》考核题

一、单选题

1．燃气分布式供能站站房内有燃气设备和管路连接处，应设置固定式可燃气体检测报警系统，当可燃气体浓度达到爆炸下限的（　　）时，必须报警并联动启动事故排风机。

A．15%　　B．25%　　C．35%　　D．45%

答案：B

2．进入燃气分布式供能站站房室内作业时，应首先检查有无燃气泄漏。当发现有燃气泄漏时，应采取措施降低室内燃气浓度。当确认可燃气体浓度低于爆炸下限的（　　）时，方可进行检修作业。

A．10%　　B．20%　　C．30%　　D．40%

答案：B

二、多选题

1．（　　）应设置泄压设施，泄压口应避开人员密集场所和安全出口。

A．原动机房　　B．燃气调压间　　C．增压间　　D．计量间

答案：ABCD

三、判断题

1．燃气管道可穿越集中控制室后引入燃气增压间、调压间或计量间。（　　）

答案：×（不得穿越）

2．燃气分布式供能站原动机启动前应在气源关闭、点火系统停止工作的条件下进行吹扫，排出排气系统中的可燃混合气，持续时间按制造商规定执行。（　　）

答案：√

3．燃气增压机驱动用的电动机应为非防爆型结构。（　　）

答案：×（应为防爆型结构）

4．内燃机润滑油压力出现异常变化时，应及时查找原因并进行处理，紧急情况可直接停机，排除故障后方可运行。（　　）

答案：√

5．燃气增压机可视情况需要选择性地设置空转防护装置。（　　）

答案：×（应设置空转防护装置）

6．燃气分布式供能站正式运行前应制定管理制度、编制操作规程和应急预案，经批准后实施。（　　）

答案：√

7. 燃气分布式供能站在控制台上可选择性地设置停止原动机、关闭入口总燃料关断阀的按钮。（　　）

答案：×（应设置停止原动机、关闭入口总燃料关断阀的按钮）

四、填空题

1. 当燃气分布式供能站站房贴邻建筑物布置时，应用（　　）隔开，且不应贴邻人员密集场所。

答案：防火墙

2. 设置燃气管道或设施的房间，应设置独立的送排风系统，其送排风装置应采用（　　）电气。

答案：防爆

3. 设置在燃气分布式供能站站内爆炸危险区域的电气房间应采用（　　）通风系统。

答案：正压

4. 燃气增压机应设置与发电机组紧急停车的（　　）装置。

答案：联锁

第 10 章《12　LNG 气化站的运行与检修》考核题

一、单选题

1．LNG 气化站应设置高度不低于（　　）m 的不燃烧体实体围墙，实行封闭管理。

A．0.5　　B．1　　C．2　　D．3

答案：C

二、多选题

1．LNG 气化站操作规程和管理制度，应根据工艺设备系统的（　　）等因素制定，经批准后实施。

A．环境　　B．性能　　C．结构　　D．用途

答案：ABCD

2．LNG 站内现场操作的人员必须穿戴（　　）。

A．防毒面具　　B．防护眼镜或面罩　　C．防静电工作服　　D．防护手套

答案：BCD

三、判断题

1．LNG 站内可用塑料纤维制品等擦拭设备。（　　）

答案：×（不应用塑料纤维制品等擦拭设备）

2．LNG 储罐及管道检修前后应采用充水置换的方式。（　　）

答案：×（应采用干燥氮气进行置换）

3．LNG 站内控制系统必须安装浪涌保护器。（　　）

答案：√

四、填空题

1．LNG 储罐、LNG 管道两个切断阀之间、气化器或其出口管道必须设置（　　）。

答案：安全阀

2．LNG 储罐内较长时间静态储存的液化天然气，宜定期进行（　　）。

答案：倒罐

3．LNG 气化站生产区防护墙内的排水系统应采取防止 LNG 流入（　　）或其他以顶盖密封的（　　）中的措施。

答案：下水道；沟渠

五、简答题

1．当出现哪些情况时，不得进行 LNG 卸车作业或必须立即终止卸车作业？

答案：（1）出现雷雨天气。

（2）附近发生火灾或有明火。

（3）检测出有气体泄漏。

（4）LNG 槽车压力、液位异常。

（5）储罐压力、液位异常。

（6）站内其他不安全因素。

2．LNG 储罐外置低温潜液泵的运行、维护应符合哪些规定？

答案：（1）低温潜液泵开机运行前应进行预冷。

（2）应定期对潜液泵的运行状况进行检查，进、出口压力应符合设定值。当发现泵体有异常噪声或振动时，应及时停机处理。

（3）应定期对泵罐（泵池）的密封及保冷状况进行检查。

（4）潜液泵应定期检修，检修完毕重新投用前，应采取干燥氮气对潜液泵进行置换，置换合格且预冷后方可开机运行。

3．LNG 气化器的运行、维护应符合哪些规定？

答案：（1）定期检查空温式气化器的结霜情况。

（2）定期检查水浴式气化器的储水量和水温状况。

（3）气化器的基础应完好，无破损。

（4）定期检查液化天然气经气化器气化后的温度，并应符合设计要求。当设计没有明确要求时，温度不应低于 5℃。

4．LNG 槽车运输应符合哪些规定？

答案：（1）LNG 槽车必须符合国家有关危险化学品运输资质，配置有效的通信工具和安装静电接地带、危险货物运输标志、排气管阻火器，配备干粉灭火器。车辆运输人员应具备相关资质。

（2）槽车严禁携带其他易燃、易爆物品或搭乘无关人员。

（3）应按指定路线和规定时间行车，途中不得随意停车。

（4）运输途中因故障临时停车时，应避开其他危险品、火源和热源，宜停靠在阴凉通风的地方，并应设置醒目的停车标志。

（5）槽车应在指定地点停放。

第11章 《13 燃气泄漏处置》考核题

一、单选题

1. 燃气系统发生泄漏时，应及时按照有关规定处理并向上级汇报，通知（　　）到现场警戒，做好灭火准备。

A．运行人员　　B．检修人员　　C．安监人员　　D．消防人员

答案：D

2. 燃气系统发生泄漏时，泄漏隔离距离至少应为（　　）m。

A．10　　B．20　　C．50　　D．100

答案：D

3. LNG 泄漏着火后，对泄漏量较小的火灾宜采用（　　）进行扑救。

A．二氧化碳　　B．干粉　　C．水　　D．泡沫

答案：A

4. LNG 泄漏着火后，对高压力、大流量天然气火灾宜采用（　　）灭火系统扑救。

A．二氧化碳　　B．干粉　　C．水　　D．泡沫

答案：B

二、多选题

1. 管道及设备修复后，应进行全面检查与清扫，防止燃气窜入（　　），以及烟道和地下设施等不易察觉的场所。

A．窨井　　B．管沟　　C．电力隧道　　D．夹层

答案：ABCD

2. 检查燃气泄漏点，应用（　　）进行查漏。

A．便携式可燃气体检测仪　　B．肥皂水

C．明火　　D．清水

答案：AB

3. 现场经测定泄漏的燃气与空气混合气体达到（　　）时，应划为污染区。

A．燃气在空气中的浓度达到或超过爆炸下限的10%

B．燃气在空气中的浓度达到或超过爆炸下限的20%

C．混合气体中 CO 浓度大于0.02%

D．混合气体中 CO 浓度大于0.05%

答案：BD

4. 一旦燃气着火，应以（　　）为重点。

A．不发生“非停”事故　　B．转移物资

C．防止火势蔓延　　D．防止发生二次灾害

答案：CD

5．LNG 泄漏时，抢险人员应（　　）。

A．戴正压式空气呼吸器　　B．穿低温防护服

C．禁止接触泄漏物　　D．快速跨越泄漏物

答案：ABC

6．当 LNG 大量泄漏时，应（　　）。

A．立即启动全站紧急切断装置

B．停止站区全部作业

C．设置警戒范围，快速撤离疏散人员

D．待液化天然气全部气化扩散后，再进行检修

答案：ABCD

三、判断题

1．建筑物内（室内）进行燃气泄漏处置抢修作业，在处置现场，移动电话应保持打开状态，方便接听和拨打电话。（　　）

答案：×（不得接听和拨打电话，移动电话应处于关闭状态）

2．燃气严重泄漏时应优先采用就地方式关闭、隔离供气总阀门（ESD）。（　　）

答案：×（应优先采用远程控制）

3．燃气泄漏抢修作业时，与作业相关的控制阀门应有专人值守，并应监视管道内的压力。（　　）

答案：√

4．LNG 泄漏、着火时，可用水直接冲击泄漏物或泄漏源。（　　）

答案：×（禁止用水直接冲击）

四、填空题

1．燃气泄漏时，如厂区无法隔离气源时，应通知（　　）进行隔绝。

答案：上一级门站

2．机组运行中发生泄漏，运行人员应迅速进行分析、判断，查明泄漏点，无法隔离处理的，应（　　）处理。

答案：停机

3．LNG 泄漏着火后，严禁用（　　）灭火。

答案：水

五、简答题

1．燃气泄漏发生火灾、爆炸后，事故有继续扩大蔓延的态势时，应如何处理？

答案：应果断下达撤退命令，在确保人员、设备、物资安全的前提下，采取相应的

措施。

2．在燃气泄漏污染区作业时，应符合哪些规定？

答案：（1）进入现场的抢修人员、消防人员、救护人员必须具备相应急救技能，上述人员必须正确佩戴和使用正压式空气呼吸器，其他人员未经许可严禁进入污染区。

（2）进入污染区的操作人员应按规定着装，严禁穿带钉的鞋和易产生静电火花的化纤服装。

（3）不得使用塑料管、橡胶管和胶板等高绝缘材料。

（4）作业时须有人监护，严禁单独作业。

（5）严禁使用非防爆型的机电设备及仪器、仪表、通信工具。

（6）应进行强制通风，清除聚积的燃气，严禁产生火花。

3．LNG 储罐进、出液管道发生少量泄漏时，可根据现场情况采取措施消除泄漏。当泄漏不能消除时，应采取哪些措施？

答案：应关闭相关阀门，并应将管道内液化天然气放散（或通过火炬燃烧掉），待管道恢复至常温后，再进行维修。维修后可利用干燥氮气进行检查，无泄漏方可投入运行。

第12章 《14 汽轮机及相关设备的运行与检修》考核题

一、单选题

1．由熟练人员在运行中的汽轮机上进行调速系统或油系统调整工作（调整油压，更换伺服阀、电磁阀等）时，首先应汇报（　　）。

A．班长　　B．总工程师　　C．安监人员　　D．值长

答案：D

2．汽轮机运行中，应保持所有保护投入运行。如需解投保护时，必须经（　　）批准。

A．班长　　B．企业主管生产的领导（总工程师）

C．安监人员　　D．值长

答案：B

3．在下汽缸中工作时，凝汽器喉部的孔和抽汽口等孔洞应用（　　）封盖。

A．金属板　　B．木板　　C．塑料板　　D．石棉板

答案：B

4．应定期检测氢冷发电机组油系统、主油箱、密封油箱、封闭母线外套的氢气含量，体积分数超过（　　）应停机查漏消缺。

A．0.5%　　B．1%　　C．5%　　D．10%

答案：B

5．进入热交换器内部工作时，应测量容器内含氧量和温度达到（　　）状态，方可进行热交换器的检修工作。

A．含氧量在18%～19.5%、温度50℃以下

B．含氧量在18%～19.5%、温度60℃以下

C．含氧量在19.5%～21%、温度60℃以下

D．含氧量在19.5%～21%、温度50℃以下

答案：D

6．进入循环水管道的工作人员每隔（　　）必须轮换一次。工作人员感到不适时，必须立即离开循环水管道，到空气流通的地方休息。

A．15min　　B．30min　　C．1h　　D．2h

答案：B

二、多选题

1．严禁对运行中的汽轮机承压部件进行（　　）工作。

A．紧螺栓　　B．测温　　C．焊接　　D．捻缝

答案：ACD

2．发电机进行氢气系统置换时，机组进氢总阀至补氢阀前管道应进行（　　）。

A．泄压　　B．隔离　　C．通风　　D．置换

答案：AD

3．喷水池、冷却塔检修与维护时，在（　　）周围，应装设防止人员落入水中的栏杆、盖板、防护网等防护装置及必要的照明。

A．冷却塔水池　　B．进水滤网　　C．水沟　　D．水井

答案：ABCD

三、判断题

1．在运行中的汽轮机上进行调速系统或油系统调整工作（调整油压，更换伺服阀、电磁阀等）时，应尽可能在满负荷状态下进行。（　　）

答案：×（应尽可能在空负荷状态下进行）

2．在工作中的起重机吊物下方通过时应注意观察起重器情况，以免发生危险。（　　）

答案：×（禁止在工作中的起重机吊物下方停留或通过）

3．检修工作负责人应检查汽轮机前蒸汽管道内确无压力后，方可允许工作人员进行检修工作。（　　）

答案：√

4．揭开汽轮机上汽缸时，应在两个负责人的指挥下进行汽轮机上汽缸的起吊工作。（　　）

答案：×（必须在一个负责人的指挥下）

5．在上汽缸起吊过程中，严禁工作人员将头或手伸入汽缸或汽缸法兰接合面之间。（　　）

答案：√

6．在汽缸结合面上行走时，应防止踏空和滑跌。（　　）

答案：√

7．汽轮机翻缸时，行车大小钩应合理配合，必要时可双钩同时操作。（　　）

答案：×（禁止双钩同时操作）

8．进入凝汽器内工作时，应使用 12V 行灯和手电筒等安全照明，行灯变压器应放在人孔门内。（　　）

答案：×（应放在人孔门外边干燥处）

9．使用加热棒拆装汽缸接合面螺栓时，可将带电的加热杆从一个螺栓孔移至另一个螺栓孔中。（　　）

答案：×（严禁一个螺栓孔移至另一个螺栓孔中）

10. 冬季清除冷却塔进风口和水池的积冰时，应有充足的照明，至少应有两人进行工作，同时做好防止落冰伤人及人员滑跌摔倒或掉入水池内的措施。（ ）

答案：√

11. 汽轮机超速试验时，禁止无关人员在试验现场逗留或行走。（ ）

答案：√

12. 汽轮机超速试验前，经值长同意后可解除相关保护。（ ）

答案：×（各保护均应正常投入运行，严禁随意解除）

四、填空题

1. 汽轮机检修前，须用（ ）与蒸汽母管、供热管道、抽汽系统等隔断。

答案：阀门

2. 汽轮机各疏放水出口处，应有必要的保护遮盖装置，以防止疏放水时烫伤人，并设置“（ ）”安全警示标志牌。

答案：当心烫伤

3. 揭开汽轮机上汽缸时，所有上缸人员应穿着（ ）工作服。

答案：连体

4. 用热水或蒸汽冲洗汽轮机冷油器时，应戴手套、面罩、围裙，穿水靴，裤脚套在水靴（ ）面。

答案：外

5. 进入凝汽器内工作时，应使用（ ）或（ ）等安全照明。

答案：12V 行灯；手电筒

6. 进行除氧器超压试验时，在升压和保持试验压力的时间内不得进行任何工作，应待压力降到（ ）后，方可进行检查工作。

答案：工作压力

7. 进入喷水池和冷却塔内工作，应办理（ ）后方可进行。

答案：工作票

8. 汽轮机检修时起重作业现场应设置（ ）区，悬挂（ ），非起吊作业人员禁止入内。

答案：起吊作业；起吊作业信息牌

9. 使用加热棒拆装汽缸接合面螺栓时，应先检查（ ）完好无破损，测（ ）合格方可使用。

答案：加热线；绝缘

10. 在氢气系统设备附近动火作业，应按规定办理（ ）票。

答案：动火工作

11. 在氢气系统上进行工作，应使用（ ）工具，以防止产生火花；必须使用钢制工具时，应涂上（　　）等。

答案：铜制；黄油

12．循环水管道内部作业人员，应事先学习应知的注意事项，工作人员不少于（　　）人，另派一人在外专职（　　）。

答案：两；监护

五、简答题

1．汽轮机转子校动平衡时，应遵守哪些规定？

答案：（1）必须在一个工作负责人的指挥下进行校验工作。

（2）校动平衡工作场所周围应设置围栏，严禁无关人员入内。

（3）采用电动机和皮带拖动转子时，应有防止皮带断裂时打伤人的措施。皮带脱落后，必须待转子完全停止转动后，方可重新装上皮带。

（4）平衡配重块应装置牢固，防止松脱或飞脱伤人。

（5）校验工作中，如发现异常情况，应立即停止校验工作。

（6）进行高速校转子动平衡工作中，在拆装配重块时，必须做好防止转子转动的措施。在拆装配重块时，应有防止拆卸工具和配重块掉入设备内或配重块脱落的措施。

2．汽轮机检修时拆装滑动轴承工作，应遵守哪些规定？

答案：（1）拆装轴承盖时，应使用环首螺栓，并将其丝扣全部旋进轴瓦盖的丝孔内，以便安全地起吊，特别注意在揭开轴承上盖时，还应检查轴承中分面紧固螺栓、定位销已全部取出。

（2）揭开或装复可倾轴承上盖时，应根据其具体结构，在起吊前使用工艺螺栓将上半可倾轴承内瓦块固定牢靠，方可起吊，避免因可倾瓦块滑脱将人打伤。

（3）为检查下轴承或校正转子轴系中心而需为转动轴承加装垫片时，必须将所转动的轴瓦固定牢靠后，方可进行下一步工作，以防手指受伤。

（4）在轴瓦就位时严禁用手拿轴瓦的边缘，以免在轴瓦下滑时手指受伤。

（5）用吊车直接对装在汽缸盖内的转子进行微吊工作时，必须认真检查吊车的制动装置动作灵活可靠。微吊时钢丝绳要垂直对中，同时必须装设千分表监视转子的起升高度，操作中应缓慢，应充分考虑汽缸内部各径向间隙，并应派有经验的工作人员进行指挥和操作。

第13章 《15　余热锅炉及相关设备的运行与检修》考核题

一、单选题

1．进入汽包、烟道、压力容器前，应充分通风，使有毒有害气体含量小于规定值，含氧量保持在（　　）。

A．19.5%～21%　　B．18%～20%

C．19%～22.5%　　D．16.5%～19%

答案：A

2．烟道内的温度在（　　）℃以上时，不得入内进行检修工作。

A．30　　B．40　　C．50　　D．60

答案：D

3．余热锅炉停炉后压力未降至大气压力，以及排烟温度未降至（　　）℃以下时，仍需对锅炉加以严密监视。

A．50　　B．60　　C．70　　D．80

答案：B

4．在冬季进行备用锅炉湿法保养时，当环境温度低于（　　）℃时，应有防冻措施。

A．−5　　B．0　　C．5　　D．10

答案：C

5．进入汽包前，检修工作负责人应测试汽包内的温度不宜超过（　　）℃，并有良好的通风后方可允许进入。

A．40　　B．50　　C．60　　D．70

答案：A

二、多选题

1．应严格执行防止锅炉承压部件爆破泄漏事故的各项措施，定期对（　　）以及再热蒸汽管道、弯头、阀门、三通等大口径部件及其相关焊缝进行检查。

A．联箱　　B．汽包

C．下降管　　D．主蒸汽管道

答案：ABCD

2．锅炉（　　）人员应按规定持证上岗。

A．安全管理　　B．检修维护　　C．水处理作业　　D．运行操作

答案：ACD

3．锅炉（　　）的支吊架应定期检查调整。

A．主蒸汽管道　　B．再热蒸汽管道

C．主给水管道　　　　　　　　　　D．高低压旁路管道

答案：ABCD

4．余热锅炉保护和机组大联锁试验动作应准确可靠，下列对于联锁和保护的说法正确的有（　　）。

A．正常运行时可以直接退出联锁　　　　B．正常运行时不得无故退出保护

C．若因故障需停用时应履行审批手续　　D．若因故障需停用时应限期恢复

答案：BCD

5．余热锅炉启动过程中，汽包升温和升压速率符合设计要求，并应做到（　　）。

A．对支吊架进行检查

B．对膨胀指示器进行检查

C．发现异常应停止升温、升压

D．达到正常参数后，对锅炉进行一次全面检查

答案：ABCD

6．余热锅炉检修后，启动过程中热紧法兰等处的螺栓应按照有关规范执行，下列说法正确的有（　　）。

A．锅炉额定汽压不大于 5.884MPa 的，热紧时锅炉汽压不得超过 0.294MPa

B．锅炉额定汽压不大于 5.884MPa 的，热紧时锅炉汽压不得超过 0.490MPa

C．锅炉额定汽压大于 5.884MPa 的，热紧时锅炉汽压不得超过 0.294MPa

D．锅炉额定汽压大于 5.884MPa 的，热紧时锅炉汽压不得超过 0.490MPa

答案：AD

三、判断题

1．锅炉安全阀排放试验应每两年进行一次。（　　）

答案：×（应每年进行一次）

2．使用安全阀在线定压仪进行在线校验可代替安全阀在运行中的排放试验。（　　）

答案：√

3．烟道内需要进行电焊作业时，室外电源应具备随时可断开的开关，并执行在金属容器内进行电焊作业的要求。（　　）

答案：√

4．烟道内需要进行气焊、气割等检修作业时，氧气瓶、乙炔气瓶等易燃易爆装置可临时放置在烟道内。（　　）

答案：×（严禁放置在烟道内）

四、填空题

1．支吊架日常维护检查以（　　）为主，当发现异常时，进行（　　）检查，在

大修和认为有必要时，进行（　　）检查。

答案：目测；针对性；全面

2．锅炉应安装在线烟道（　　）测点和（　　）测点装置，防止超温超压运行。

答案：温度；压力

3．燃机启动前余热锅炉烟囱挡板门应全开，挡板门位置宜通过（　　）连接作为机组启动必要条件。

答案：硬接线

4．排污管道易被人碰触的部分，应加（　　），以免人员烫伤。

答案：保温层

5．备用（停用）的余热锅炉应进行（　　）保护，做好防止受热面内、外壁氧化腐蚀的措施。

答案：防腐

6．在烟道内进行检修工作，使用爬梯高度超过 5m 时，应在爬梯上方固定方便上下的（　　）或（　　）。

答案：防坠器；安全绳

7．燃气锅炉房地面应采用（　　）的地坪。

答案：不发生火花

五、简答题

1．余热锅炉安全阀校验应遵守哪些规定？

答案：（1）安全阀校验前应首先检查安全阀各连接螺栓紧固均匀，承压部件无泄漏，管道支吊架无卡涩、受力不均匀等现象。

（2）参加安全阀校验的人员应统一指挥，明确分工，各工作人员不得擅自离开工作岗位，发现问题应及时汇报。

（3）安全阀整定以就地专用压力表读数为准，各表计应互相参照。

（4）安全阀校验工作应在一定热负荷下进行。

2．锅炉烟气脱硝 SCR 区的运行与检修应遵守哪些规定？

答案：（1）脱硝喷氨系统检修工作前，应做好与系统隔绝、加装带尾巴的堵板（盲板）的隔离措施，工作现场氨气浓度低于 35ppm，方可进行检修工作。如出现工作间断，每次开工前应再次测量氨气浓度，符合要求后方可开始工作。

（2）脱硝喷氨设备系统管道上的压力表应每半年校验一次，安全阀应每年至少校验一次。

（3）脱硝喷氨管道应具有良好的防雷、防静电接地装置，应定期进行检查和检测。脱硝喷氨管道严禁作为导体和接地线使用。脱硝喷氨管道的法兰应设金属导线跨接。

（4）脱硝喷氨管道的阀门、法兰垫片禁止使用橡皮垫、塑料垫、铜质垫。脱硝喷氨管道应能自由膨胀，并采取防振、防磨措施。

第14章 《16 热工设备的运行与检修》考核题

一、单选题

1．分散控制系统工程师站、操作员站等人机接口设备的使用应分级授权，口令应每（　　）个月更改一次。

A．0.5　　B．1　　C．3　　D．6

答案：C

二、多选题

1．仪用气源品质应符合正常使用要求，不得含（　　）。

A．灰尘　　B．其他污染物　　C．水　　D．油

答案：ABCD

2．关于热工盘、台、箱、柜及设备内部的裸露线头，下列说法正确的有（　　）。

A．经查明原因后应恢复接线

B．确认无用的应拆除

C．作为备用芯使用的，应剪去裸露线头，绑扎整齐，并做好标记

D．不用验电可直接触碰

答案：ABC

3．开展热工保护逻辑与定值的修改工作前应（　　）。

A．办理修改手续

B．直接进行修改

C．制订专项方案（含组织、安全、技术、应急措施等）

D．经本企业主管生产的领导（总工程师）批准

答案：ACD

三、判断题

1．热工人员在现场工作过程中，如遇异常现象发生，要根据与本身工作相关程度决定是否停止工作。（　　）

答案：×（不论与本身工作是否有关，应立即停止工作）

2．热工设备检修作业可以由一人单独开展。（　　）

答案：×（应至少有两人参加，其中一人为监护人）

3．分散控制系统应制订详细的防病毒措施，并将各工作站的外部接入端口关闭（封死）。（　　）

答案：√

4．在检修和运行中，严禁用外力打击、按压分散控制系统的显示器表面，严禁用

其他物件按压或覆盖键盘。（　　）

答案：√

5. 热工控制系统及重要保护装置可采用单路电源供电。（　　）

答案：×（应采用两路可靠电源冗余供电，备用电源不得随意退出备用）

6. 设置在热控设备上的安全警示标志牌，在附近工作的人员认为无须继续放置时可直接移动。（　　）

答案：×（除原来设置人员或该项工作负责人外，其他任何人员不得移动）

7. 工作需要时可在分散控制系统上安装及使用第三方软件。（　　）

答案：×（禁止安装及使用）

8. 电动、气动阀门与执行机构进行系统调试时，工作人员应靠近执行器运动部件活动范围，以方便作业。（　　）

答案：×（不应靠近执行器运动部件活动范围，以免伤人）

四、填空题

1. 热工保护系统因故障或其他原因需要检修或退出运行时，应办理（　　）手续，经本企业主管生产的领导（总工程师）批准后，方可进行。

答案：保护投、切

2. 与人体有可能接触到的带电设备的裸露金属部件，其（　　）必须完好无损且可靠。

答案：保护接地

3. 在全部或部分带电的盘、台、柜上进行工作时，应将检修设备与运行设备以明显的标志隔离。应清楚带电设备的情况，工作人员穿（　　）鞋并站在（　　）上。

答案：绝缘；绝缘垫

4. 热工盘、台、箱、柜及设备内部如有裸露线头应认为是（　　）的，禁止（　　）。

答案：带电；触碰

五、简答题

1. 热工设备执行机构安装时，应注意哪些安全事项？

答案：（1）储存、搬运执行机构时，应按厂家要求进行，并采取防雨、防潮措施。

（2）吊装执行机构时，应起落平稳。

（3）执行机构应安装牢固，不妨碍通行。

（4）严禁将执行机构作为起吊和拖运物件的吊挂点。

2. 对于控制室、电子间、计算机房等通往电缆夹层、隧道、穿越楼板、墙壁、盘、柜等处的电缆孔洞和盘面之间的缝隙应怎样处理？

答案：控制室、电子间、计算机房等通往电缆夹层、隧道、穿越楼板、墙壁、盘、柜等处的所有电缆孔洞和盘面之间的缝隙（含电缆穿墙套管与电缆之间的缝隙）必须采用合格的不燃或阻燃材料封堵严密；穿墙进出两端的电缆，按相关要求涂刷合格的不燃或阻燃材料。

第15章 《17　氢冷设备与制氢、储氢装置的运行与检修》考核题

一、单选题

1．禁止在制（供）氢站、储氢罐、氢冷发电机及氢气管路（　　）m 范围内进行明火作业或做可能产生火花的工作。

A．30　　B．15　　C．10　　D．5

答案：A

2．不得将气瓶内的气体用尽，瓶内至少应保留（　　）MPa 以上的压力，以防止空气进入瓶内。

A．0.01　　B．0.05　　C．0.2　　D．0.5

答案：B

3．氢气瓶应每（　　）年进行一次检验，气瓶上应有检验钢印及检验标色。

A．半　　B．1　　C．3　　D．5

答案：C

4．制氢设备应装有氢气纯度，湿度和含氧量在线检测仪表，并定期进行校验。在制氢电解槽氢气出口管上应有带报警的氢中含氧量在线监测仪表。氢气纯度、湿度和含氧量必须符合规定标准。氢气纯度不应低于（　　），含氧量不应超过（　　），氢气湿度（露点温度）应不大于（　　）℃。

A．0.5%；99.5%；−25　　B．0.5%；99.5%；0

C．99.5%；0.5%；0　　D．99.5%；0.5%；−25

答案：D

5．因生产需要在室内（现场）使用氢气瓶，其数量不得超过（　　）瓶，现场通风条件应符合要求。

A．2　　B．5　　C．10　　D．15

答案：B

6．氢冷发电机气体置换时，必须严格按照置换程序进行，应用（　　）作为中间介质。

A．氢气　　B．空气　　C．氧气　　D．CO_2

答案：D

二、多选题

1．（　　）附近均严禁烟火，严禁放置易爆易燃物品。

A．制氢站　　B．储氢站

C．发电机氢系统　　D．其他装有氢气的设备

答案：ABCD

2．发电机运行时，氢冷系统中的氢气纯度、露点温度和含氧量应符合一定的要求，下列描述正确的有（　　）。

A．含氧量不应超过 1.2%

B．氢气纯度不应低于 95.0%

C．露点温度在发电机内最低温度为 5℃时，不高于−5℃，不低于−25℃

D．露点温度在发电机内最低温度不小于 10℃时，不高于 0℃，不低于−25℃

答案：ACD

3．进入制（供）氢站的人员应（　　）。

A．将火种放在制（供）氢站之外　　B．穿带铁钉的鞋

C．关闭移动通信工具　　D．先消除静电

答案：ACD

三、判断题

1．氢站工作人员应穿带钉子的鞋。（　　）

答案：×（不得穿带钉子的鞋）

2．排出带有压力的氢气、氧气或向储氢罐、发电机输送氢气时，应迅速打开设备上的阀门和节气门。（　　）

答案：×（必须均匀缓慢地打开）

3．制氢电解槽氢氧两侧运行的温度差和压力差必须保持在合格的范围内。（　　）

答案：√

4．氢冷发电机两端的密封瓦必须严密，当机内充满氢气时，密封油不得中断。（　　）

答案：√

四、填空题

1．氢气瓶应（　　）地固定在支架上，防止倾倒。

答案：直立

2．开启氢气瓶阀门时，作业人员应站在阀口的（　　）方，缓慢开启气瓶阀门。

答案：侧后

3．制（供）氢站应设有不燃烧的实体围墙，其高度不应低于（　　）m，围墙上应有明显的安全标识。

答案：2.5

4．发电机运行中或停机备用期间，应定期检测氢冷发电机本体、油系统、氢气系统、主油箱、密封油箱、封闭母线外套的氢气体积含量，超过 1%应停机查漏消除。当定冷水箱的含氢量达到 3%时应（　　），在 120h 内缺陷未消除或含氢量升到 20%时，

应（　　）。

答案：报警；停机处理

五、简答题

1．制（供）氢室着火时应如何处理？

答案：制（供）氢室着火时，应立即停止电气设备运行，切断电源，排除系统压力，并用 CO_2 灭火器灭火。由于漏氢而着火时，应及时切断气源，用 CO_2 灭火器灭火，并用石棉布密封漏氢处不使氢气逸出，或采用其他方法断绝气源。若不能立即切断气源，不得熄灭正在燃烧的气体或用水强制冷却着火设备，氢气系统应保持正压状态，防止回火。消防人员应佩戴正压式空气呼吸器，穿防静电服，并注意防止外露皮肤烧伤。

2．进行制氢、供氢操作或处理氢气泄漏缺陷的运行（检修）作业人员在着装方面应注意哪些安全事项？

答案：进行制氢、供氢操作或处理氢气泄漏缺陷的运行（检修）作业人员应穿符合规定的阻燃、防静电工作服，工作服宜上下分开，容易脱卸。严禁在制（供）氢室穿脱衣服、帽子等。

第16章 《18　转动机械的检修与维护》考核题

一、单选题

1．拆卸转动机械的部件时，如遇到拆卸困难、部件卡涩，应使用（　　）或垫以方木进行敲打，防止零件变形损坏。

A．锤子　　B．紫铜棒　　C．钳子　　D．扳手

答案：B

二、多选题

1．对于拆装轴流式风机上盖及叶片的工作，下列说法正确的有（　　）。

A．起吊上盖前应由工作负责人检查悬吊情况及捆绑情况，确认可靠后方准试行起吊

B．轴流式风机上盖拆装时，应在两个负责人的指挥下进行

C．盖上上盖前，必须事先检查确实无人、工具和其他物件留在机壳或叶片内，方允许盖上

D．叶片吊装时，应将叶片捆绑牢固，以便安全起吊。起吊过程中，工作人员可站在起吊叶片的下方

答案：AC

三、判断题

1．转动机械检修与维护时，应在电动机和热机转动设备连接的情况下试转电动机的转向。（　　）

答案：×（不应在电动机和热机转动设备连接的情况下试转）

2．泵体在检修中如需拆卸，必要时可使用行车吊拉管道。（　　）

答案：×（禁止使用行车吊拉管道）

3．转动机械转子校动平衡时，应由专人负责指挥。（　　）

答案：√

四、填空题

1．转动机械检修与维护时，有关值班人员应将停止转动机械的原因和隔离情况记入（　　）中。

答案：值班日志

2．离心式风机检修过程中，如需打开调节风门挡板时，应事先做好防止（　　）的措施。

答案：机械转动

五、简答题

1．所有转动机械，在开始工作前，工作负责人必须对哪些安全措施进行检查，确

认措施到位无误后，方可开始工作？

答案：（1）切断电源（电动机的开关、刀闸或熔断器应拉开或取下，开关控制电源的熔丝也应取下；DCS系统操作画面应设置“禁止操作”）。

（2）切断风源、水源、汽（气）源、油源等；关闭有关闸板、阀门等，必要时应加装堵板，并上锁。

（3）上述闸板、阀门上均应设置“禁止操作　有人工作”安全警示标志牌。必要时还应采取强制制动措施，防止设备突然转动。

第17章 《19 公用系统工作》考核题

一、单选题

1．油箱事故排油阀应设（　　）个钢质截止阀（闸阀）。

A．1　　B．2　　C．3　　D．4

答案：B

二、多选题

1．油系统附近禁止（　　）。

A．放置消防设备　　B．储存易燃物品　　C．储存易爆物品　　D．堆放杂物

答案：BCD

2．在拆下的油管道上或放尽油的管道（容器）上进行动火作业时，应（　　）。

A．进行蒸汽吹洗　　B．明火烘干

C．用热碱水冲洗干净　　D．通风测量油气含量合格

答案：ACD

三、判断题

1．禁止在有压力的管道上进行任何检修工作。（　　）

答案：√

2．安装管道法兰和阀门的螺栓时，应通过用手指伸入螺栓孔内触摸来校正螺栓孔。（　　）

答案：×（应用撬棒校正螺栓孔）

3．EH油不得随意排放，对报废及洒落的EH油应回收处理。（　　）

答案：√

四、填空题

1．油系统油箱及储油罐附近的明显处应设置"（　　）"安全警示标志牌。

答案：禁止烟火

2．燃气机组油系统的设备及管道损坏发生漏油，凡不能与系统隔绝处理或高温管道已渗入油污，且威胁机组安全运行的，应立即（　　）处理。

答案：停机

五、简答题

1．在可能有可燃气体或有毒有害气体的管道内进行检修工作时，应注意哪些规定？

答案：（1）必须戴防毒面具，并在上风位置工作。

（2）工作人员不应少于两人，其中一人担任监护工作。

（3）在管道内部或不易救护的地方工作，应使用安全带，且安全带绳子的一端紧握在监护人的手中，监护人随时与管道内部工作人员保持联系；如果监护人必须进入地下室或沟道内进行救护时，应先做好个人防护，采取防止中毒和窒息的措施，并应另有其他人员在外面做监护；预防CO及煤气中毒时，须戴上正压式空气呼吸器。

（4）应使用铜制的工具，以避免引起火花（必须使用钢制的工具时，应涂上黄油）。禁止穿有铁钉的鞋。

（5）工作人员感到不适时，应立即离开工作地点，到空气流通的地方休息。

（6）应准备医用氧气、氨水、脱脂棉等急救药品。

第18章 《20 化学工作》考核题

一、单选题

1．进入含酸性气体或含其他挥发性气体浓度较高的场所进行紧急抢修时，应佩戴（ ）。

A．医用口罩　　B．护目镜

C．防尘口罩　　D．套头式防毒面具

答案：D

2．氯瓶应涂有（ ）色“液氯”字样的明显标志。

A．白　　B．灰　　C．红　　D．蓝

答案：A

3．采用电解法制取次氯酸钠时，对次氯酸钠储槽内积聚的氢气，应采用防爆型风机及时抽取或鼓风稀释至氢气浓度（体积比）低于（ ）。

A．0.5%　　B．1%　　C．2%　　D．3%

答案：B

二、多选题

1．化学药品储存间内应有相应的（ ）和采暖、冲洗措施。

A．防水　　B．防腐　　C．通风　　D．除尘

答案：ABCD

2．水处理药品储存和加药场所等工作地点应有（ ）。

A．通风设施　　B．中和用的冲洗水

C．毛巾　　D．肥皂

答案：ABCD

3．人体若接触磷酸酯抗燃油，以下处理措施正确的有（ ）。

A．误食处理：一旦误食，应立即采取措施，使其呕吐，并尽快送医院诊治

B．误入眼睛内：立即用大量清水冲洗，再到医院治疗

C．皮肤沾染：立即用水、肥皂清洗干净

D．吸入蒸汽：立即脱离污染气源，送往医院诊治

答案：ABCD

三、判断题

1．开展化学取样时，应先开启取样管的汽水门，再慢慢开启冷却水门。（ ）

答案：×（应先开启冷却水门，再慢慢开启汽水门）

2．开展化学工作时，化验室工作人员可将食品和食具临时存放在化验室内。（ ）

答案：×（禁止将食品和食具放在化验室内）

3. 化学取样过程中如遇冷却水中断，应立即中断操作，关闭取样管入口门。（　　）

答案：√

4. 储存剧毒化学品、易制爆危险化学品的企业，应配备兼职治安保卫人员。（　　）

答案：×（应配备专职治安保卫人员）

5. 从事磷酸酯抗燃油工作的人员在生产现场严禁吸烟，可以吃东西。（　　）

答案：×（严禁吃东西）

6. 水处理设备发生泄漏时，可直接用手触摸检查泄漏情况或堵漏。（　　）

答案：×（不得直接用手触摸检查泄漏情况或堵漏）

7. 配制稀酸时，应将水少量地缓慢导入浓酸内，并不断进行搅拌，以防剧烈发热溅出伤人。（　　）

答案：×（应将浓酸少量地缓慢导入水内）

四、填空题

1. 当凝聚剂或漂白粉溶液溅到眼睛内时，必须立即用大量（　　）冲洗。

答案：清水

2. 应用（　　）氨水检查储氯设备有无泄漏，如有泄漏应及时处理。

答案：10%

3. 当发生故障有大量氯气漏出时，工作人员应立即戴上（　　），关闭门窗，开启室内淋水阀门，将氯瓶放入（　　）中。最后，用排气风扇抽出余氯。

答案：防毒面具；碱水池

4. 水处理设备内的介质一般具有（　　）性、（　　）性等特性，设备的检修工作必须严格执行工作票制度。

答案：毒害；腐蚀

5. 泄漏的酸碱液必须回收至（　　）系统，严禁直接外排以免造成环境污染。

答案：废水处理

6. 离子交换设备检修中止工作人员撤出时，应清点（　　）和（　　）。

答案：人数；工具

7. 氢冷机组汽机厂房凝结水精处理设备检修如需动用电气焊工作，必须履行动火工作票制度，动火前应先检测（　　）气浓度。

答案：氢

8. 电渗析设备在检修和运行中应采取防止产生（　　）爆炸的措施。

答案：氢气

9. 如果眼睛、皮肤不慎沾上氨水、联氨，应立即用大量（　　）清洗，情况严重时应紧急就医。

答案：清水

五、简答题

1. 剧毒化学品应在专用仓库内单独存放，并实行哪“五双”管理？

答案：双人收发、双人双账、双人双锁、双人运输、双人使用。

2. 当浓酸溅到眼睛内或皮肤上时，应如何处理？

答案：当浓酸溅到眼睛内或皮肤上时，应迅速用大量的清水冲洗，再以0.5%的碳酸氢钠溶液清洗。经过上述紧急处理后，应立即送医院急救。

3. 当强碱溅到眼睛内或皮肤上时，应如何处理？

答案：当强碱溅到眼睛内或皮肤上时，应迅速用大量的清水冲洗，再以2%的稀硼酸溶液清洗眼睛或以1%的醋酸清洗皮肤。经过上述紧急处理后，应立即送医院急救。

4. 当浓酸溅到衣服上时，应如何处理？

答案：当浓酸溅到衣服上时，应先用水冲洗，然后用2%的稀碱液中和，最后再用水清洗。

5. 用氢氟酸酸洗锅炉时，应遵守哪些规定？

答案：（1）氢氟酸应盛装在聚乙烯或硬橡胶容器内，桶盖必须密封。严禁放在日光下曝晒。

（2）严禁皮肤直接接触氢氟酸，参加浓酸系统工作人员除按照规定穿戴必要的防护用具外，还须戴防毒口罩（含有钠石灰过滤装置）和面罩。工作结束后，必须冲洗头面和身体各部。

（3）稀酸系统如有泄漏，应设警戒区域，拉警戒线，并派人警戒，禁止任何人接近。

（4）皮肤上溅着酸液，应立即用大量清水冲洗，并涂可的松软膏；眼睛内溅入酸液，应用大量清水冲洗，并滴氢化可的松眼药水。应及时脱去溅上氢氟酸的衣物。

（5）清洗废液应处理后达标排放，严禁排放未经处理的清洗废液，也不得采用渗井、渗坑、暗管等方式排放清洗废液。

6. 拆卸酸碱等强腐蚀性设备时，应先做好哪些安全措施？若有酸碱液体流出，应如何应对？

答案：拆卸酸碱等强腐蚀性设备时，必须先泄掉设备内部压力，防止酸碱喷出伤人。当有酸碱液体流出时，应立即用大量清水冲洗稀释，防止流出的酸碱液体腐蚀设备及基础。

第 19 章 《21　高处作业》考核题

一、单选题

1．当高处行走区域不能装设防护栏杆时，应设置（　　）m 高且结实牢固的安全水平扶绳。

A．1.05～1.2　　B．1.05～1.1　　C．1.1～1.4　　D．1.1～1.5

答案：C

2．峭壁、陡坡的场地及人行道上的冰雪、碎石、泥土须经常清理，靠外面一侧须装设不低于（　　）m 高的双横杆栏杆。

A．1.05　　B．1.1　　C．1.2　　D．1.3

答案：C

3．在（　　）级及以上的大风和暴雨、打雷、大雾等恶劣天气下，应停止露天高处作业。

A．4　　B．5　　C．6　　D．7

答案：B

4．移动平台工作面四周应有不低于（　　）m 高的护栏，升降机构牢固完好，升降灵活。

A．1.05　　B．1.1　　C．1.2　　D．1.3

答案：C

5．软梯必须每（　　）年进行一次载荷试验，试验时以（　　）kg 的质量挂在绳索上，经（　　）min 若无变形或损伤即认为合格，然后才准继续使用。过期未做试验的软梯，不得继续使用。

A．半；500；5　　B．半；100；5　　C．1；500；1　　D．1；100；5

答案：A

二、多选题

1．高处作业交叉作业场所的通道应保持畅通，有危险的出入口处应设置（　　）。

A．灭火器　　B．静电释放装置

C．罩棚　　D．安全警示标识

答案：CD

2．当移动脚手架时，脚手架上面不得有（　　）等。

A．材料　　B．人　　C．扳手　　D．工具

答案：ABCD

3．当出现（　　）天气时，应停止室外脚手架搭拆作业。

A．5 级及以上大风　　　　B．雾

C．雨　　　　D．雪

答案：ABCD

4．高处作业地点的下方应设置隔离区，隔离区域为 R 与起吊工件最大长度之和。h 为作业位置至其底部的垂直距离，R 为可能坠落范围的半径。以下描述正确的是（　　）。

A．当 $h=10m$ 时，$R=3m$　　　　B．当 $h=5m$ 时，$R=3m$

C．当 $h=20m$ 时，$R=5m$　　　　D．当 $h=35m$ 时，$R=5m$

答案：BC

三、判断题

1．高处作业可根据需要选择使用工具袋。（　　）

答案：×（应一律使用工具袋）

2．搭拆脚手架必须在专人的统一指挥下，按照脚手架安全规范要求，由检修人员进行。（　　）

答案：×（应由具有合格资质的专业架子工进行）

3．禁止将脚手架直接搭靠在楼板的木楞上或未经计算过补加载荷的结构上。（　　）

答案：√

4．可以使用竹制跳板。（　　）

答案：×（禁止使用）

5．吊篮上的操作人员应配置独立于悬吊平台的安全绳及安全带或其他安全装置，拴在建筑物的可靠处所。（　　）

答案：√

6．人在梯子上时，在有人员保护的情况下，可以缓慢移动梯子。（　　）

答案：×（禁止移动梯子）

7．禁止在调压站、前置模块、制（供）氢站等易燃易爆场所使用能产生火花的材料搭设脚手架。（　　）

答案：√

8．在变、配电站（开关站）的带电区域内或临近带电线路处，应使用木质或金属梯子。（　　）

答案：×（禁止使用金属梯子）

四、填空题

1．高处作业平台（区）应设有合格、牢固的防护栏杆，临时护栏应可靠固定，并禁止人员（　　）、（　　）。

答案：倚靠；翻越

2．安全带和专作固定安全带的绳索在使用前应进行（　　）检查，并应定期按批次进行试验。

答案：外观

3．不得将工具及材料上下投掷，应用（　　）系牢后上下吊送。

答案：绳

4．在气温低于-10℃时，不宜进行露天高处作业。确因工作需要进行作业时，应采取防止（　　）和（　　）的措施。

答案：摔伤；冻伤

5．在冬季应及时清除脚手架、跳板和走道上的积水、霜、雪，清除脚手板上冰雪后，应采取撒（　　）等防滑措施。

答案：锯末

6．进入烟道作业前，工作负责人必须进行安全措施交底，烟道内不应少于（　　）人，烟道外必须设（　　）监护。

答案：两；专人

五、简答题

1．在拆除脚手架时，应遵守哪些规定？

答案：（1）按照搭拆的措施进行，并设专人监护。

（2）脚手架拆除前，工作负责人必须到现场检查，如脚手架拆除后有遗留下的空洞、栏杆不完整时，必须做好临时防护措施，同时立即安排做好补缺工作。

（3）在准备拆除脚手架的周围设围栏，并在通向拆除地区的路口设置安全警示标识。

（4）在脚手架拆除区域内，禁止与该项工作无关的人员进入或逗留。

（5）敷设在需要拆除的脚手架上的电线和水管应首先切断，电线必须由电工拆除。

第20章 《22 有限空间作业》考核题

一、单选题

1．有限空间作业前应采取充分的通风换气措施，使该环境空气中含氧量在作业过程中始终保持在（　　）范围。

A．16.5%～19%　　B．18%～20%

C．19%～22.5%　　D．19.5%～21%

答案：D

2．有限空间照明电压应小于或等于（　　）V。

A．12　　B．24　　C．36　　D．48

答案：C

3．在金属容器内作业电压应小于或等于（　　）V。

A．12　　B．24　　C．36　　D．48

答案：B

4．在潮湿容器、狭小容器内作业电压应小于或等于（　　）V。

A．12　　B．24　　C．36　　D．48

答案：A

二、多选题

1．有限空间作业过程中，发现危险有害因素超出限值或作业人员身体状况异常时，应（　　）。

A．请示上级领导暂停作业　　B．立即停止作业

C．撤离作业现场　　D．清点作业人员

答案：BCD

2．易燃易爆的有限空间经清洗或置换仍达不到安全要求的，应（　　）。

A．穿防静电工作服　　B．穿防静电工作鞋

C．使用防爆型低压灯具　　D．使用防爆工具

答案：ABCD

3．下列关于在地下室、沟（隧）道、井内工作的说法，正确的有（　　）。

A．温度超过50℃时，不得进入工作

B．在40～50℃环境下工作，人员无须进行轮换

C．在40～50℃环境下工作，应适当地轮换工作和休息

D．如感到身体不适，应到通风处休息

答案：ACD

三、判断题

1．有限空间作业过程中，为保持空气中含氧量可采用纯氧通风。（　　）

答案：×（严禁采用纯氧通风）

2．在容器或水池内作业，可使用隔绝式防毒面具或过滤式防毒面具。（　　）

答案：×（禁止使用过滤式防毒面具）

3．有限空间作业前应打开人孔、手孔、风门等与大气相通的设施进行自然通风。（　　）

答案：√

4．难度大、劳动强度大、时间长的有限空间作业应采取轮换作业。（　　）

答案：√

5．工作需要时可直接进入电缆沟、疏水沟、下水道和井下等处工作，无须取得相关人员许可。（　　）

答案：×（没有得到运行值班负责人许可时严禁进入）

6．掀起或恢复未设置把手的地下室、沟（隧）道、井的人孔盖或盖板时，可用手直接开闭。（　　）

答案：×（应使用适当的工具，不得用手直接开闭）

7．进入可能产生有毒有害气体或温度高的地下室、沟（隧）道等处之前，应打开一个人孔，并在人孔上面放置通风筒或导风板，以加强通风。（　　）

答案：×（应至少打开两个人孔，并在每个人孔上面放置通风筒或导风板，其中一个正对来风方向，另一个正对去风方向）

8．进入有水的地下室、沟（隧）道、井内进行操作或检修，工作人员应穿橡胶靴。（　　）

答案：√

9．有限空间作业中发生人员中毒窒息，应立即报警，禁止盲目施救。（　　）

答案：√

四、填空题

1．在潮湿容器中，作业人员应站在（　　）上，同时保证金属容器（　　）可靠。

答案：绝缘板；接地

2．在容器内衬胶、涂漆、刷环氧玻璃钢时，应打开（　　），并进行强力通风。

答案：人孔门

3．有限空间作业应遵守“先（　　）、再（　　）、后（　　）”的原则。

答案：通风；检测；作业

4．在可能发生有害气体的地下室、沟（隧）道、井内进行工作的人员，除应戴（　　）外，还应使用安全带和安全绳，且安全绳的一端紧握在上面（　　）手中。

答案：防毒面具；监护人

五、简答题

1．有限空间作业安全隔离要求有哪些？

答案：（1）与有限空间连通的可能危及安全作业的管道应采用插入盲板或拆除一段管道进行隔离。

（2）与有限空间连通的可能危及安全作业的孔、洞应进行严密封堵。

（3）有限空间内加热、转动等用电设备应停止运行并切断电源，上锁并加挂安全警示标志牌。

（4）隔离设备设施处应上锁并加挂安全警示标志牌。

第21章 《23 焊接、切割和热处理作业》考核题

一、单选题

1．在易燃易爆材料附近进行焊接或切割时，最小水平距离不应小于（　　）m，必须采取可靠安全措施（用围屏或不燃材料遮盖），并设置消防监护人员。

A．1.5　　B．3　　C．5　　D．10

答案：C

2．储存气瓶的仓库内温度不超过（　　）℃，不得有取暖设备。

A．25　　B．30　　C．40　　D．50

答案：C

3．氧气瓶外表面涂敷颜色应为（　　）。

A．淡（酞）蓝色　　B．白色　　C．黑色　　D．铝白色

答案：A

4．乙炔气瓶外表面涂敷颜色应为（　　）。

A．淡（酞）蓝色　　B．白色　　C．黑色　　D．铝白色

答案：B

5．氮气瓶外表面涂敷颜色应为（　　）。

A．淡（酞）蓝色　　B．白色　　C．黑色　　D．铝白色

答案：C

6．二氧化碳气瓶外表面涂敷颜色应为（　　）。

A．淡（酞）蓝色　　B．白色　　C．黑色　　D．铝白色

答案：D

7．氧气瓶阀门应使用（　　）开启。

A．锤子　　B．专门扳手　　C．凿子　　D．锥子

答案：B

8．减压器在气瓶上应安装合理、牢固。采用螺纹连接时，应拧足（　　）个以上螺扣。

A．3　　B．4　　C．5　　D．6

答案：C

二、多选题

1．电焊工应备有（　　）一般防护用具。

A．橡胶绝缘鞋

B．镶有滤光镜的手把面罩或套头面罩、护目镜

C．清除焊渣用的白光眼镜（防护镜）

D．电焊手套、阻燃焊工服

答案：ABCD

2．电焊钳应符合（　　）要求。

A．握柄必须用绝缘耐热材料制成　　B．更换焊条必须便利

C．保证焊条和电焊钳的接触良好　　D．应牢固地夹住焊条

答案：ABCD

三、判断题

1．在梯子上可在短时间内开展较为繁重的焊接或切割工作。（　　）

答案：×（只能进行短时不繁重的焊接或切割工作）

2．特殊情况下，在密闭容器（如汽包、凝汽器等）内可以同时进行电焊及气焊工作。（　　）

答案：×（不得同时进行）

3．电焊机的接拆线、停送电工作应由具备资质人员进行操作。（　　）

答案：√

4．电阻加热块应完好，如有损坏应立即更换。禁止裸线露出。（　　）

答案：√

5．电焊设备电源开关应选用自动空气开关，两台电焊机可共用一个电源开关。（　　）

答案：×（禁止多台电焊机共用一个电源开关）

6．在工作地点，可以放置三个氧气瓶，两个工作，一个备用。（　　）

答案：×（最多只许有两个氧气瓶，一个工作，一个备用）

7．应用压缩空气或氧气作为压力气源吹扫管道。（　　）

答案：×（严禁用氧气作为压力气源吹扫管道）

8．应选用检验合格和符合气体特性的专业减压器，禁止换用或替用。（　　）

答案：√

9．减压器的低压室没有压力表或压力表失效，不得使用。（　　）

答案：√

10．橡胶软管须具有足以承受气体压力的强度，氧气软管应耐压 1MPa，乙炔软管应耐压 2MPa。（　　）

答案：×（氧气软管应耐压 2MPa，乙炔软管应耐压 1MPa）

11．水冷式焊枪操作时，应先打开焊枪点弧开关，再开冷却水管阀门，确认回流管里已有冷却水回流时，打开氩气阀门。（　　）

答案：×（应先开冷却水管阀门，确认回流管里已有冷却水回流时，打开氩气阀门，再打开焊枪点弧开关）

12．热处理工作完毕应切断总电源开关并检查现场，确认无引起火灾的危险后方可离开。（ ）

答案：√

四、填空题

1．从事金属焊接、切割作业人员，必须取得（ ）资格证书。

答案：特种作业操作

2．在可能引起火灾的场所附近进行焊接、金属切割和热处理工作时，应办理（ ）票，并配置足够的消防器材。

答案：动火工作

3．风力在 5 级以下 3 级以上进行露天焊接、气割时，必须搭设（ ）以防火星飞溅引起火灾。

答案：挡风屏

4．电焊机一次电源线应完好，长度一般不宜超过 3m。当有临时任务需要较长的电源线时，应（ ）或（ ）敷设。

答案：架空；地下

5．清理焊渣时必须戴上（ ）光眼镜，并避免对着人的方向敲打焊渣。

答案：白

6．运输气瓶时应安放在特制半圆形的（ ）内；若没有这样做，可以在每一气瓶上套以厚度不少于 25mm 的防震胶圈（ ）个，以免互相撞击。

答案：承窝木架；两

7．不得将正在燃烧中的焊枪放下；如有必要时，应先将火焰（ ）。

答案：熄灭

8．氩气瓶应涂（ ）色，用（ ）颜色标明“氩”字样。

答案：银灰；深绿

9．CO_2 气体保护焊工作环境中一定要有良好的（ ）。焊接时应戴上合适的（ ）口罩。

答案：通风；防尘

五、简答题

1．在锅炉汽包、凝汽器、油箱、油槽及其他金属容器内进行焊接工作，应采取哪些防止触电措施？

答案：（1）电焊时，焊工应避免与铁件接触，应穿绝缘鞋站立在橡胶绝缘垫上，并穿干燥的工作服。

（2）容器外面应设有可听见和看见焊工工作的监护人，并与焊工随时保持联系。容器外应设有开关，以便根据焊工的信号切断电源。

（3）容器内使用的行灯，电压不得超过 12V。行灯变压器的外壳应可靠接地，不得使用自耦变压器。

（4）行灯用的变压器及电焊机等均不应携入锅炉及金属容器内。

2．CO_2气体保护焊焊接工作开始前，应对焊枪进行哪些检查？

答案:（1）喷嘴管应光滑、清洁，喷嘴内、外表面有飞溅金属应立即除去，喷嘴变形应及时更换。

（2）导流套有损坏应更换。

（3）导电嘴表面光滑，如内孔损坏应更换新的。

（4）送丝弹簧管应定期检查清洁，发现损坏立即更换。

第22章《24 起重与运输》考核题

一、单选题

1．起重能力在（　　）t以上的起重设备，有关的工程设计单位应参加设备的订货、验收、试运转及鉴定起重设备的安全技术问题。

A．50　　B．30　　C．20　　D．100

答案：A

2．起重设备（包括起吊物）与220kV线路及其他带电体的最小安全距离应为（　　）m。

A．5　　B．6　　C．7　　D．8.5

答案：B

3．悬臂式起重机吊杆升起的仰角不应大于（　　）。起吊前应检查仰角指示器的位置是否符合实际。

A．30°　　B．45°　　C．75°　　D．90°

答案：C

4．起重用钢丝绳端部用绳卡（U形螺栓）固定连接时，绳卡压板应在钢丝绳主要受力的一边（长头一边），绳卡间距不应小于钢丝绳直径的（　　）倍。

A．2　　B．4　　C．6　　D．8

答案：C

5．选用扒杆应经过计算，扒杆至少应有（　　）根拖拉绳，人字扒杆应有（　　）根拖拉绳，所有拖拉绳均应固定在已经计算过的地锚或建筑物上。

A．4；2　　B．2；2　　C．2；4　　D．4；4

答案：A

6．使用跳板时，应注意跳板坡度不应大于（　　）。

A．1:2　　B．1:3　　C．1:4　　D．1:5

答案：B

7．厂内机动车辆在无限速标志的厂内主干道行驶时，不得超过（　　）km/h，其他道路不得超过（　　）km/h。

A．20；50　　B．20；30　　C．50；20　　D．30；20

答案：D

二、多选题

1．如遇（　　）恶劣天气时，禁止露天进行起重工作。

A．5级及以上的大风　　B．雷电

C．暴雨　　D．大雪

答案：ABCD

2．各式起重机应根据需要安设过卷扬限制器和（　　）等安全装置，以及移动旋转和升降机构的刹车装置。

A．起重臂俯仰限制器　　B．过载荷限制器

C．联锁开关　　D．行程限制器

答案：ABCD

3．露天工作的起重机必须安有（　　）等防风装置。

A．过载荷限制器　　B．夹轨钳　　C．行程限制器　　D．锚碇装置

答案：BD

4．电梯的（　　）有缺陷时必须停止使用，并采取必要的安全措施，防止高处摔跌等伤亡事故。

A．安全闭锁装置　　B．信号照明　　C．自动装置　　D．机械部分

答案：ABCD

5．遇有（　　）情况时，禁止用各式起重机起吊。

A．埋在地下和无法估计质量的物件时

B．在起吊的管道内再放置小口径的管道

C．重物与设备部件之间有连接尚未完全分离时

D．汽轮机上缸等设备配件或按配合要求安装的部件在结合面未出现均匀的缝隙前

答案：ABCD

6．卷扬机在运转中禁止进行（　　）工作。

A．往滑车上套钢丝绳　　B．修理或调整卷扬机的转动部分

C．站在提升或放下重物的地方附近　　D．人员跨越钢丝绳

答案：ABCD

7．扒杆或缆索起重机起重时，应详细检查（　　）项目。

A．基础或垫木及锚碇（桩锚或地锚）必须稳固

B．承载索、拖拉绳应拉紧

C．起吊载荷不得超过允许载荷，也不得偏拉斜吊

D．锚碇（桩锚或地锚）应拴紧，不得松动

答案：ABCD

8．遇6级及以上大风时，船舶应（　　）。

A．继续行驶　　B．不得行驶　　C．靠岸停泊　　D．无需靠岸

答案：BC

9．厂内机动车辆，投入使用前应做好的准备包括（　　）。

A．经所在地区政府相关部门注册登记　　B．在车身上喷涂电厂名称

C．安装厂内机动车牌照　　D．经安全检验合格

答案：ACD

10．厂内机动车辆在（　　）情况下应停止行驶。

A．恶劣天气能见度在 5m 以内

B．恶劣天气能见度 20m

C．恶劣天气能见度 8m 且道路最大纵坡 3%

D．恶劣天气能见度 8m 且道路最大纵坡 7%

答案：AD

三、判断题

1．现场临时安装的起吊设施，在安装人员测试确认无误后即可使用。（　　）

答案：×（必须经有关生产技术部门等验收合格后方可使用）

2．各种起重机检修时，可不将吊钩降放在地面。（　　）

答案：×（应将吊钩降放在地面）

3．起重作业前，应设置起重作业区，无法设置时，必须设专人监护。（　　）

答案：√

4．没有得到司机的同意，任何人不得登上起重机或起重机的轨道。（　　）

答案：√

5．交接起重设备时，应由交付单位提出设备构造、装配、安全操作与维护的说明书；接收单位按说明书及清单上的规定进行验收。（　　）

答案：√

6．特种设备应在特种设备安全监督管理部门登记并经检验检测机构检验合格。（　　）

答案：√

7．起重搬运时应由两人指挥，指挥人员应经有关机构专业技术培训取得资格证的人员担任。（　　）

答案：×（只能由一人指挥）

8．卷扬机必须有可靠的刹车装置（自动制动器、手闸、脚闸等）。若刹车装置失灵或不灵敏，在修复前禁止使用。（　　）

答案：√

9．开动卷扬机前，应检查各起重零件，如钢丝绳、滑轮、吊钩和各种连接器，若有损坏，及时修理或调整。（　　）

答案：√

10．可使用起重机牵引重物。（　　）

答案：×（禁止用起重机牵引重物）

11．汽车起重机的吊杆如为折合式的，当进行起重时必须将其伸直，不得弯曲起重。（　　）

答案：√

12．桥式、龙门式起重机轨道的终端，应设置缓冲器。轨道上应涂油或撒沙子。（　　）

答案：×（轨道上禁止涂油或撒沙子）

13．在露天工作的桥式、龙门式电动起重机的司机室内，应采用煤火炉、电炉取暖。（　　）

答案：×（禁止用煤火炉、电炉取暖）

14．起重作业中可临时将钢丝绳和电焊机的导线或其他电线相接触。（　　）

答案：×（在任何情况下禁止接触）

15．起重设备中所用的吊钩和吊环，应使用铸成的或用钢条弯成的，不得使用锻成的或用钢板铆成的。（　　）

答案：×（应用锻成的或用钢板铆成的，不得使用铸成的或用钢条弯成的）

16．起重作业中卸扣不得超载荷使用，可横向受力。（　　）

答案：×（卸扣不应横向受力）

17．起重作业中滑车可拴挂在未经计算的结构物上。（　　）

答案：×（不得拴挂）

18．使用液体或压缩空气传动的千斤顶时，工作人员应站在千斤顶安全栓的前面。（　　）

答案：×（禁止工作人员站在千斤顶安全栓的前面）

19．扒杆和缆索起重机的拖拉绳，不得挂设在未经计算过的建筑物或其他物件上。（　　）

答案：√

20．机动车驾驶必须执行交通安全规则。司机必须持有有效的机动车驾驶证，非驾驶人员一律不得驾驶车辆。（　　）

答案：√

四、填空题

1．电动行车的移动机构及电动行车小车的移动机构，若其行车速度超过0.5m/s，应设有切断电源的（　　）装置。

答案：自动刹车

2．各式起重机的技术检查，每年至少（　　）次。

答案：一

3．对新装、拆迁的起重机在运行前，应经过一次技术检查，并用一定的载荷进行（　　）试验和（　　）试验。

答案：静载；动载

4．对于需要经过安装、试车方可运行的起重设备，包括与之相关的电力等接线，行驶轨道或路面、路基的状况及标志的设置等，必须经有关的专业技术人员进行检查和试验，出具（　　）和发放（　　）后，方可正式投入使用。

答案：书面检验报告；合格证

5．流动式起重机的司机室上均应装有（　　）或（　　）的信号装置，以备操作时发出警告。

答案：音响（钟、喇叭、电铃）；色灯

6．安装卷扬机时，应保持从卷筒中心线到第一导向滑轮的安全距离。带槽卷筒应大于卷筒宽度的（　　）倍；无槽卷筒应大于卷筒宽度的（　　）倍。

答案：15；20

7．使用开门滑车，应将开门的（　　）紧固，防止钢丝绳自动滑出。

答案：钩环

8．当液体或压缩空气传动的千斤顶升至一定高度时，必须在重物下垫以（　　），防止活塞突然下降发生事故。

答案：垫板

9．对没有制造厂铭牌或调换过零件（如链索、蜗母轮等）的链式起重机，应根据（　　）及（　　）的计算能力做载荷试验，以规定其工作载荷。

答案：链索；蜗母轮

10．电梯在使用前应经有关部门检验合格，取得（　　）并制定安全使用规定和定期检验维护制度。

答案：合格证

11．用人工搬运或装卸重大物件而需搭跳板时，须使用厚（　　）cm以上的木板，跳板中部须设有支持物，防止木板过度（　　）。

答案：5；弯曲

12．上下码头和跨越两船时，如高低相距（　　）mm以上，应使用跳板或梯子。

答案：500

五、简答题

1．起重设备静载试验的目的是什么？

答案：静载试验的目的是检查起重设备的总强度和制动器的动作。

2．简述起重设备动载试验的试验方法。

答案：动载试验的试验方法应是将超过最大工作载荷10%的载荷悬吊于钩上，然后往复升降数次，并以同样载荷试验其运动部分和行程自动限制器。如一切正常，即可投入运行。

3．使用电梯时应遵守哪些规定？

答案：（1）轿厢门打开前，人员与轿厢门保持一定的安全距离；轿厢门打开时，必须确认轿厢停在该层，再进入轿厢。

（2）严禁装运易燃、易爆、腐蚀、有毒的危险物品。

（3）严禁开启轿顶安全窗装运超长物体。

（4）载货应尽可能稳当地安放在轿厢中间，以免在运行中倾倒，损坏轿厢。

4．两台起重机同吊一件物体时，应遵守哪些规定？

答案：（1）两台起重机的起重容量如大小不同，则在挂绳子时，应根据起重容量计算绑扎钢丝绳的距离来分配载荷，或按不同的起重容量制作横梁来承受起重容量，以免一台所受的载荷过重、一台过轻，造成事故。

（2）每台起重机的载荷均不得超过该起重机80%的额定起重量；当两台桥式起重机抬吊发电机转子时，每台起重机的载荷不得超过该机的额定起重量。

（3）应由专人统一指挥，指挥人员应站在两台起重机的驾驶人员均能看清的地方。

（4）起重物应保持水平，起重绳应保持垂直。

（5）应在工作负责人的直接领导下，按照由本企业主管生产的领导（总工程师）批准的安全技术措施进行。

第 23 章 《25 机械加工》考核题

一、单选题

1．机械加工设备启动前应检查设备各操作手柄应在空挡位置。先低速运行（　　）min，正常后方可开始工作。

A．0.5～1　　B．3～5　　C．7～8　　D．10～15

答案：B

二、多选题

1．对于操作机械加工设备，下列说法正确的有（　　）。

A．穿工作服并扎紧袖口　　B．戴手套

C．辫子、长发必须盘在工作帽内　　D．戴防护眼镜

答案：ACD

三、判断题

1．使用机械加工设备时可用手清除机械上的边角料及剪切下来的零星材料。（　　）

答案：×（严禁直接用手清除）

2．使用锯床时，工件必须夹牢，长的工件应将一头垫牢，并防止工件锯断时伤人。（　　）

答案：×（长的工件两头应垫牢）

3．机械加工设备应定期维护和保养。设备上或附近应有明显的安全操作规定。（　　）

答案：√

四、填空题

1．机械加工工作结束后，应将各种走刀手柄放在（　　）位置并停电。

答案：空挡

第 24 章 《26　土石方作业》考核题

一、单选题

1．在交通拥挤地点、广场或施工区域进行挖掘沟道、井坑、基坑工作，应在其周围设置围栏及安全警示标识，夜间设（　　）示警。

A．绿灯　　B．红灯　　C．黄灯　　D．蓝灯

答案：B

2．挖土机械在建筑物附近工作时，与墙柱、台阶等建筑物的距离至少应保持在（　　）m 以上，以免推倒建筑物。

A．0.5　　B．1　　C．3　　D．5

答案：B

3．开挖没有边坡的沟、井时，必须根据挖掘的深度（　　）。

A．先设支撑后打桩再开挖　　B．先开挖后设支撑再打桩

C．先开挖后再设支撑打桩　　D．先打桩后设支撑再开挖

答案：D

二、多选题

1．在（　　）及铁道附近挖土时，必须在其周围加固后，方可进行工作。

A．铁塔　　B．电杆

C．地下埋设物　　D．建筑物、构筑物

答案：ABCD

三、判断题

1．挖掘土石方应自下而上施工。（　　）

答案：×（应自上而下施工）

2．挖掘土石方时可采用挖空底脚的方法。（　　）

答案：×（严禁采用挖空底脚的方法）

3．土石方开挖前应对水文地质和地下设施情况进行现场检查，并履行动土作业票手续。（　　）

答案：√

4．在挖掘地区内发现有事先未预料到的地下设备或其他不可辨别的东西时，应遵循先敲击后处置的原则进行施工。（　　）

答案：×（应立即停止工作，并报告上级领导处理后方可继续施工，严禁随意敲击或处置）

5．土石方作业过程中施工人员可在基坑内短暂休息，但不应超过 1h。（　　）

答案：×（禁止一切人员在基坑内休息，防止土方坍落伤人）

6．在挖土的工作面上，工作人员间应保持适当距离，以防工具脱落伤人。（ ）

答案：√

四、填空题

1．在有地下水或地面水流入基坑处进行挖土时，应有（ ）措施。

答案：排水

2．拆除支柱、木板的顺序应（ ）。

答案：从下而上

五、简答题

1．挖土机械在工作或行走时，应遵守哪些规定？

答案：（1）禁止任何人员在举重臂或吊斗下面逗留或通过。

（2）禁止任何人员上下挖土机和在挖斗内载重或传递东西。

（3）禁止在挖土机的回转半径内进行各种辅助作业或平整场地。

（4）地面上应有专人指挥、引导和监护。

第五篇

Q/CHD 16—2019
《电力安全工作规程　风力发电和光伏发电部分》考核题

第1章《3　术语和定义》考核题

一、填空题

1．飞车是指风电机组制动系统失效，风轮转速超过（　　）或额定转速，且机组处于失控状态。

答案：允许转速

2．由风力发电机组重要保护元件串联形成，并独立于机组逻辑控制的硬件保护回路是（　　）。

答案：安全链

3．光伏组件是指具有封装和内部联结的、能单独提供（　　）输出的、最小不可分割的太阳电池组合装置，又称太阳电池组件。

答案：直流电

4．逆变器是指用于光伏发电站内将直流电变换成（　　）的设备。

答案：交流电

二、简答题

1．什么是坠落悬挂安全带？

答案：高处作业或登高人员发生坠落时，将坠落人员安全悬挂的安全带。

2．什么是光伏方阵的跟踪系统？

答案：通过支架系统的旋转对太阳入射方向进行实时跟踪，从而使光伏方阵受光面接收尽量多的太阳辐照量，以增加发电量的系统。

第2章《4　总则》考核题

一、单选题

1．新录用的工作人员，应经过体格检查合格，符合电力生产人员健康要求；后续工作中应定期进行体格检查，体格检查至少每年（　　）次。

A．1　　B．2　　C．3　　D．4

答案：A

2．光伏支架应可靠（　　），光伏板金属边框应用接地线与光伏支架可靠连接。

A．接地　　B．接零

C．保护接零　　D．专设漏电保护器

答案：A

3．在检修工作中如需将孔、洞等盖板取下，以及临时打的孔、洞四周，应装设牢固的（　　）和明显的“当心坑洞”“当心坠落”等安全警示标示牌，在工作结束后应立即恢复原状。

A．警戒线　　B．警示标语　　C．硬质围栏　　D．格栅板

答案：C

4．所有升降口、吊装孔、大小孔洞、楼梯、平台及通道等有坠落危险处，应设置符合国家技术规范标准的防护栏杆、扶手等设施，防护栏杆高度不低于（　　）mm，踢脚板高度不低于100mm，横杆间距不大于380mm，立柱间距不大于1000mm。

A．1200　　B．1050　　C．1100　　D．1000

答案：A

5．所有楼梯、平台、步道、栏杆都应保持完整，现场步道的梯蹬应平整，间距应一致，栏杆（　　）焊在铺设的铁板上面。铁板、格栅板应铺设牢固、平整。

A．不应　　B．应　　C．可以　　D．不可以

答案：A

6．易发生机械卷入、轧压、碾压、剪切等机械伤害的作业地点应设置（　　）安全警示标示牌。

A．“当心触电”　　B．“当心机械伤人”

C．“注意安全”　　D．“小心中毒”

答案：B

7．工作场所应设有符合规定照度的照明。高度低于（　　）m 的电缆夹层、隧道照明应采用安全电压供电。

A．1　　B．1.5　　C．2　　D．2.5

答案：D

8．升压站独立避雷针及其接地装置与道路或出入口等的距离小于（　　）m 时，应采取均压等防护措施。

A．2　　B．3　　C．4　　D．5

答案：B

二、多选题

1．在试验和推广（　　）的同时，应制订相应的安全措施，经本单位主管生产的领导批准后执行。

A．新技术　　B．新工艺　　C．新设备　　D．新材料

答案：ABCD

2．新建、改建、扩建风力发电和光伏发电工程的安全设施及职业病防护设施应与主体工程同时（　　）。

A．设计　　B．施工

C．投入生产和使用　　D．可行性研究

答案：ABC

3．凡患有妨碍工作病症的人员，不应从事高处作业。工作病症包括（　　）等。

A．高血压　　B．恐高症　　C．癫痫　　D．心脏病

答案：ABCD

4．企业从业人员应具备必要的机械、电气、安装知识，熟悉风电场及光伏发电站输变电设备、发电机组的工作原理和基本结构，掌握判断一般故障的产生原因及处理方法，掌握监控系统的使用方法。使用易燃物品时，应熟悉其特性、操作方法及防火防爆规定。易燃物品包括（　　）等。

A．乙炔　　B．油类　　C．天然气　　D．煤气

答案：ABCD

5．企业从业人员应熟悉本岗位所需的相关应急内容，掌握逃生、自救、互救方法，具备必要的安全救护知识，学会紧急救护方法。特别要学会（　　），熟悉有关烧伤、烫伤、外伤、电伤、气体中毒、溺水等急救常识。

A．触电急救法　　B．窒息急救法

C．心肺复苏法　　D．人工呼吸法

答案：ABC

6．对于因超压、超载、超温度、超时间、超行程等可能发生危险的零部件，应按标准和规范要求，配置保险装置，如（　　）等，确保安全可靠。

A．行程限制器　　B．安全阀

C．温度继电器　　D．继电保护器

答案：ABC

7．机舱内作业应配备定检合格的（　　）等紧急逃生装置，并应设置牢固可靠的挂点。

A．缓降器　　B．缓降绳　　C．安全带　　D．灭火器

答案：ABC

8．生产场所盖板（格栅）、栏杆、楼梯、平台等需临时变更（拆除或移动）时，应办理安全设施异动审批手续。安全设施变动（变更）前应在其将要形成的临时孔洞、临空面、裸露带电体、裸露危险机械部位等处装设坚固的、不可随意移动的临时安全设施，并在明显位置设置警示牌，如（　　）等，夜间应加装警示灯，确保临时安全设施起到与固定安全设施相同的安全防护作用，方可拆除固定安全设施。

A．“当心坠落”　　B．“禁止跨越”

C．“当心触电”　　D．“当心机械伤人”

答案：ABCD

9．生产区域及其他人员、物资集中的地方，应按规定配备消防器具，包括（　　）、石棉布等。

A．消火栓　　B．水龙带　　C．灭火器　　D．沙箱

答案：ABCD

10．不得在工作场所存储易燃物品，如汽油、（　　）等。运行中所需少量的润滑油和日常需用的油壶、油枪，应存放在指定地点的储藏室内，并由专人管理。

A．稀料　　B．油漆　　C．酒精　　D．煤油

答案：ABCD

11．龙门架、架空线路、杆塔等建筑物需要人工清除覆冰或清理积雪时，应采取可靠的安全措施，随时检查除冰建筑物受力情况，防止发生倒塌事件。具体安全措施包括（　　）、防冰砸等。

A．防触电　　B．防滑　　C．防倒塌　　D．防坠落

答案：ABCD

12．关于固定式钢直梯的安全要求，下列描述正确的有（　　）。

A．踏棍间距不得大于250mm，且应等距离分布

B．无基础的钢直梯，至少焊两对支撑

C．钢直梯每级踏棍的中心线与建筑物或设备外表面之间的净距离不得小于150mm

D．梯段高度超过3000mm时应按要求装设护笼

答案：BCD

三、判断题

1．外来承揽各类工程的施工单位全体人员和临时参加现场工作的人员进入现场

前，应经体格检查合格，并持有相应的资格证书。（　　）

答案：√

2．企业从业人员应熟悉本岗位所需的安全生产知识及技能，掌握安全带、防坠器、缓冲绳、安全帽、防护服和工作鞋等个人防护用品的正确使用方法，了解作业场所危险源分布情况和可能造成人身伤亡的危险因素和控制措施。学会正确使用及检查消防器材、安全工器具和检修工器具。（　　）

答案：√

3．风电机组作业人员应具备高处作业、高处逃生及高处救援的相关知识和技能，尽量持证上岗。（　　）

答案：×（必须持证上岗）

4．所有参加电力生产的工作人员，应按其岗位和工作性质，掌握《电力安全工作规程》的全部或有关部分，每年至少进行一次考试，考试不合格者不得上岗。（　　）

答案：√

5．生产人员调换岗位、因故间断工作连续 6 个月以上者，应学习《电力安全工作规程》的有关部分，并经考试合格后方可上岗。（　　）

答案：×（3 个月）

6．对外来参观、学习、检查、指导等人员，应进行现场危险有害因素、应急事项等的告知，确认其已掌握全部内容后，履行签字手续，并在有关人员陪同下方可进入现场。（　　）

答案：√

7．在生产现场不得吸烟，微量饮酒可以进入生产现场。（　　）

答案：×（酒后不得进入生产现场）

8．作业前，应辨识并消除作业环境中存在的危险因素。当作业环境的安全条件发生变化时，视情况对现场环境重新进行危险辨识，采取必要措施满足安全要求后，方可继续工作。（　　）

答案：×（只要安全条件发生变化，就应对现场环境重新进行危险辨识）

9．在检修作业、工作监护、巡视设备、运行操作和监视调整、驾驶车辆期间不得使用手机，如因工作需要使用手机等通信设备时，可以使用。（　　）

答案：×（应停止工作，在确保安全的前提下使用）

10．在设备转动时或在设备断电隔离前，不得拆除联轴器和齿轮的防护罩或其他防护设备。（　　）

答案：√

11．清扫、擦拭运转中设备的固定部分时，应戴手套或把抹布缠在手上使用。只有在转动部分对工作人员没有危险时，方可用长嘴油壶或油枪往油盅和轴承里加油。（　　）

答案：×（不得戴手套或把抹布缠在手上使用）

12．不得在栏杆、管道、联轴器、防护罩上或运行中的设备的轴承上行走和坐立，如必须在管道上坐、立才能工作时，应做好安全措施。（　　）

答案：√

13．不得用汽油洗刷机件和设备，生产现场各类废油可就近排入雨水沟。（　　）

答案：×（应倒入指定的容器内，不得随意倾倒）

14．根据设备、设施、建（构）筑物可能产生的危险、有害因素的不同，应分别设置明显的安全警示标识、风险告知标识。各种警示标示牌应字迹清晰、内容齐全、固定牢靠，做到整齐有序。（　　）

答案：√

15．控制室、档案室、配电室、电子间等房间内应加强安全防护，不应有水、汽等管道通过。（　　）

答案：√

16．冬季室外作业采用临时取暖设施时，应做好相应的防火措施，所有高处作业的场所应设置紧急疏散通道。（　　）

答案：√

17．移动存储介质可以在不同的生产分区间交叉使用。（　　）

答案：×（不应在不同的生产分区间交叉使用）

18．外部人员访问程序，应对允许访问人员实行专人全程陪同或监督，并登记备案。（　　）

答案：√

19．在设备、系统停止运行前，应采取保证人身安全的可靠措施，不得冒险作业，无关人员不得接近该设备或在该设备附近逗留。（　　）

答案：√

四、填空题

1．作业人员有权拒绝（　　）和（　　）；在发现直接危及人身、设备和电网安全的紧急情况时，有权停止作业，或者在采取可能的紧急措施后撤离作业场所，并立即报告。

答案：违章指挥；强令冒险作业

2．各级管理人员不得发出违反（　　）的命令。

答案：安全规定

3．安全生产工作应贯彻“不安全不工作”原则，坚持“（　　）”方针，加强人员安全培训，完善安全生产条件，严格执行安全技术要求。

答案：安全第一，预防为主，综合治理

4．所有新进企业的人员（含实习、代培人员），应经（　　）、（　　）和（　　）

三级相应内容的安全教育培训，掌握作业现场和工作岗位存在的危险因素、防范措施及事故应急措施，并按《电力安全工作规程》和其他相关安全规程的要求，经考试合格后方可进入现场参加指定的工作。

答案：企业；部门；班组

5. 外来承揽各类工程的施工单位全体人员和临时参加现场工作的人员进入现场前，应经相关安全知识培训，履行（　　）手续，掌握作业现场和工作岗位存在的危险因素、防范措施及事故紧急处理措施，并且考试合格后，方可进入现场参加指定的工作。

答案：安全技术交底

6. 对厂家技术指导、安装调试、试验等人员，应开展（　　），以书面形式进行安全告知，确认其已掌握全部内容后，履行签字手续，在有关人员带领下方可进入现场。

答案：安全教育培训

7. 在设备完全停止以前，不得进行检修工作。设备检修前，应做好防止突然转动的（　　）。

答案：安全措施

8.（　　）天气不得在室外高压设备附近及可能遭遇雷击的地方停留。

答案：雷雨

9. 进入生产现场（办公室、控制室、值班室和检修班组室除外），应正确佩戴合格的（　　），应系好（　　）。

答案：安全帽；安全帽带

10. 进入噪声超标的作业区域，应正确佩戴（　　）、（　　）防护用品。

答案：耳罩；耳塞

11. 接触高温物体时，应戴（　　），穿专用防护服和防护鞋。

答案：专用手套

12. 接触带电设备的工作，应穿（　　）。风电机组登塔作业人员应穿防护服、专用防护鞋。

答案：绝缘鞋

13. 从事低温环境作业时，作业人员应穿防寒衣物，佩戴（　　）等防护用品。

答案：防寒安全帽

14. 风电机组安全链及其监测元件应正确投入、试验正常。机组设备继电保护和（　　）应配置齐全，符合要求，投用可靠。

答案：安全自动装置

15. 风电机组应装设（　　）或（　　）装置。

答案：免爬；助爬

16. 风电机组内所有可能被触碰的220V及以上低压配电回路电源，应装设满足要求的（　　）。

答案：剩余电流动作保护装置

17．现场消防设施周围不得堆放杂物和其他设备，消防用沙应保持充足和干燥。消防沙箱、消防桶和消防铲、消防斧把上应涂（　　）色。

答案：红

18．从事涂漆作业时，应保持现场通风良好，工作人员应戴口罩或防毒面具，并采取（　　）措施。

答案：防火防爆

19．风电机组塔架和机组变柜门应一把锁对应（　　）把钥匙，不得使用通用钥匙。钥匙应逐一编号，并由运行人员保管。

答案：一

五、简答题

1．特种作业、特种设备操作人员应持证上岗。举例说明主要有哪些特种作业或工种。

答案：高处作业、电工、焊工、起重工。

2．简述进入生产现场的着装要求。

答案：进入生产现场应穿着材质合格的工作服，衣服和袖口应扣好，着装不应有可能被转动的设备绞住的部分或可能卡住的部分，不得戴围巾、穿着长衣服。工作服不得使用尼龙、化纤或棉、化纤混纺的衣料制作，以防遇火燃烧加重烧伤程度。进入生产现场，不得穿裙子、短裤、拖鞋、凉鞋、高跟鞋，辫子、长发应盘在帽内。

3．高温环境工作的安全防护措施有哪些?

答案：在高温环境工作时，应穿透气、散热的棉质衣服，并合理增加工间休息时间；现场应为工作人员提供足够的饮水、清凉饮料及防暑药等防暑降温物品。对温度较高的作业场所，应增加降温、通风等设备。

4．场区道路的安全要求有哪些?

答案：场区道路应随时保持畅通。在场区主要路段应设置限速等交通标识。消防道路应建成环形，设环形道路有困难时，应设有回车道或回车场。消防等应急通道不得随意占用和封闭。

第3章《5　保证安全的组织措施》考核题

一、单选题

1．机务工作票的使用范围不包括（　　）。

A．暖气管道、阀门、加热设施清洗和检修

B．各种生活用水的水箱、阀门、井沟道内的检查、维修工作

C．温度超过50℃或带压设备上测量仪表的检验和校验工作

D．风电机组调试、检修、定检、巡视

答案：D

2．完成工作许可手续后，（　　）应向工作班成员交代工作内容、成员分工、现场安全措施、带电部位和其他注意事项，进行危险点告知，并履行确认手续，工作班人员方可开工。

A．工作票签发人　　B．工作负责人（监护人）

C．班组长　　D．安全员

答案：B

3．工作负责人（监护人）在全部停电时，（　　）参加工作班工作。

A．可以　　B．不可以

C．采取安全措施后可以　　D．是否采取安全措施都不可以

答案：A

4．若工作负责人需要长时间离开现场，应由原（　　）变更新工作负责人，履行变更手续。两个工作负责人应做好必要的交接。

A．工作票签发人　　B．工作票许可人

C．工作负责人　　D．工作监护人

答案：A

5．在升压站、汇集站等易误入高压带电间隔的区域作业应设置（　　）。

A．工作负责人　　B．专职安全员

C．电工　　D．专职监护人

答案：D

6．工作间断时，工作班人员应从工作现场撤出，所有安全措施保持不动，工作票由（　　）执存。

A．工作负责人　　B．安全管理员

C．工作票签发人　　D．工作班人员

答案：A

7．一级动火工作票应提前办理。一级动火工作票的有效期为（　　）h。动火作业超过有效期限，应重新办理动火工作票。

A．12　　B．24　　C．36　　D．72

答案：B

8．一级、二级动火工作票的签发人、审批人、运行许可人、动火工作负责人应每年进行（　　）次考试，考试合格后，经主管生产的领导批准并书面公布；未经考试合格并书面公布的上述人员不得办理的动火工作票。

A．1　　B．3　　C．2　　D．4

答案：A

9．动火前可燃性、易爆气体含量或粉尘浓度检测的时间距动火作业开始时时间不应超过（　　）h。可将检测可燃性、易爆气体含量或粉尘浓度含量的设备放置在动火作业现场进行实时监测。

A．1　　B．3　　C．2　　D．4

答案：C

10．下列情况不属于严禁动火情况的是（　　）。

A．存放易燃易爆物品的容器未清理干净，或未进行有效置换前

B．风力达 4 级的露天动火作业

C．压力容器或管道未泄压前

D．带电设备未停电前

答案：B

11．动火工作票应保存（　　）个月。

A．1　　B．2　　C．3　　D．6

答案：D

12．下列所列有限空间工作票工作负责人的安全责任不包括（　　）。

A．在有限空间作业环境、作业方案和防护设施及用品达到安全要求后，可安排人员进入有限空间作业

B．检查、确认应急准备情况，核实内外联络及呼叫方法

C．对未经允许试图进入或已经进入有限空间的人员进行劝阻或责令退出

D．当发现异常时，立即向作业人员发出撤离警报，并帮助作业人员从有限空间逃生，同时立即呼叫紧急救援

答案：D

13．下列所列有限空间工作票作业人员的安全责任不包括（　　）。

A．确认安全防护措施落实情况

B．应与监护人员进行必要的、有效的安全、报警、撤离等双向信息交流

C．审查有限空间工作票内容是否符合要求

D．在作业中如出现异常情况或感到不适或呼吸困难时，应立即向作业监护人员发出信号，迅速撤离现场

答案：C

14．有限空间工作票应用钢笔或签字笔填写与签发，内容应正确，填写应清楚，不得任意涂改。设备名称、设备编号、人员姓名、日期和时间不得涂改。如有个别错、漏字需要修改时，应字迹清楚，并在修改处签名，每张有限空间工作票的修改不得超过（　　）处，否则应重新填票。

A．1　　B．2　　C．3　　D．4

答案：B

15．有限空间工作票的作业时限不应超过（　　）h，特殊情况超过时限的应重新办理有限空间工作票。

A．12　　B．24　　C．36　　D．48

答案：B

16．有限空间工作票保存期限至少为（　　）个月。

A．1　　B．2　　C．3　　D．6

答案：D

17．在潮湿容器、狭小容器内作业电压应不超过（　　）V。使用超过安全电压的手持电动工具作业时，应配备漏电保护器。

A．12　　B．24　　C．36　　D．48

答案：A

二、多选题

1．在实施具体操作任务前，（　　）应对操作任务全过程进行危险点分析，辨识可能存在的全部危险点，制订安全措施、注意事项及操作项目，并分别进行审核签名。

A．检修工作负责人　　B．运行操作监护人

C．操作人　　D．值班负责人

答案：ABCD

2．危险点应主要从（　　）等方面分析，涵盖工作任务的全过程，内容要涉及人身、设备、工作环境、工作条件、人员状况、对其他人员及设备系统的影响等各个方面，危险点分析要深入、具体、实事求是、有针对性。

A．防止人身伤害　　B．设备损坏

C．环境污染　　D．管理因素

答案：ABC

3．风电机组、电气设备、机务工作，应执行工作票制度。企业每年应对（　　）

进行培训，经考试合格后，以正式文件公布相关人员资格后，方可执行相关工作。

A．工作票签发人　　B．工作负责人

C．工作许可人　　D．工作监护人

答案：ABC

4．以下所列工作，除填用工作票外，还应使用继电保护及重要装置措施票的有（　　）。

A．安全链测试　　B．超速试验

C．继电保护、安全自动装置工作　　D．风电机组叶片标定

答案：ABCD

5．专职监护人的安全职责包括（　　）。

A．明确被监护人员和监护范围

B．工作前对被监护人员交代安全措施，告知危险点和安全注意事项

C．监督被监护人员执行《电力安全工作规程》和现场安全措施，及时纠正不安全行为

D．正确使用安全工器具和劳动防护用品

答案：ABC

6．电气第一种工作票的使用范围包括（　　）。

A．高压设备上工作需要全部停电或部分停电的工作

B．高压室内二次系统和照明等回路上工作，需要将高压设备停电或做安全措施的工作

C．高压试验

D．使用携带型仪器在高压回路上工作需停电或做安全措施的工作

答案：ABCD

7．电气第二种工作票的使用范围包括（　　）。

A．带电作业和在带电设备外壳上的工作

B．控制盘、低压配电盘、配电箱、光伏组件盘柜、电源干线上的工作

C．二次系统和照明等回路上的工作，无需将高压设备停电或做安全措施的工作

D．非运行人员用绝缘棒和电压互感器定相或用钳型电流表测量高压回路的电流

答案：ABCD

8．工作票“安全注意事项”栏应填写（　　）。

A．工作地点的危险部位

B．工作过程的危险环节

C．需要作业人员应遵守的行为规范

D．提示检修人员的安全注意事项

答案：ABC

9．可以填用一张工作票的工作项目包括（　　）。

A．工作票上所列的工作地点，以一个电气连接部分为限

B．一条集电线路停运后，所有安全措施履行完毕

C．一个电气连接部分或一个配电装置全部停电

D．检修设备属于同一电压、同时停送电，会触及带电导体

答案：ABC

10．下列情况，应重新签发工作票，并重新履行工作许可手续的有（　　）。

A．部分检修的设备将投入运行时

B．现场监控人员发现检修人员严重违反《电力安全工作规程》或工作票内所填写的安全措施，制止检修人员工作并将工作票收回时

C．改变检修与运行设备的隔断方式或改变工作条件时

D．工作票有破损不能继续使用时

答案：ABC

11．检修工作终结前，设备若需送电试运，应遵守的一般规定包括（　　）。

A．全体工作人员撤离工作地点

B．将该系统的所有工作票收回，拆除临时遮栏、接地线、标示牌，撤除检修自理的安全措施，恢复常设遮栏

C．工作负责人和现场值班人员应进行全面检查，确认符合送电条件后，由现场值班人员进行送电试运

D．试运后尚需继续工作时，应重新布置安全措施，并履行工作许可手续

答案：ABCD

12．下列操作任务可以不填用操作票的有（　　）。

A．事故处理

B．单一保护压板投、退

C．应拉合的断路器（开关）、隔离开关（刀闸）、接地开关（接地刀闸）

D．拉、合断路器（开关）的单一操作

答案：ABD

13．下列操作任务应填用操作票的有（　　）。

A．按下单一操作按钮

B．检验是否确无电压

C．安装或拆除控制回路或电压互感器回路的熔断器

D．验电，装拆接地线，检查接地线是否拆除

答案：BCD

14．操作监护等级包括（　　）。

A．双监护操作　　B．单监护操作

C．无监护操作　　D．其他操作

答案：ABC

15．区域、远程集控及生产现场三级操作时，各级操作内容应在一份操作票内体现，操作项目按照内容逐条操作，严禁（　　）操作。

A．并项　　B．倒项　　C．跳项　　D．添项

答案：ABCD

16．一级动火工作票使用范围包括（　　）。

A．油品库、废油储放区

B．储存过可燃气体、易燃液体的容器（油桶）

C．风电机组内

D．控制室、调度室、档案室、计算机室、通信机房及各种电子间

答案：ABC

17．动火作业时，运行许可人的责任包括（　　）。

A．核实动火工作时间、部位

B．审查工作票所列有关安全措施是否正确、完备，是否符合现场条件

C．审查动火设备与运行设备是否确已隔绝，是否完成相应安全措施

D．向工作负责人交代运行所做的安全措施

答案：ABCD

18．动火工作负责人的责任包括（　　）。

A．正确、安全地组织动火工作

B．向有关人员布置动火工作，交代危险因素、防火和灭火措施，并进行安全教育

C．测定或指定专人测定动火部位或现场的可燃性、易爆气体含量或粉尘浓度是否符合安全要求

D．办理动火工作票开工和终结手续

答案：ABD

19．凡对存有或存放过易燃易爆等化学危险物品的容器、设备、管道或场所进行动火作业，在动火前应将其与生产系统彻底隔离、封堵或拆除，与生产系统直接相连的阀门应上锁挂牌，并进行清洗、置换，经检测（　　）合格后，方可动火作业。

A．可燃性气体含量　　B．易爆气体含量

C．粉尘浓度　　D．水蒸气

答案：ABC

20．有限空间作业时，在有限空间外应备有的应急用品包括（　　）。

A．正压式空气呼吸器　　B．消防器材

C．清水　　D．安全帽

答案：ABC

三、判断题

1．工作班成员应对工作任务、危险点分析及安全措施栏进行确认签名，工作班成员变动后新工作班成员也应在学习掌握后签名。（　　）

答案：√

2．对辨识出的作业危险点（风险）应按照有关制度分级，并依据分级结果，落实各级管理人员管控责任和现场管控措施。（　　）

答案：√

3．企业应编制填用继电保护及重要装置措施票的工作任务清单，规定填票人、操作人、监护人、审批人的资格、权限，经主管生产的领导批准后，书面通知有关工作岗位。（　　）

答案：√

4．工作负责人（监护人）应由在业务技术上和组织能力上均能胜任工作任务，并能保证工作安全和质量的人员担任，实习人员也可以担任工作负责人。（　　）

答案：×（实习人员不可以担任工作负责人）

5．有能力正确执行、检查安全措施的独立值班人员可以担任工作许可人，但只能担任本岗位及相近岗位管辖范围内设备、系统检修的工作许可人，并经专门考试合格。（　　）

答案：√

6．工作票签发人可以兼任该项工作的工作负责人。（　　）

答案：×（不得兼任）

7．纸质工作票应使用钢笔或签字笔填写，一式两份，并应正确、清楚，不得任意涂改。设备名称、设备编号、压板（连接片）、插头、操作动词、人员姓名、日期和时间不应涂改。如有个别其他错、漏字需要修改，应使用规范的符号，字迹应清楚。每张工作票的修改不得超过3处，否则应重新填票。（　　）

答案：×（每张工作票的修改不得超过2处）

8．合同期1年及以上承担发包单位检修、维护、施工、安装任务的承包单位的有关人员，符合资格要求的，可以担任发包单位相关工作的工作票签发人、工作负责人。（　　）

答案：√

9．临时外包单位的工作应由本场站人员担任工作负责人，不得由外包单位人员担

任工作负责人。（ ）

答案：√

10．票面需要填写数字的，应使用阿拉伯数字（母线可以使用罗马数字）；时间按24h计算，年度填写4位数字，月、日、时、分填写2位数字。（ ）

答案：√

11．工作负责人应向工作班全体成员交代，工作班全体成员应熟悉工作任务、工作地点、工作分工、本项工作存在的危险点及工作票所列全部安全措施、安全注意事项后，全体确认签名。（ ）

答案：√

12．一个工作负责人可以同时执行2张工作票，但不能超过2张。（ ）

答案：×（不得同时执行2张及以上工作票）

13．需要变更工作班成员时，应经工作票签发人同意。需要变更工作负责人时，原工作票签发人应将变更情况通知工作许可人，在工作票“工作负责人变更”栏内填写离去和变更后新的工作负责人姓名、变更日期及时间，工作票签发人、工作许可人签名。（ ）

答案：×（应经工作负责人同意）

14．工作票的有效时间，应以批准的检修期为限。（ ）

答案：√

15．工作负责人、工作许可人任何一方不得擅自变更安全措施，场站运行值班人员不得变更有关检修设备的运行、接线方式，若有特殊情况需要变更时，应先停止工作，并取得双方同意，重新布置安全措施、办理工作票。（ ）

答案：√

16．所有工作人员（除了工作负责人），不得单独留在高压室、室外变电站高压设备区及风电机组内。（ ）

答案：×（包括工作负责人）

17．操作命令由值班负责人发布，现场运行值班人员接受。发令人发布操作预告语前应冠以“操作预告”。受令人应将操作预告记入值班记录，并向发令人复诵一遍，复诵时应冠以“重复预告”，得到发令人同意后生效。（ ）

答案：√

18．动火工作票至少一式三份，动火工作负责人、运行许可人、动火执行人各执一份。所有动火工作票随检修工作票一同保存。（ ）

答案：√

19．动火工作票签发人可以兼任该项工作的工作负责人。（ ）

答案：×（不得兼任）

20．动火作业时，应尽可能地把动火时间和范围压缩到最低限度。（　　）

答案：√

21．一级动火时，动火部门负责人或技术负责人、消防监护人、单位安全监督人员应始终在现场监护。（　　）

答案：√

22．二级动火时，动火部门负责人或技术负责人、消防监护人、单位安全监督人员应始终在现场。（　　）

答案：×（监护工作负责人、消防监护人应始终在现场监护）

23．办理有限空间工作票应在履行检修工作票手续之前。（　　）

答案：×（之后或同时进行）

24．检修工作票是主票，有限空间工作票是检修工作票的附属票，不得代替检修工作票单独使用。（　　）

答案：√

25．有限空间作业的工作负责人可以兼职专职监护人。（　　）

答案：×（不得兼职）

26．所有有限空间工作票应随检修工作票一同保存。（　　）

答案：√

27．一级动火工作票由申请动火部门负责人或技术负责人签发，本单位安全监督部门负责人、消防管理部门负责人审核，本单位主管生产的领导批准。（　　）

答案：√

28．二级动火工作票由申请动火班组班长或班组技术员签发，本单位安全监督人员、消防管理人员审核，动火部门负责人或技术负责人批准。（　　）

答案：√

四、填空题

1．在实施具体检修、操作任务前，应对工作任务全过程进行（　　），辨识工作任务全过程可能存在的全部危险点，制订风险控制措施，填入工作票或操作票。

答案：危险点分析

2．工作票实施分级管理、逐级负责。（　　）是工作票的监督考核部门，对执行全过程进行监督，并对责任部门进行考核。

答案：安全监督部门

3．工作票签发人应经单位有关部门考核合格后，经主管生产的领导批准。由（　　）担任。

答案：场（站）长、专业工程师、技术员及班长

4．工作班成员应相互督促、监督（　　）安全措施是否全面执行。

答案：检修自理

5. 工作票“电气工作条件”栏：根据工作地点需要全部停电或不需要停电的，填写“停电”或“不停电”。工作地点保留带电部分应写明停电设备（ ）第一个相邻带电间隔和设备的名称、编号。

答案：上、下、左、右

6. 两天及以上的工作应在批准期限前（ ）h 办理延期手续。

答案：12

7. 延期手续只能办理（ ）次，如需再延期，应重新签发工作票。

答案：1

8. 风电机组内部检修工作，工作许可人应监督检修自理措施完成情况，检修人员全部操作完毕后将操作结果通知工作许可人，由工作负责人、工作许可人分别在持有的工作票执行栏打“√”；检修自理全部完成后方可开工，相关操作汇报通话应进行录音且保存期不少于（ ）个月。

答案：1

9. 已结束的工作票，保存期应为（ ）个月。

答案：6

10. 操作票实施分级管理、逐级负责。（ ）部门应是确保操作票正确实施的最终责任部门。

答案：运行主管

11. 每张操作票只能填写（ ）个操作任务。

答案：1

12. 操作票应经（ ）审批。

答案：值班负责人

13. 运行值班人员应根据操作预告、工作票要求，向操作人和（ ）交代操作任务、危险点、安全措施和注意事项。

答案：监护人

14. 操作中产生疑问时，应立即停止操作并向（ ）报告，弄清问题后方可继续操作，不得擅自更改操作票，不得随意解除闭锁装置。

答案：值班负责人

15. 操作票保存期为（ ）个月。

答案：6

16. 动火工作票是检修工作票的（ ），不得代替检修工作票或设备停、复役手续，不得单独使用。

答案：附属票

17．动火工作票应用钢笔或签字笔填写与签发，做到正确、清楚，不得任意涂改。设备名称、设备编号、人员姓名、日期和时间（　　）涂改。如有个别错、漏字需要修改，应使用规范的符号，字迹应清楚，并在修改处签名或盖章，每张动火工作票的修改不得超过（　　）处，否则应重新填票。

答案：不应；2

18．外协单位在生产现场动火时，应由本单位具备资格人员按动火等级履行动火工作票审查手续；外协单位动火工作负责人及动火执行人应符合相应条件并经过（　　）、（　　）合格。

答案：考试；审核

19．动火执行人应持允许（　　）与（　　）作业的有效证件。

答案：电焊；热切割

20．在易燃易爆物品周围进行动火作业，应保持足够的（　　），确保通风良好，使可能泄漏的气体能顺畅排走，如有必要，检测动火场所可燃气体含量应合格。

答案：安全距离

21．动火工作完毕后，（　　）、（　　）、（　　）和（　　）应检查现场有无残留火种、是否清洁等。确认无问题后，在动火工作票上填明动火工作结束时间，经四方签名后，盖上“已终结”印章，动火工作方告终结。

答案：动火执行人；消防监护人；动火工作负责人；运行许可人

22．一处有限空间、同一作业内容，办理一张有限空间工作票；当有限空间工艺条件、作业环境条件改变时，应（　　）。

答案：重新办票

23．利用工作票管理系统办理有限空间工作票时，应正确填写，不能任意修改，有限空间工作票应具有（　　）功能。

答案：自动过号

24．外协单位有限空间工作负责人及有限空间作业人员应符合相应条件并经过（　　）、（　　）合格。

答案：考试；审核

25．在缺氧、有毒、易燃易爆、噪声、酸碱等腐蚀性介质的有限空间作业时，应佩戴符合要求的个人防护用品，必要时作业人员应拴带（　　）。

答案：救生绳

26．在有限空间作业时，应在有限空间外设置（　　）。

答案：安全警示标示牌

27．难度大、劳动强度大、时间长的有限空间作业应采取（　　）作业。

答案：轮换

28．工作人员不得擅自扩大工作内容。确需扩大工作任务时，若新增工作任务的检修期限在工作票批准期限内，且不需要变更或增加安全措施的，应经（ ）同意，由工作负责人通过工作许可人许可，按照要求在工作票上增填工作地点和工作内容后，方可扩大工作内容。

答案：工作票签发人

29．对工作票中“需检修自理的安全措施”一栏，若不需要做安全措施，则在该栏内填写（ ）。

答案：无

30．企业（ ）、（ ）、（ ）有关人员按专业分工应随时抽查正在执行的、已执行的工作票，在工作票评价栏内填写存在的问题和改进意见，并签名、填写评价日期。

答案：生产技术部门；运行调度部门；安全监督部门

五、简答题

1．工作票签发人的安全职责有哪些？

答案：（1）负责审核检查工作的可能性和必要性。

（2）负责审核检查工作票上所填安全措施、注意事项是否正确和完善。

（3）负责检查确认所派工作负责人和工作班成员是否适当和足够，精神状态是否良好，能否胜任所承担的工作。

（4）经常到现场检查工作是否安全进行。

2．工作负责人（监护人）的安全职责有哪些？

答案：（1）正确安全地组织工作，对工作人员给予必要的指导。

（2）工作前对工作班成员交代工作任务及工作的危险点、安全措施和注意事项，并对其充分性负责；督促所有工作班成员在工作票相应栏内确认签名，结合实际对工作班成员进行安全思想教育。

（3）督促、监护工作班成员遵守《电力安全工作规程》。

（4）检查工作票所列安全措施、注意事项是否正确完备；检查所有安全措施的执行情况，是否达到全过程安全检修工作条件，是否符合现场实际，必要时予以补充。执行风电机组工作票时，自理安全措施执行、验收完成后，电话汇报现场运行值班人员，现场运行值班人员同意后方可开工。

（5）确认工作班成员精神状态是否良好，工作班成员变更是否合适。

（6）对现场施工机械、工具、安全用具的安全性能负责。

（7）工作结束时，清点工作班人数，做到工完、料净、场地清。

（8）办理工作终结手续前，向现场运行值班人员进行技术交底，说明设备变更情况。

3．工作许可人的安全职责有哪些？

答案：（1）审查工作票所列安全措施、注意事项是否正确完备，是否符合现场条件；

对工作票所列内容即使产生很小疑问，也应向工作票签发人询问清楚，必要时应要求其作详细补充。

（2）检查工作现场布置的安全措施是否完善，必要时予以补充。

（3）检查检修设备与运行设备是否已隔断，电气工作中停电设备有无突然来电的危险。

（4）会同工作负责人对机组变压器低压侧至升压站和送出线路部分工作票所列安全措施执行情况进行现场确认，具体指明检修设备系统的实际隔离措施，向工作负责人现场证明设备系统已确无电压。

（5）工作票押回、终结时，相关检修自理措施恢复或拆除情况手续按照以上执行。

4．值班负责人的安全职责有哪些？

答案：（1）接受工作票，审查工作的必要性。

（2）审查工作票所列工作负责人、工作票签发人是否具备资格。

（3）审查工作票所列安全措施、注意事项是否正确完备。

（4）审查工作票任务内容是否填写详细、清楚，设备名称和设备编号是否正确，工作地点是否明确。

5．简述工作票终结的安全事项。

答案：全部工作完毕后，工作班人员应清扫、整理现场。工作负责人应事先检查，全体工作人员撤离工作地点后，再向运行值班人员交代工作项目、发现及解决的问题、试验结果、遗留问题和能否投运等。工作负责人应与场站运行值班人员共同检查设备状况、有无遗留物件、是否清洁等，然后在工作票上填明工作终结时间；风电机组工作票由工作负责人现场检查，检查结果电话汇报（并保留电话录音）运行值班人员，并详细记入检修交代，经双方签名后，工作票方告终结。

6．根据操作票制度，操作的基本条件包括哪些？

答案：（1）具有与实际运行方式相符的一次系统模拟图或接线图。

（2）电气设备应具有明显的标志，包括命名、编号、设备相色等。

7．动火工作票各级审批人员及签发人的安全责任有哪些？

答案：（1）审查工作的必要性和安全性。

（2）审查申请工作时间的合理性。

（3）审查工作票上所填安全措施是否正确、完备。

（4）审查工作负责人、动火执行人是否符合要求。

（5）指定专人测定动火部位或现场可燃性、易爆气体含量或粉尘浓度是否符合安全要求。

8．动火执行人的安全责任有哪些？

答案：（1）在动火前应收到经审核批准且允许动火的动火工作票。

（2）核实动火时间、动火部位。

（3）做好动火现场及本工种要求做好的防火措施。

（4）全面了解动火工作任务和要求，在规定的时间、范围内进行动火作业。

（5）动火工作间断、终结时清理并检查现场有无残留火种。

（6）动火工作票所列各级人员在发现安全措施不完善、不正确，或在动火过程中发现有危险或违反有关规定时，均有责任立即停止动火作业，并报告有关部门和领导。

第4章 《6　保证安全的技术措施》考核题

一、单选题

1．检修长度在（　　）m及以下的母线，可以只装设一组接地线或合一组接地开关。

A．10　　B．13　　C．15　　D．20

答案：A

2．成套接地线应由有透明护套的多股软铜线和专用线夹组成，其截面应符合短路电流的要求，但不得小于（　　）mm^2。

A．15　　B．20　　C．25　　D．30

答案：C

3．（　　）kV及以下设备的临时遮栏，可用与带电部分直接接触的绝缘隔板代替临时遮栏，但此种隔板应符合要求。

A．20　　B．10　　C．35　　D．60

答案：C

二、判断题

1．应在叶轮转动的情况下插入锁定销。（　　）

答案：×（严禁在叶轮转动的情况下插入锁定销，禁止锁定销未完全退出插孔前松动制动器）

2．进入轮毂或在叶轮上工作前应将叶轮进行机械锁定。锁定叶轮时，应使其中一只叶片竖直指向地面（“Y”位置）。（　　）

答案：√

3．任何运用中的星形接线设备的中性点，应视为不带电设备。（　　）

答案：×（任何运用中的星形接线设备的中性点，应视为带电设备）

4．可以在只经断路器（开关）断开电源的设备上工作。（　　）

答案：×［禁止在只经断路器（开关）断开电源的设备上工作］

5．对于可能送电至停电设备的各方面或停电设备可能产生感应电压的，均应装设接地线或合上接地开关（接地刀闸），所装接地线与带电部分应考虑接地线摆动时仍符合安全距离的规定。（　　）

答案：√

6．在门型架构的线路侧进行停电检修，如工作地点与所装接地线（接地开关）的距离小于10m，工作地点虽在接地线外侧，可不必另装接地线或合接地开关（接地刀闸）。（　　）

答案：√

7．接地线与检修部分之间可以连有断路器或熔断器。（　　）

答案：×（接地线与检修部分之间不得连有断路器或熔断器）

8．接地线应采用三相短路式接地线，若使用分相式接地线时，应设置三相合一的接地端。（　　）

答案：√

9．每组接地线均应编号，并存放在固定地点。存放位置亦应编号，接地线号码与存放位置号码应一致。（　　）

答案：√

10．在计算机显示屏上操作的隔离开关操作处，应设置“禁止合闸　有人工作”或“禁止合闸　线路有人工作”安全警示标示牌。（　　）

答案：√

11．在工作地点应设置“在此工作”安全警示标示牌。（　　）

答案：√

12．任何人都可以从事电源线拆接工作。（　　）

答案：×（从事电源线拆接等工作时，应由有资质的人员进行操作）

13．泄压操作时，人员可以正对压力释放的方向。（　　）

答案：×（泄压操作时，人员不得正对压力释放的方向，必要时应做好防护措施）

14．泄压时，若压力表指示在“0”位，即可认为设备和系统内部已无压力，可开工。（　　）

答案：×（若压力表指示虽在“0”位，但关闭的阀门后管段仍有介质流动的声音等现象，应认为设备和系统内部仍有压力，在未查明原因前不得开工）

15．若无阀门或其他措施进行泄压，在压力不高的情况下，可通过拧松阀门法兰螺栓进行泄压。（　　）

答案：√

16．在有限空间内作业，作业前应采用纯氧气通风换气。（　　）

答案：×（在有限空间内作业，作业前应采取充分的通风换气措施，严禁用纯氧气通风换气）

17．危险场所夜间应设警示灯，警示灯应为黄色，必要时应派专人看守。（　　）

答案：×（警示灯应为红色）

18．不得随意移动、变动和拆除临时遮栏、标示牌等设施。在应拆除遮栏、标示牌的情况下方能工作时，应采取监护等措施。（　　）

答案：√

19．在有限空间内工作，人孔门处应设置“在此工作”“未经许可　禁止入内”等安全警示标示牌，有限空间外应设有专人监护，并与有限空间内工作人员保持联系，做

好人员、物件出入登记。（　　）

答案：√

20．装、拆接地线或拉、合接地开关应由三人进行，其中一人监护，人体不应碰触未接地的导线。（　　）

答案：×（装、拆接地线或拉、合接地开关应由两人进行。人体不应碰触未接地的导线）

三、填空题

1．风电机组停止运行后，应切断风电机组的远程控制，并将风电机组切至（　　）模式。

答案：就地

2．松开叶轮锁定前应确保叶轮内部无遗留物且三个桨叶处于（　　）位置。

答案：顺桨

3．在“远程/就地”开关旋钮处应设置“（　　）”安全警示标示牌，并在工作地点设置“（　　）”安全警示标示牌。

答案：禁止合闸　有人工作；在此工作

4．与停电设备有关的变压器和电压互感器，应将设备各侧断开，防止向停电检修设备（　　）。

答案：反送电

5．在恶劣气象条件时，对户外设备及无法进行直接验电的设备，可以进行间接验电。即检查（　　）的机械指示位置、电气指示、仪表及带电指示装置指示的变化，并进行综合判断。

答案：隔离开关（刀闸）

6．（　　）kV 及以上的电气设备可采用间接验电方法进行验电。

答案：330

7．当验明设备确已无电压后，应立即将检修设备接地并（　　）。

答案：三相短路

8．在室内配电装置上，接地线应装在该装置导电部分的规定部位，这些部位的油漆应刮去，并设置（　　）标志。

答案：接地端

9．在一经合闸即可送电到工作地点的断路器（开关）和隔离开关（刀闸）的操作把手上，均应设置“（　　）”安全警示标示牌。

答案：禁止合闸　有人工作

10．在室内高压设备上工作，应在工作地点两旁间隔和对面间隔的遮栏上和禁止通行的过道上设置“止步　高压危险”安全警示标示牌，并在相邻带电间隔屏前后设置

（ ）标志。

答案：运行

11．若室外只有个别地点设备带电，可在其四周装设全封闭遮栏，遮栏上悬挂适当数量朝向外面的“（ ）”安全警示标示牌。

答案：止步 高压危险

12．在工作人员上下用的铁架和梯子上应设置“（ ）”安全警示标示牌。在邻近其他可能误登的带电架构上，应设置“禁止攀登 高压危险”安全警示标示牌。

答案：从此上下

13．设备检修需要断开电源时，应在已拉开的开关、刀闸明显位置设置“（ ）”安全警示标示牌。

答案：禁止合闸 有人工作

四、简答题

1．简述装、拆地线的顺序及安全注意事项。

答案：装设接地线应先接接地端，后接导体端，且应接触良好；拆接地线的顺序与此相反。装、拆接地线均应使用绝缘棒和戴绝缘手套。拉合接地开关（接地刀闸）后，应对实际位置进行确认。

2．在下水沟、疏水沟或敷设有汽水等管道、阀门的地下沟道和井下进行检修工作时，应采取什么隔离措施？

答案：在下水沟、疏水沟或敷设有汽水等管道、阀门的地下沟道和井下进行检修工作，应关闭向工作地点流入蒸汽或水等介质的所有截止门或闸板，并做好防止突然开启的措施。如需冲洗沟道，工作人员应先撤离，清点人数和工器具无误后，再开启有关截止门或闸板。

第 5 章 《7　电气作业》考核题

一、单选题

1．低压是指配电交流系统中（　　）V 及以下等级的电压；（　　）V 以上电压等级称为高压。

A．600；600　　B．800；800

C．1000；1000　　D．1500；1500

答案：C

2．使用携带型火炉或喷灯的工作场所应通风良好，火焰与带电部分的距离为：电压在 10kV 及以下者，不得小于（　　）m；电压在 10kV 以上者，不得小于（　　）m。不得在带电导线、带电设备、变压器、油断路器（油开关）附近使用火炉或喷灯点火。

A．0.5；1　　B．1；1.5　　C．1.5；3　　D．2.5；5

答案：C

3．雷雨天气不应巡视风电机组、山地光伏组件，雷雨天气后（　　）h 内禁止靠近风电机组。

A．1　　B．2　　C．3　　D．4

答案：A

4．大型油浸式变压器在放油及滤油过程中，储油和油处理现场应配备足够可靠的消防器材，制定明确的消防责任制；场地应平整、清洁，远离电缆沟，（　　）m 范围内不得有火种及易燃易爆物品。

A．50　　B．10　　C．15　　D．20

答案：B

5．在室内，设备充装 SF_6 气体时，周围环境相对湿度应不大于（　　），同时应保持通风系统在运行状态，并避免 SF_6 气体泄漏到工作区。工作区空气中 SF_6 气体含量不得超过（　　）μL/L。

A．50%；1000　　B．80%；1000　　C．50%；800　　D．80%；1200

答案：B

6．挖掘出的电缆或接头盒，如下面需要挖空时，应将其悬吊保护，悬吊点间隔应为（　　）m，并采取措施防止电缆损伤。

A．0.8～1.5　　B．1.0～1.5　　C．1.2～1.5　　D．1.2～2.0

答案：B

7．在保护室、电子间等有微机保护、安全自动装置、计算机监控系统运行的地点，不得在距离设备（　　）m 以内的范围内使用无线通信工具，如对讲机、移动电话等。

A．1　　B．2　　C．3　　D．5

答案：C

8．电气高压试验，使用携带式仪器进行测量工作时，连接电流回路的导线截面，应适合所测电流数值。连接电压回路的导线截面积不得小于（　　）mm^2。

A．0.5　　B．1.0　　C．1.5　　D．2.0

答案：C

9．使用钳形电流表测量高压电缆各相电流时，电缆头线间距离应在（　　）mm以上，且绝缘良好，测量方便者，方可进行。

A．100　　B．200　　C．300　　D．400

答案：C

10．在带电区域内的起重和运输工作，当起重机械设备（包括悬臂、吊具、辅具、钢丝绳）及起吊物件等与带电体最小的安全距离小于规定时，带电设备应停电。当带电体电压为220kV时，最小安全距离是（　　）m。

A．3.0　　B．5.0　　C．6.0　　D．8.5

答案：C

11．检修电源箱的支路开关都应加装剩余电流动作保护装置（漏电保护器）并应每（　　）检查。

A．周　　B．月　　C．季　　D．年

答案：B

12．设备解体检修前，应对SF_6气体进行检验，根据有毒气体的含量，采取安全防护措施，检修人员应根据需要着装并佩戴正压式空气呼吸器，打开设备封盖后，检修人员应暂离现场（　　）min。

A．15　　B．20　　C．30　　D．60

答案：C

二、多选题

1．单独值班人员应具备实际工作经验，但不得单独从事修理工作。高压设备符合（　　）条件的，可由单人值班。

A．室内高压设备的隔离室设有遮栏，遮栏的高度在2m以上，安装牢固并加锁

B．室内高压断路器（开关）的操作机构用墙与该断路器（开关）隔离

C．室内高压断路器（开关）的操作机构用金属板与该断路器（开关）隔离

D．室内高压断路器（开关）的操作机构用装有远方操作机构

答案：ABCD

2．恶劣天气下需要巡视室外电气设备时，应遵守相关规定，下列描述正确的是（　　）。

A．应至少三人以上进行巡视工作

B．雷雨天气，应穿绝缘靴，严禁打伞，且不得靠近避雷器和避雷针

C．大风、沙尘天气，应注意躲避高处落物并佩戴必需的防护用具

D．大雪、冰冻天气，应远离高压线，防止落冰或断线伤人

答案：BCD

3．对充油变压器的微小渗漏进行补焊，除执行动火工作票制度外，还应遵守相关规定，下列描述正确的是（　　）。

A．变压器顶部应有开启的孔洞

B．焊接部位应在油面以上

C．应采用断续的电焊，严禁火焊

D．焊点周围的油污应清理干净

答案：ACD

4．封闭式组合电器在运输和装卸过程中不得（　　），制造厂有特殊规定标记的，应按制造厂的规定装运。

A．倒置　　B．倾翻

C．碰撞　　D．受到剧烈的震动

答案：ABCD

5．挂拆工作接地线应遵守相关规定，下列描述正确的是（　　）。

A．验明线路确无电压后，作业人员应按照工作票上接地线布置的要求，立即挂工作接地线

B．同杆塔架设有多层电力线时，应先挂低压，后挂高压；先挂下层，后挂上层

C．停电线路上有感应电压时，应在作业范围内加挂工作接地线

D．挂工作接地线时，应先接线路端，后接接地端。接地线连接应可靠，不得缠绕

答案：ABC

6．紧线作业应遵守相关规定，下列描述正确的是（　　）。

A．杆塔部件应齐全，螺栓应紧固

B．登塔作业人员应先做好防止高处坠落的安全措施后方可开始工作

C．紧线使用的工器具应做好防止高处落物的措施

D．作业面下方不得有人

答案：ABCD

7．下列应填用电气第一种工作票的是（　　）。

A．高压电力电缆停电工作　　B．低压电力电缆的工作

C．母线停电工作　　D．集电线路停电工作

答案：ACD

8．对热缩电缆头制作应采取安全措施，下列描述正确的是（　　）。

A．热缩电缆头制作应根据需要开具动火工作票，落实动火安全责任和措施

B．作业场所 5m 内应无易燃易爆物品，通风良好

C．火焰枪气管和接头应密封良好

D．做完电缆头后应及时熄灭火焰枪（喷灯），并清除杂物

答案：ABCD

9．在带电的电流互感器二次回路上工作时，应做好安全措施，下列描述正确的是（　　）。

A．不得将电流互感器二次侧开路

B．短接电流互感器二次绕组，应使用短接片或短接线，短接应妥善可靠，严禁用导线缠绕

C．不得在电流互感器与短路端子之间的回路和导线上进行任何工作

D．工作应认真、谨慎，不得将回路的永久接地点断开，除永久接地点外严禁回路第二点接地

答案：ABCD

10．下列对电气高压试验的描述正确的是（　　）。

A．高压试验应填用电气第一种工作票

B．试验现场应装设遮栏或围栏，遮栏或围栏与试验设备高压部分应有足够的安全距离，向外设置“止步　高压危险”安全警示标示牌，并派人看守

C．高压试验工作不得少于两人

D．遇有雷电、雨雪和 6 级以上大风时，应停止室外电气设备高压试验

答案：ABCD

11．下列关于使用绝缘电阻表的测量工作的描述正确的是（　　）。

A．使用绝缘电阻表测量高压设备绝缘工作，可由一人进行

B．测量绝缘时，应将被测设备从各方面断开，验明无电压，确实证明设备无人工作后，方可进行

C．在有感应电压的线路上（同杆架设的双回线路或单回路与另一线路有平行段）测量绝缘时，应将另一回线路同时停电，方可进行

D．在带电设备附近测量绝缘电阻时，测量人员和绝缘电阻表的安放位置，应选择适当，保持安全距离，以免绝缘电阻表引线或引线支持物触碰带电部分

答案：BCD

12．下列关于使用避雷器带电测试仪测量工作的描述，正确的是（　　）。

A．使用避雷器带电测试仪的测量工作，应填用电气第一种工作票

B．使用避雷器带电测试仪的测量工作，应填用电气第二种工作票

C．测量前，取电流信号时应先将信号电缆的接地端可靠接地，再与在线电流表的上端连接

D．测量前应先检查各探头及信号电缆绝缘良好，测量电压隔离器输入阻抗应符合要求，电压互感器二次端子应准确无误

答案：BCD

13．检修母线应做好相关措施，下列描述正确的是（　　）。

A．断开母线上所有隔离开关（刀闸）（有跌落式熔断器的应拉开熔断器），断开上述隔离开关（刀闸）的操作能源

B．在母线上挂接地线或合上接地开关（接地刀闸）。当母线超过 10m 时，应适当增加接地线（接地开关）的组数

C．在母线上所有隔离开关（刀闸）（跌落式熔断器）操作把手上设置“禁止合闸　有人工作”安全警示标示牌

D．在工作区域应装设围栏，并向内设置“止步　高压危险”安全警示标示牌，向外设置“在此工作”安全警示标示牌

答案：ABCD

14．敷设电缆时，应有专人统一指挥，并遵守相关规定，下列描述正确的是（　　）。

A．电缆盘架设应牢固平稳，电缆应从盘的上方缓慢引出，引出端头的铠装应绑紧

B．站在电缆架上作业时，电缆架强度应足够，必要时采取加固措施，严禁攀登组合式电缆架或吊架

C．电缆敷设人员禁止触碰运行电缆接头盒

D．临时打开的电缆井井盖、电缆沟盖板及隧道孔应设遮栏或标志，完工后立即恢复；电缆穿越过的孔洞应进行防火封堵

答案：ABCD

15．进入电缆井、电缆隧道前，应排除内部浊气，必要时应检测（　　）是否合格。

A．含氧量　　B．易燃易爆气体的含量

C．有毒气体的含量　　D．氮气的含量

答案：ABC

16．下列继电保护系统的工作，应填用电气第二种工作票的是（　　）。

A．继电保护、安全自动装置和仪表及相关二次回路检验工作或在运行中改变定值的工作，无须将高压设备停电的

B．检验继电保护、安全自动装置和仪表、计算机监控系统，需将高压设备停

电的

C．对接于电流互感器或电压互感器二次绕组并装在通道上或配电盘上的继电保护、安全自动装置及其控制回路，以及光纤、载波通道设备上的工作，无须将高压设备停电的

D．在计算机监控系统进行电气设备检修工作，无须将高压设备停电的

答案：ACD

17．下列关于使用钳形电流表测量工作的描述，正确的是（　　）。

A．运行值班人员在高压回路上使用钳形电流表的测量工作，应由 2 人进行。非运行值班人员测量时，应填用电气第一种工作票

B．在高压回路上测量时，不得用导线从钳形电流表另接表计测量

C．测量时若需拆除遮栏，应在拆除遮栏后立即进行，并有专人监护。工作结束，应立即将遮栏恢复原位

D．使用钳形电流表时，应注意钳形电流表的电压等级。测量时戴绝缘手套，穿绝缘靴或站在绝缘垫上，不得触及其他设备，以防短路或接地。观测表计时，应特别注意保持头部与带电部分的安全距离

答案：BCD

三、判断题

1．所有电气设备的金属外壳均应有良好的接地装置，工作中不应将接地装置断开（拆除）。（　　）

答案：✓

2．遇有 5 级以上大风时，严禁在同杆塔多回线路中进行部分线路停电检修工作。不得在带电杆塔上刷油、除鸟窝、紧杆塔螺丝、检查架空地线（不包括绝缘架空地线）及查看金具、绝缘子。（　　）

答案：✓

3．设置在电气设备上的标示牌，除原来设置人员或负责运行值班人员外，其他人员也可以移动。（　　）

答案：×（设置在电气设备上的标示牌，除原来设置人员或负责运行值班人员外，其他任何人员不应移动）

4．严禁湿手触摸电源开关及其他电气设备。（　　）

答案：✓

5．可以用铜丝、铁丝等代替熔体，熔体容量应与熔断器、被保护的线路的规格容量相匹配。（　　）

答案：×（不应用铜丝、铁丝等代替熔体，熔体容量应与熔断器、被保护的线路的规格容量相匹配）

6．任何运用中的星形接线设备的中性点接地系统，应视为带电设备。（　　）

答案：√

7．气候异常、风电机组非正常运行或新设备投入运行时，应增加巡回检查内容及次数。（　　）

答案：√

8．倒闸操作应根据值班调度员或值班负责人命令，受令人复诵无误后执行。（　　）

答案：√

9．雷电天气时，可以进行倒闸操作。（　　）

答案：×（雷电天气时，禁止进行倒闸操作）

10．发生人身触电事故时，为解救触电人，可不经许可，即行断开有关设备的电源，但事后应立即报告。（　　）

答案：√

11．充氮的变压器未经充分排氮，严禁人员入内。（　　）

答案：√

12．对于液压、气动及弹簧操作机构，可以在有压力或弹簧储能的状态下进行拆、装或检修作业。（　　）

答案：×（对于液压、气动及弹簧操作机构，严禁在有压力或弹簧储能的状态下进行拆、装或检修作业）

13．断路器、隔离开关检修时，在隔离刀刃及动触头横梁范围内不应有人作业。必要时应在隔离开关可靠闭锁后方可进行作业。（　　）

答案：√

14．SF_6 电气设备检修工作结束后，检修人员应立即清洗身体，用过的工器具、防护用具应立即清洗干净后保存，严禁穿戴防护用品随意走动。（　　）

答案：√

15．在未接到停电许可作业命令前，禁止任何人接近带电体。（　　）

答案：√

16．母线安装挂线时，导线下方不得有人逗留，但是导线下方可以行走。紧线应缓慢，并随时检查导线是否有被挂住的地方，严禁跨越正在收紧的导线。（　　）

答案：×（母线安装挂线时，导线下方不得有人逗留或行走）

17．进入铅酸蓄电池室前应先开启抽风系统，保持通风，并检查水源是否正常、中和液是否齐备。严禁将明火或可能产生火花的物品带入蓄电池室。（　　）

答案：√

18．铅酸蓄电池室的电气设备、设施均应采用防爆型的。（　　）

答案：√

19．继电保护、安全自动装置相关作业，除填用工作票外，对一些重要设备，特别是复杂的保护装置或有联跳回路的保护装置，如母线保护、断路器失灵保护等可能造成主辅设备跳闸的现场维护、校验工作，还应填用继电保护安全措施票。（ ）

答案：√

20．检修人员现场工作如需拔插卡件时，可以带电拔插卡件，拔插卡件和其他工作时，应做好防止静电损坏卡件芯片的措施。现场工作使用的仪器应按要求接地。（ ）

答案：×（检修人员现场工作如需拔插卡件时，应将设备停电，禁止带电拔插卡件）

21．所有电流互感器和电压互感器的二次绕组应有且仅有一点永久性的、可靠的保护接地。（ ）

答案：√

22．试验用隔离开关（刀闸）或快速小开关应完好，容量合适，防止总电源越级跳闸或熔丝熔断，必要时可从运行设备上直接取试验电源。试验接线应经第二人复查后，方可通电。（ ）

答案：×（禁止从运行设备上直接取试验电源）

23．投入运行设备保护压板前应测量出口压板上下断口电压，防止误跳断路器。（ ）

答案：√

24．电流表、电流互感器及其他测量仪表的接线和拆卸，需要断开高压回路者，应将此回路所连接的设备和仪器全部停电后，方可进行。（ ）

答案：√

25．油品检测实验中严禁佩戴隐形眼镜。（ ）

答案：√

26．实验室冰箱及储藏柜内可以存放食品。（ ）

答案：×（实验室冰箱及储藏柜内不应存放食品）

27．禁止用嘴、鼻直接接触试剂。使用易挥发、腐蚀性强、有毒物质应戴防护手套，并在通风橱内进行，中途不得离岗。（ ）

答案：√

28．实验室产生的废液储存到一定数量后，应集中处理。用于回收废液的容器应分类盛装，禁止混合储存，以免发生剧烈化学反应从而造成事故。（ ）

答案：√

29．沾附有害物质的滤纸、称量纸、药棉等应与生活垃圾分开，单独处理。（ ）

答案：√

30．雷电时，禁止在室外变电站或室内的架空引入线上进行检修和试验。（ ）

答案：√

31. 临时电源线应正确接线，压接牢固。可将电源线直接钩挂在闸刀上或直接插入插座内使用。（　　）

答案：×（严禁将电源线直接钩挂在闸刀上或直接插入插座内使用）

32. 电源线不得接近热源或直接绑挂在金属构件上，可直接架设在脚手架上。（　　）

答案：×（电源线不得接近热源或直接绑挂在金属构件上，不应直接架设在脚手架上）

33. 现场检修箱、临时电源箱应上锁，并能在箱外实现紧急断电。临时电源用电负荷应合理分配，禁止超负荷使用。（　　）

答案：√

34. 不论高压设备是否带电，值班人员均不得单独移开或越过遮栏进行工作；若有必要移开遮栏时，应有监护人在场，并符合规定的安全距离。（　　）

答案：√

35. 企业应每年公布单独巡视高压设备的人员名单。巡视高压设备时，不得进行其他工作，可以移开或越过遮栏进行巡视。（　　）

答案：×（巡视高压设备时，不得进行其他工作，不得移开或越过遮栏）

36. 采用电动机构拉合隔离开关（刀闸）后，应停用隔离开关（刀闸）控制电源和合闸能源。（　　）

答案：√

37. 用绝缘棒拉合隔离开关（刀闸）或经传动机构拉合断路器（开关）和隔离开关（刀闸），均应戴绝缘手套。（　　）

答案：√

38. 放松或拉紧断路器的返回弹簧及自动释放机构弹簧时，应使用专用工具，快速释放。（　　）

答案：×（不得快速释放）

39. 调整断路器、隔离开关的安装引线时，不应攀登套管绝缘子，爬梯可搭在绝缘子上。（　　）

答案：×（爬梯不应搭在绝缘子上）

40. 主控制室与 SF_6 配电装置室间应采取气密性隔离措施。SF_6 配电装置室与其下方电缆沟相通的孔洞应进行封堵。（　　）

答案：√

41. 工作接地线一经拆除，该线路即视为带电，禁止任何人再登杆塔进行任何作业。（　　）

答案：√

42．拆除有张力的软导线时应徐徐释放，严禁突然释放。切割导线时，应将切割处的两侧绑紧固定。（ ）

答案：√

43．严禁将蓄电池两极短接，蓄电池间连接应使用专用连接铜排或导线，并用螺栓压接紧固可靠。（ ）

答案：√

44．在二次设备盘柜上进行钻孔等工作时，应停电进行。钻孔时应采取防止附近运行中设备掉闸的措施，必要时应履行审批手续，将保护暂时停用。（ ）

答案：√

45．电压互感器的二次回路通电试验时，为防止由一次侧向二次侧反充电，除应将二次回路可靠断开外，还应取下一次熔断器（保险）或断开隔离开关（刀闸）。（ ）

答案：×（为防止由二次侧向一次侧反充电）

46．禁止在实验室食用食物，使用化学药品后需洗净双手再进食。（ ）

答案：√

四、填空题

1．在高度不足（ ）m 的作业场所使用手提照明灯、行灯或危险环境的局部照明和使用携带式电动工具等，应采用（ ）V 及以下安全电压。

答案：2.5；36

2．旋转电动机发生火灾时，禁止使用（ ）灭火器和（ ）直接灭火。

答案：干粉；干沙

3．生产现场严禁有裸露的电线头。如有裸露的电线，应视为（ ），并及时处理。

答案：带电

4．移动式电动机械电源线应使用（ ）。严禁一个开关接 2 台及以上电动设备。

答案：橡胶软电缆

5．临时电源线一般应架空布置，室内架空高度大于（ ）m，室外大于（ ）m，跨越道路时大于（ ）m；若需放在地面上，应做好防止碾压的措施；对埋地敷设的电缆线线路应设有走向标志和安全标志，电缆埋地深度不应小于（ ）m，穿越公路时应加设防护套管。

答案：2.5；4；6；0.7

6．高压设备发生接地时，室内不得接近故障点（ ）m 以内，室外不得接近故障点（ ）m 以内。进入上述范围的人员应穿绝缘靴，接触设备的外壳和构架时应戴绝缘手套。

答案：4；8

7．配电室的钥匙至少应有（ ）把，由运行值班人员负责保管，按值移交。

答案：3

8．倒闸操作应由两名熟悉设备的人员执行，其中一人（　　）。重要或复杂的倒闸操作，由熟练的值班员操作，值班负责人或值长监护。

答案：监护

9．SF_6新气应完全符合标准。在气瓶内存放半年以上的SF_6气体，使用前应先检验其（　　）和（　　）含量，符合标准后方准使用。

答案：水分；空气

10．工作人员进入 SF_6 配电装置室，应先通风（　　）min，并用检漏仪测量 SF_6 气体含量。

答案：15

11．SF_6设备发生紧急事故时，工作人员应迅速撤离现场，立即开启全部通风系统，发生设备防爆膜破裂事故时，应停电处理，并用（　　）等擦拭干净。

答案：丙酮

12．10kV 及以上升压站（配电室）进行扩建时，新架设的母线与带电母线靠近或平行时，新架设的母线应可靠接地，并保证安全距离，安全距离不够时应采取（　　）措施。

答案：隔离

13．电缆直埋时，应有明显的标志和警告标识，同时采取可靠的防洪、防重物（车辆）倾轧、防动土作业切割等措施；在城镇敷设时，应在其保护板上层铺设醒目标志带；位于城郊或空旷地带，沿电缆路径的直线间隔（　　）、（　　）或（　　），应竖立明显的方位标志或标桩；严禁位于地下管道正上方或正下方。

答案：100m；转弯处；接头部位

14．制作环氧树脂电缆头和调配环氧树脂工作过程中，应采取有效的（　　）和（　　）措施；熬电缆胶工作应有专人看管。熬胶人员应戴帆布手套及鞋盖；搅拌或掐取溶化的电缆胶或焊锡时，应使用预先加热的金属棒或金属勺子，防止落入水分而发生（　　）。

答案：防毒；防火；爆溅烫伤

15．使用高空车、升降平台、风电机组小吊车等，作业活动范围应与带电设备保持一定的安全距离，同时应做好防止触电坠落的安全措施。若危险电压带电体的电压为220kV，则安全距离为（　　）m。

答案：4.0

16．在电容器组上或进入其围栏内工作，应将电容器（　　）放电并接地，方可工作。

答案：逐个多次

17．生产现场应合理布置检修电源箱，宜采用（　　）接线方式。

答案：插座式

18．照明灯具的悬挂高度应离工作面（ ）m 以上，低于此高度时应设（ ）。

答案：2.5；保护罩

19．临时电源线应使用（ ），不应使用花线或塑料线。

答案：橡胶护套电缆

20．室内母线分段部分、母线交叉部分及部分停电检修易误碰的带电设备，应设有标志明显、牢靠的（ ）。

答案：隔离挡板（护网）

21．相邻配电室室内连通门应选用（ ），且不应上锁。

答案：双向自由门

22．电气操作有（ ）和（ ）两种方式。（ ）断路器和隔离开关时，操作人员应做好事故预想，选择合适的位置进行；（ ）时，现场人员应与被操作设备保持安全距离。

答案：就地操作；远方操作；就地操作；远方操作

23．手车断路器送电前应确认断路器在（ ）位置、手动跳闸开关，并使用工具测量开关电源侧与负荷侧的通断情况，确认断路器在分闸位置，检查开关柜接地开关（接地刀闸）确已在分闸位置。

答案：断开

24．雨雪天操作室外高压设备时，绝缘棒应有（ ），还应穿绝缘靴。

答案：防雨罩

25．装卸高压熔断器（保险），应戴（ ）和（ ），必要时使用（ ），并站在绝缘垫或绝缘台上。

答案：防护眼镜；绝缘手套；绝缘夹钳

26．电气设备停电后，即使是事故停电，在（ ）和做好安全措施前，不得触及设备或进入遮栏，以防突然来电。

答案：未拉开有关隔离开关（刀闸）

27．在变压器油箱内工作，应保持（ ），使用便携式防爆照明灯具（安全电压），并设专人监护。作业人员应穿（ ）的工作服，以及耐油防滑靴等专用防护用品；带入的工具应拴绳、登记、清点，严防工具及杂物遗留在器身内。

答案：通风；无纽扣、无口袋

28．变压器吊芯或吊罩应起落平稳；吊芯检查时，不应将芯子叠放在油箱上，应放在（ ）或（ ）；松下起吊绳索前，不应在芯子上进行任何作业；采用吊罩方式检查变压器芯子时，在（ ）或（ ）前，不应在芯子上进行任何作业。

答案：大油盘内；干净的支垫物上；未移开外罩；未做可靠支撑

29．变压器附件有缺陷需要进行焊接处理时，应制订动火作业安全措施。焊接变压器附件，应（　　），运至安全地点，严格按照注油容器焊接工作要求进行。

答案：放尽残油

30．空气断路器初次试动作，应从（　　）做起，工作人员与断路器应保持一定的安全距离或采取防护措施。

答案：低气压

31．推入或拉出断路器时，小车与（　　）应保持平行，防止小车倾倒。

答案：柜面

32．装有 SF_6 设备的配电装置室，应装设强力通风装置。抽风口应设置在室内（　　）部，排风通道不能与（　　）共用，排风口不得直接朝向可能有人的场所或通道。

答案：底；电缆沟

33．SF_6 配电装置室的排风机启停开关应设置在（　　），SF_6 配电装置室的门外及 SF_6 配电室下方电缆沟的入口处应设置“（　　）”的指令标识及“安全须知”文字警示标示牌。

答案：门外；注意通风

34．进入 SF_6 配电装置低位区或电缆沟进行工作前，除进行必要的通风外，还应检测（　　）和（　　），合格后方准进行。

答案：含氧量（不低于 19.5%）；SF_6 气体含量

35．进行 SF_6 气体采样和处理一般渗漏时，应戴（　　）或（　　），并进行通风。

答案：防毒面具；正压式空气呼吸器

36．SF_6 气瓶的（　　）、（　　）应齐全，（　　）应拧紧，搬运时应轻装轻卸，禁止抛掷、溜放。

答案：安全帽；防振圈；安全帽

37．为预防雷电及临近高压电力线作业时的感应电，应装设（　　）。

答案：接地线

38．同塔双回集电线路需登塔作业应将（　　）条线路全部停电。

答案：两

39．锯电缆以前，应与电缆图纸核对是否相符，并确切证实电缆无电后，用带（　　）的接地铁钎钉入电缆芯后方可工作；（　　）的人应戴绝缘手套，并穿绝缘靴或站在绝缘垫上。

答案：木柄；扶木柄

40．油区内电缆竖井、电缆隧道、电缆沟应采取分段防火隔离措施，电缆应采取（　　）电缆。

答案：阻燃

41．在对油品进行（　　）、（　　）、（　　）等操作时，操作人员不应随意离开现场；因故需暂时离开时应委托他人照看或关闭电源。

答案：加热；加压；蒸馏

42．在高压设备上工作，应至少由（　　）人进行，并完成保证安全的组织措施和技术措施。

答案：两

43．回收设备内的 SF_6 气体时，工作人员应站在（　　）风侧，设备抽真空后，用（　　）冲洗 3 次，压力为 9.8×10^4Pa；将清出的吸附剂、金属粉末等废物放入（　　）NaOH 水溶液中浸泡 12h，用塑料布包后深埋，深度应大于 0.8m，地点选在野外边远地区、下水处。

答案：上；高纯氮气；20%

五、简答题

1．简述机组变压器倒闸操作顺序及送电操作顺序。

答案：机组变压器倒闸操作应按照先停风机—断开机组变压器低压侧断路器—断开机组变压器高压侧负荷开关—断开机组变压器高压侧跌落式熔断器（隔离开关）的顺序进行，送电操作应按上述相反的顺序进行。

2．油品检测产生的废液应如何进行和处理？

答案：废液中浓度高的应集中储存，并交具有资质的机构进行处理；浓度低的经适当处理达到排放标准后方可排出。

3．简述在运行中的高压设备上的工作分类。

答案：（1）全部停电的工作，系指室内高压设备全部停电（包括架空线路与电缆引入线在内），通至邻接高压室的门全部闭锁，以及室外高压设备全部停电（包括架空线路与电缆引入线在内）。

（2）部分停电的工作，系指高压设备部分停电，或室内虽全部停电，而通至邻接高压室的门并未全部闭锁。

（3）不停电工作，系指：

1）工作本身不需要停电和没有偶然触及导电部分的危险；

2）许可在带电设备外壳上或导电部分上进行的工作。

4．简述停电拉闸和送电合闸的操作顺序。

答案：停电拉闸操作应按照断路器（开关）—负荷侧隔离开关（刀闸）—电源侧隔离开关（刀闸）—控制电源的顺序依次操作，送电合闸操作应按与上述相反的顺序进行。

第6章 《8　风电机组》考核题

一、单选题

1．风电机组监控系统工程师站、操作员站等人机接口设备的使用应分级授权，口令应（　　）个月更改一次，并做好记录妥善保管，禁止非授权人员使用风电机组监控系统的组态功能。

A．6　　B．3　　C．1　　D．0.5

答案：B

2．风电机组检修吊车应（　　）个月进行一次全面检查。

A．1　　B．3　　C．6　　D．12

答案：C

3．每年雷雨季节前对风电机组的接地电阻进行测试，电阻值不应高于（　　）Ω。

A．0.5　　B．2　　C．4　　D．10

答案：C

4．每年对风电机组轮毂至塔架底部的引雷通道进行检查和测试，电阻值不应高于（　　）Ω。

A．0.5　　B．2　　C．4　　D．10

答案：A

5．防雷系统的接地碳刷应定期进行检查，磨损不超过（　　），刷握内部应无积碳，弹力合格。

A．1/2　　B．1/3　　C．2/3　　D．3/4

答案：C

6．在风机塔架外部使用检修吊车时，应使用辅助导向绳引导，拉导向绳人员应远离吊物孔正下方；作业下方（　　）m半径内禁止人员通行、逗留。

A．3　　B．5　　C．8　　D．10

答案：D

7．在进行人员传送和物料运输时，总重量不得超过说明书限定重量。使用的载物箱尺寸要严格控制，长宽不得超过升降车平台，高度不得超过（　　）cm，且应稳定放置在升降车平台上。

A．25　　B．30　　C．35　　D．50

答案：D

8．升降机应定期进行维护与保养，每年由专业人员进行（　　）次检测。

A．1　　B．2　　C．3　　D．4

答案：A

9. 免爬器在使用前，应进行（ ）m 左右高度空载升降试验，确定状况良好。

A. 1　　B. 2　　C. 3　　D. 3.5

答案：B

二、多选题

1. 机舱内灭火，应使用（ ），不应在没有氧气罩的情况下用二氧化碳灭火器。

A. 手提式干粉灭火器　　B. 二氧化碳灭火器

C. 泡沫灭火器　　D. 卤代烷灭火器

答案：AB

2. 下列关于助爬器使用的描述，正确的是（ ）。

A. 助爬器防坠落系统应各自独立。操作人员应正确穿戴和使用个人防坠落防护用品

B. 可用助爬器提升工具及零件

C. 禁止在使用助爬器过程中接听电话或做与其无关的工作

D. 应根据个人体重调整提升力，提升力不得超过使用者体重的 2/3

答案：ACD

3. 风电机组因雷击发生故障时，应待雷雨过后 1h，组织人员检查（ ）是否损坏并进行处理。

A. 机组部件　　B. 电气系统　　C. 防雷系统　　D. 通信系统

答案：ABCD

4. 风电机组塔架上应有设备编号，塔架外部应有（ ）安全警示标示牌。

A. “雷雨天气　禁止靠近”　　B. “必须戴安全帽”

C. “必须穿防护鞋”　　D. “未经允许　禁止入内”

答案：AD

5. 下列关于风电机组齿轮箱换油的说法，正确的是（ ）。

A. 风电机组停运后，宜立即进行换油工作

B. 换油结束后应启动油泵，检查放油孔、注油孔、滤芯等处有无渗漏

C. 换油工作过程中，人员应紧靠油管接头

D. 当油管吊到风机吊口后，应采用安全绳对吊口处的油管进行安全固定

答案：BD

6. 下列关于风电机组偏航系统的说法，错误的是（ ）。

A. 应随时调整偏航零位，防止风机过度偏航伤及电缆

B. 严禁短接偏航限位开关

C. 在手动偏航时，工作人员要靠近偏航电动机、偏航齿圈

D．调整偏航电机刹车片间隙、测量偏航减速机与偏航齿圈间隙、更换偏航计数器等作业时，应对偏航电机可靠断电

答案：AC

7．下列关于风电机组冷却及加热系统的说法，正确的是（　　）。

A．水冷系统中冷却剂主要成分为乙二醇，检修前应戴好橡胶手套，佩戴护目镜

B．拆卸水冷系统元件时，应先对系统进行泄压，放出系统内冷却液

C．机组内任何加热器附近不应有油污及易燃物，应保证周边清洁

D．在拆开水冷系统管路后，应做好管路内冷却液盛装措施，防止冷却液溅到电气设备及电气回路上。检修完成后，应仔细检查管路有无渗漏

答案：ACD

三、判断题

1．风电场应配备 2 套风电机组监控系统服务器，服务器发生故障时，主机与备机可实现自动切换。（　　）

答案：√

2．更换发电机轴承时，可以使用喷灯加热轴承。（　　）

答案：×（更换发电机轴承时，禁止使用喷灯等明火加热轴承）

3．检修变流器、电容器前，无需对电容进行放电。（　　）

答案：×（检修变流器、电容器前，应对电容进行放电并验电）

4．从事风电机组作业，应填用风电机组工作票。（　　）

答案：√

5．手动启动风电机组前，叶片应无结冰、积雪；风电机组叶片发生结冰情况时，应立即远程停机。在未确认叶片结冰消除之前，禁止启机。（　　）

答案：√

6．风电机组机舱、塔架内应装设火灾报警系统（如烟感探测器）和灭火装置（如灭火弹），塔架底部和机舱内部均应设置手提式灭火器，必要时可装设火灾检测系统。（　　）

答案：√

7．在轮毂锁定的情况下可以启动风电机组。（　　）

答案：×（严禁在轮毂锁定的情况下启动风电机组）

8．手动开启机舱加热器时，在工作结束后将加热系统切换至自动模式。（　　）

答案：√

9．风电机组大面积脱网，故障排除后可自动并网。（　　）

答案：×（风电机组大面积脱网后不得自动并网，故障脱网风电机组应经所属调度部门许可后方可并网）

10．有人使用免爬器时，禁止其他人同时在本直梯上攀爬，禁止其他人在主机平台使用升降车的手动操作装置或者手持遥控器操作。（　　）

答案：√

11．对风电机组倒塔事故现场进行警戒线装设时，可单人操作。（　　）

答案：×（对事故现场进行警戒线装设或就地操作时应至少两人进行，禁止单人操作，并保持通信畅通）

12．运行人员应在大风天气加强机组运行监视，当风速超过切出风速仍不切出的，应立即停机，对机组控制系统及参数进行检查。（　　）

答案：√

13．在风电机组轮毂内工作时不得踩踏各连接线及插头，必要时可以站在变桨齿面上作业。（　　）

答案：×（严禁站在变桨齿面上作业）

14．在升降机内部操作或者外部遥控操作，应将所有的门锁紧，指示灯显示正常，方可进行上升或者下降。（　　）

答案：√

15．风机检修吊车吊钩应垂直于提升物品的重心上，吊钩钢丝绳应保持垂直。必须时可以用吊钩斜拽提升物品。（　　）

答案：×（禁止使吊钩斜拽提升物品）

16．严禁将风电机组控制回路信号断接和屏蔽，禁止将回路的接地线拆除；未经授权，严禁修改机组设备参数及保护定值。（　　）

答案：√

17．风电机组监控系统应满足二次安防要求，严禁外联。（　　）

答案：√

18．检修发电机前应将机侧及网侧电源可靠断开，并可靠锁定叶轮锁。（　　）

答案：√

19．检修人员使用双钩安全绳时，应连接至一个牢固构件上，禁止固定在旋转部件上或带有尖角、毛刺、尖锐突出的部位上，防止高处坠落、物体打击。（　　）

答案：×（应连接至两个不同的牢固构件上）

20．风电机组发生火灾、应急救援人员参与救援工作时，应正确佩戴防毒面具或正压式空气呼吸器等安全防护用品。（　　）

答案：√

21．在升降机使用过程中，应定期检查钢丝绳和轨道，确保处于正常状态，如运行过程中出现异常声音，应立即停止使用，严禁带病运行。（　　）

答案：√

22．事故风电机组所在集电线路在切除电源、清理障碍确保安全后，可将集电线路所带其他机组恢复送电。（ ）

答案：√

23．风电机组机舱发生火灾无法控制时，应立即通过升降装置撤离。（ ）

答案：×（禁止通过升降装置撤离，应首先考虑从塔架内爬梯撤离，当爬梯无法使用时方可利用紧急逃生装置从机舱外部进行撤离）

四、填空题

1．风电机组发生初期火灾时，作业人员应判定火势情况，如尚未危及人身安全，应立即停机并（ ），迅速采取灭火措施，防止火势蔓延。

答案：切断电源

2．作业过程中发生飞车或失控时，工作人员应立即从（ ）方向撤离现场，并尽量远离风电机组。

答案：机组上风向

3．在拆除液压变桨系统的零件前应将叶片锁定，并使用泄压阀排空系统中的压力，压力表指示到（ ），确定系统内压力彻底释放后才能开始工作。

答案：0

4．对联轴器或主轴旋转检查时，应保证有人在（ ）旁边，随时可以制动。

答案：急停按钮

5．风速超过（ ）m/s 不得打开机舱盖；风速超过（ ）m/s 应关闭机舱盖，不得出舱或进入轮毂作业；风速超过（ ）m/s 不得攀爬风电机组塔架；风速超过（ ）m/s 不得进行风电机组任何作业。

答案：12；14；18；25

6．受台风影响停运的风电机组，投入运行前应检查（ ），合格后方可恢复运行。

答案：绝缘

7．叶片的零位标定，应采用手动慢转叶片。调试时机组应处于（ ）状态，叶轮锁应（ ），并注意观察风速，如果风速过大，应停止调试。

答案：刹车；锁定

8．在齿轮箱传动部位作业前，应可靠锁定（ ）。

答案：叶轮锁

9．对风机塔架清洗或做防腐措施时，操作人员应佩戴防毒口罩、防护眼镜、防护手套、防护服等个人安全防护用品，不应使用（ ），塔架内部防腐作业应采取通风措施。

答案：明火

10．风电机组提升装置操作人员应经过（ ）培训，熟练掌握操作流程及安全注意事项，并经考试合格后方可操作。

答案：专业安全技术

11．风力发电机碳粉室应设有排碳装置，避免排碳管、袋、箱破损使碳粉暴露在机舱内，应定期检查发电机碳粉室碳粉堆积情况并及时清理，确保碳粉室碳粉爆炸浓度不超过（　　）mg/m^3，呼吸性粉尘浓度不超过（　　）mg/m^3。

答案：20；2

12．风电机组内不应存放易燃物品，机舱保温材料应阻燃，动力电缆应采取（　　）阻燃措施，机舱内应涂刷防火涂料。

答案：分段

13．风电机组刚停止运行时，不宜打开齿轮箱观察口；如需打开，应戴（　　），防止吸入热油蒸汽。

答案：口罩

14．在操纵免爬器升降车上下过程中，如遇到紧急情况（坠落、超速下滑），应握紧固定把手，保持身体站姿，待（　　）锁止安全绳后，方可离开升降车，使用爬梯离开现场，躲避在安全区域。

答案：失速保护锁

15．风电机组发生倒塔事故后，应立即断开事故机组所在的（　　）开关，同时汇报风电场负责人及本单位（　　）的领导。

答案：集电线路；主管生产

16．风电机组（　　）和（　　）均应设置手提式干粉灭火器，灭火器应置于便于取用的位置并可靠固定。

答案：塔架底部；机舱内部

17．风电机组发生雷击事故，应立即（　　）并及时记录故障时间、（　　）及其他气象信息，立即向风电场负责人及本单位主管生产的领导汇报。

答案：停机；故障信息

18．风电机组发生火灾时，作业人员的最大危险是缺氧和（　　），容易导致人员窒息死亡，应立即采取相关保护措施。

答案：吸入烟雾

19．因风电场全场失电造成风电机组大面积脱网时，应检查并确认风电机组叶片处于（　　）位置。

答案：收桨

20．拆除液压制动装置应先切断（　　）连接，安装液压制动装置应最后连接（　　）装置。

答案：液压、机械与电气；液压、机械与电气

五、简答题

1. 风电机组起火后，人员撤离时，在条件允许的情况下怎样才能防止产生烟囱效应？

答案：人员在撤离机组过程中，条件允许的情况下，应关闭机舱各天窗盖板、各平台盖板、塔架门，防止产生烟囱效应。

第7章 《9 光伏设备》考核题

一、单选题

1．每年应在雷雨季节到来前后对光伏电站的防雷接地进行一次测试和检查，建筑物、光伏方阵的接地电阻应小于（　　）Ω。

A．8　　B．4　　C．2　　D．0.5

答案：B

2．遇到雨、雪天气和大气相对湿度（　　）以上的环境，不得进行光伏组件（含汇流箱）的拆装工作。

A．70%　　B．75%　　C．78%　　D．80%

答案：B

3．风速超过（　　）m/s 时，不得进行光伏组件（含汇流箱）的拆装工作。

A．12　　B．14　　C．18　　D．20

答案：A

4．宜每（　　）个月对光伏阵列的基础、支架及接地网进行一次全面检查。

A．1　　B．2　　C．3　　D．6

答案：C

5．屋顶光伏发电的屋顶坡度超过（　　）时，应设置作业脚踏板，采取防止人员或工具物品滑落的措施。

A．5°　　B．10°　　C．15°　　D．20°

答案：B

6．至少每（　　）个月对逆变器装置清洁一次。

A．0.5　　B．1　　C．3　　D．6

答案：D

7．应每（　　）对二次防护、加固、加密和隔离装置进行检查，定期更新病毒库，或按调度要求进行检查更新。

A．周　　B．月　　C．季　　D．年

答案：B

二、多选题

1．在（　　）的地区，停止运行一个星期以上的单轴、双轴跟踪式光伏支架，在投运前应测量电机绝缘，合格后方可投入运行。

A．寒冷　　B．潮湿

C．高温　　D．盐雾腐蚀严重

答案：ABD

2．水面光伏发电的交通通道应满足巡检人员、渔业人员（　　）的空间需要。

A．观光　　B．停靠　　C．通行　　D．作业

答案：BCD

三、判断题

1．光伏电站与调度之间应保持可靠的通信联系，严格执行调令；在危及人身设备安全的情况下，可先按现场规程进行处理，处理完毕后应立即向调度部门汇报。（　　）

答案：√

2．光伏方阵日常检修、维护应选择在光照较强的时段进行。（　　）

答案：×（光伏方阵日常检修、维护应选择在光照较弱的时段进行）

3．光伏组件有电流输出时，禁止带电直接插拔直流侧光伏电缆的接头。（　　）

答案：√

4．汇流箱内的保险丝不应在运行中装卸和更换。（　　）

答案：√

5．出现输入短路情况后，应断开汇流箱输入开关，不应带电分断熔丝或不具备直流分断能力的隔离开关。（　　）

答案：√

6．宜每年对单轴、双轴跟踪式光伏支架的方位角转动机构和高度角转动机构进行检查。（　　）

答案：×（宜每个月对单轴、双轴跟踪式光伏支架的方位角转动机构和高度角转动机构进行检查）

7．屋顶光伏发电应设置巡检和人工融雪、清雪的安全通道。（　　）

答案：√

8．光伏支架应有接地连接，作业之前，应进行导通测试。（　　）

答案：√

9．汇流箱内光伏组件串的电缆接引前，只需确认光伏组件侧有明显断开点即可。（　　）

答案：×（汇流箱内光伏组件串的电缆接引前，应确认光伏组件侧和逆变器侧均有明显断开点）

10．汇流箱着火时，应立即切断对应开关柜内的进线开关，迅速采取灭火措施。（　　）

答案：√

四、填空题

1．紧急事故处理时，可不办理工作票，但应办理（　　），事故处理后应将事故发

生经过、处理情况及所采取的安全措施如实记录；事故的后续处置工作应办理（ ）。

答案：事故抢修单；工作票

2．逆变器发生火灾，应立即断开（ ）及就地升压变压器高低压侧开关，然后进行灭火。

答案：汇流箱开关

3．检查和更换电容器前，应将电容器充分（ ）。

答案：放电

4．在危及人身和设备安全的紧急情况下，经（ ）许可后，可以没有工作票即进行处置，但必须由运行（ ）将采取的安全措施和没有工作票而必须进行工作的原因记录在运行日志内。

答案：值长；班长（值长）

5．水面光伏发电有物资装卸、人员上下船或可能发生意外落水造成淹溺事故的场所，应设置必要的（ ）、防护栏杆及安全警示标示。

答案：救生设备

6．被拆装光伏组件（含汇流箱）所在支路应停电，并用电流表检测回路确无电流，同时应在该支路开关操作把手上悬挂“（ ）”安全警示标示牌。

答案：禁止合闸 有人工作

7．检修时，汇流箱的所有开关和熔断器应处于（ ）状态。

答案：断开

8．屋顶光伏发电屋面、室外楼梯、阳台、外廊等临空部位应设置（ ）或固定式防护栏杆。

答案：女儿墙

第8章《10　高处作业》考核题

一、单选题

1．凡在离坠落高度基准面（　　）m及以上地点进行的工作，都应视作高处作业。凡能在地面上预先做好的工作，都应在地面上进行，尽量减少高处作业。

A．1.5　　B．2　　C．3　　D．4

答案：B

2．遇有（　　）级及以上风或暴雨、雷电、冰雹、大雪、大雾、沙尘暴等恶劣天气时，应停止露天高处作业。

A．4　　B．5　　C．6　　D．7

答案：B

3．在气温低于（　　）℃时，不宜进行露天高处作业。确因工作需要进行作业时，应采取防止摔伤和冻伤的措施。

A．0　　B．–5　　C．–10　　D．–15

答案：C

4．高处作业人员连续（　　）个月未从事高处作业，应重新接受培训。

A．1　　B．3　　C．6　　D．12

答案：D

5．在机舱外作业，使用机舱顶部防护栏作为安全绳挂点时，每个栏杆最多悬挂（　　）根安全绳。

A．4　　B．3　　C．2　　D．1

答案：C

6．企业应制定高处作业安全工作和管理制度，每（　　）个月至少进行一次坠落防护装备的日常专项检查，发现有缺陷的装备应立即退出使用，无法修复的应做破坏性处理。

A．1　　B．3　　C．6　　D．12

答案：B

7．移动平台工作面四周应有不低于（　　）mm高的护栏，升降机构应牢固完好，升降灵活，液压机构无渗油，有明显的载荷标志，严禁超载使用，禁止在不平整的地面上使用。

A．1000　　B．1200　　C．1400　　D．1600

答案：B

二、多选题

1．在无女儿墙的平屋顶和斜屋顶上作业、巡检时，应注意（　　）。

A．在无女儿墙的平屋顶距离屋顶边缘不足 0.5m 的地方和斜屋顶上的作业，应使用安全带或安全绳，并做好防滑落措施

B．所用的工器具和材料应放在工具袋内或用绳索拴在牢固的构件上，不得随手携带

C．工作中所需零部件、工器具应传递，不得空中抛接

D．工器具使用完后应及时放回工具袋中

答案：ABCD

2．下列关于高处救援安全注意事项的描述，正确的是（　　）。

A．2 人以上救援时，1 人为主救援人员，负责固定、操作救援缓降装置

B．使用救援及逃生设备时，双人累计重量不得超过其额定重量，降落距离不超过其规定距离

C．当伤员在机舱或者平台需要救援时，应将伤员移至爬梯口附近，并将坠落悬挂安全带防坠器扣在爬梯的安全绳上，防止人员坠落

D．确保伤员安全带连接至救援缓降装置后，方可解开坠落悬挂安全带的防坠器，保证伤员安全降落

答案：ABCD

3．下列关于机舱缓降救援装置安全检查的规定，正确的是（　　）。

A．检查机械部件完好，活动自如，无磨损、腐蚀，无裂纹、扭曲

B．风电场应配备至少1套缓降救援装置，存放在温度−15～35℃、相对湿度 5%～80%的干燥通风的工具室（柜）内，每 6 个月检查一次

C．检查安全绳无松股、断股、打结，护套无破损

D．检查不合格的禁止使用，超出使用年限、使用次数或累计下降工作距离的禁止使用，应定期补充或更换

答案：ACD

4．下列关于使用吊篮进行叶片和塔架清洗、修补等维护作业的描述，正确的是（　　）。

A．工作温度低于−10℃时禁止使用吊篮作业，当工作处 10min 内平均风速大于 8m/s 时不应进行塔外作业

B．使用吊篮进行叶片和塔架清洗、修补等维护高处作业，吊篮上的工作人员应配置独立于悬吊平台的安全绳及坠落防护装备，并始终将安全带系在安全绳上

C．使用吊篮作业时，应使用不少于 2 根缆风绳控制吊篮方向，防止吊篮大幅度摆动

D．应尽可能减少吊篮中的作业人员数量，一般应控制在 3 人以下，吊篮中作业人员数量严禁超过核定人数

答案：BCD

三、判断题

1．高处作业时，随身携带工器具人员应先上后下。（　　）

答案：×（随身携带工器具人员应后上先下）

2．个人防坠防护装备在携带过程中，应单独存放，禁止与工器具或风电机组零部件放在一起。（　　）

答案：√

3．当作业人员到达风电机组平台时，应先挂好安全绳并关闭平台盖板后再卸掉防坠器。（　　）

答案：√

4．使用吊篮进行叶片和塔架清洗、修补等维护作业时，可以使用车辆作为缆绳支点和起吊动力器械。（　　）

答案：×（严禁使用车辆作为缆绳支点和起吊动力器械）

5．当高处行走区域不能装设防护栏杆时，应设置1200mm高的安全水平扶绳，且每隔2500mm应设一个固定支撑点。（　　）

答案：×（每隔2000mm应设一个固定支撑点）

6．在气温低于−10℃进行露天高处作业时，施工场所附近应设取暖休息室，并采取防火措施。（　　）

答案：√

7．在有霜冻、积雪、积水屋顶上工作时，应及时清理作业现场，并做好防冻、防滑措施。（　　）

答案：√

8．服用降低判断力和行动能力的药品期间，不得从事高处作业。身体不适、情绪不稳定，不得从事高处作业。（　　）

答案：√

9．高处作业时，使用的工器具和其他物品应随手携带。（　　）

答案：×（高处作业时，使用的工器具和其他物品应放入专用工具袋或箱中，不应随手携带）

10．两名作业人员可以在同一段塔架内同时攀爬。（　　）

答案：×（严禁两名及以上作业人员在同一段塔架内同时攀爬）

11．攀爬带有远程控制系统的风电机组，登塔前应切断风电机组的远程控制或切换至就地控制。（　　）

答案：√

四、填空题

1．攀爬风电机组时，登塔人员体重及负重之和不得超过（　　）kg。

答案：100

2．四周有防护高度不小于 1050mm 女儿墙的平屋顶上作业，可以不使用安全带，但禁止站、骑、坐在女儿墙上。确需在女儿墙上工作时，应做好（　　）措施。

答案：防坠落

3．高处作业的危险区应设围栏及“（　　）”安全警示标示牌。

答案：禁止靠近

4．高处作业人员上下杆塔等设施应沿（　　）或爬梯攀登，在攀登或转移作业位置时不得失去保护。

答案：脚钉

5．屋顶光伏巡检应设计（　　）巡检路线，巡检人员应严格按巡检路线开展巡检。

答案：固定

五、简答题

1．高处作业地点的下方应设置隔离区，并设置明显的安全警示标识，防止落物伤人。隔离区域为 R 与起吊工件最大长度之和。h 为作业位置至其底部的垂直距离，R 为可能坠落范围的半径。简述 R 的取值原则。

答案：当 $2\text{m} \leqslant h \leqslant 5\text{m}$ 时，$R=3\text{m}$;

当 $5\text{m} < h \leqslant 15\text{m}$ 时，$R=4\text{m}$;

当 $15\text{m} < h \leqslant 30\text{m}$ 时，$R=5\text{m}$;

当 $h > 30\text{m}$ 时，$R=6\text{m}$。

2．在彩钢瓦等轻型材料屋顶上作业、巡检时应注意哪些方面？

答案：（1）作业前应检查作业区域屋顶结构的可靠性、稳定性及承载能力，作业人员及所携带工器具、材料重量须在屋顶承载范围内。根据其结构，明确指定上下路径及作业地点，方可作业。禁止在不坚固结构、无承载能力的屋顶上作业。

（2）应穿防滑绝缘鞋，多人作业时应分散站立和行走。单位面积内站立人数和堆放物品不得超过载荷评估设计要求。

第9章《11 起重与吊装》考核题

一、单选题

1．切断起重绳索时，应先将预定切断的两边用软钢丝扎结，以免切断后绳索松散。钢丝绳在切断前每边需要扎结的道数为：麻芯钢丝绳，（　　）道；钢芯钢丝绳，（　　）道。

A．1；2　　B．2；3　　C．3；4　　D．4；5

答案：C

2．起重机构采用的钢丝绳与滑轮、卷筒应匹配；不应使用接长的钢丝绳。吊钩处于最低点时，卷筒上的钢丝绳不应少于（　　）圈。

A．1　　B．1.5　　C．2　　D．2.5

答案：C

3．塔架、机舱、叶轮、叶片等部件吊装时，风速不应高于该机型安装技术规定。未明确相关吊装风速的，风速超过（　　）m/s 时，不宜进行塔架、机舱、轮毂、发电机等设备吊装工作。

A．6　　B．8　　C．10　　D．12

答案：C

4．如遇天气预报风力将达（　　）级时，应将臂杆转至顺风方向并松开回转制动器。

A．4　　B．5　　C．6　　D．7

答案：C

5．两台起重机同吊一件物体时，每台起重机的载荷均应不准超过该机（　　）的额定起重量；当两台桥式起重机抬吊发电机转子时，每台起重机的载荷不准超过该机的额定起重量。

A．75%　　B．80%　　C．85%　　D．90%

答案：B

6．环绳及绳索应经过（　　）倍允许工作载荷的静载试验合格后，方可使用。

A．3　　B．2　　C．1.5　　D．1.25

答案：D

7．电动行车的移动机构及电动行车小车的移动机构，当其行车速度超过（　　）m/s 时，应设有切断电源的自动刹车装置。

A．0.5　　B．1　　C．1.5　　D．2

答案：A

8．环绳结合段长度不应小于钢丝绳直径的（　　）倍，但最短不应少于 300mm。

A．10　　B．15　　C．20　　D．25

答案：C

9．麻绳、棕绳或棉纱绳，用做一般的允许载荷的吊重绳时，应按其断面积（　　）N/mm²计算承载力。

A．5　　B．10　　C．15　　D．20

答案：B

二、多选题

1．起重工作应有统一的信号，起重机操作人员应根据指挥人员的信号进行操作，信号类型包括（　　）。操作人员未接到指挥信号时，除规避危险之外不准操作。

A．红白旗　　B．口哨　　C．左右手　　D．对讲机

答案：ABCD

2．下列关于汽车起重机运行的规定，正确的是（　　）。

A．汽车起重机司机和起重指挥应持有效证件方可操作和指挥

B．汽车起重机不得在暗沟、地下管沟、防空洞等上面作业

C．汽车起重机作业时，转台上不得站人

D．当重物处于悬挂状态时，严禁起重机司机和起重指挥人员离开工作岗位

答案：ABCD

3．下列关于机舱安装的说法，正确的是（　　）。

A．起吊机舱时，人员可以随机舱一起起吊

B．完成机舱安装，人员撤离现场时，应恢复顶部盖板，并关闭机舱所有窗口

C．起吊机舱时，起吊点应确保无误。在吊装中应保证有 2 名作业人员在塔架平台协助工作

D．机舱与塔架固定连接螺栓达到技术要求的紧固力矩后，方可松开吊钩，移除吊具

答案：BD

4．下列关于吊带使用的说法，正确的是（　　）。

A．在每次使用前应经检查合格

B．使用时不应拖曳、打结、打拧

C．不应使用没有护套的吊带承载有尖角、棱边的货物

D．不允许吊带长时间悬挂货物，也不得将吊带从承载状态下抽出来

答案：ABCD

三、判断题

1．起重作业时，超载或被吊物重量不清，禁止起吊；被吊物应处于吊臂正下方，

禁止歪拉斜吊。（ ）

答案：√

2．起重机械只限于熟悉使用方法并经有关机构业务培训考试合格、取得操作资格证的人员使用。取得一种或几种起重设备操作资格证的驾驶人员，可以承担另一种新型起重设备的驾驶工作。（ ）

答案：×（承担另一种新型起重设备的驾驶工作前，应经过该项新设备的单独测验，取得相应的操作资格证后方可正式工作）

3．各式起重机的齿轮、转轴、对轮等露出的转动部分，均应安设保护装置。（ ）

答案：√

4．各式电动起重机，在工作中一旦停电，应立即将电源开关拉开。（ ）

答案：×（应将启动器恢复至原来静止的位置，再将电源开关拉开）

5．禁止用电焊或气焊切割起重钢丝绳。（ ）

答案：√

6．卸扣可以处于吊件的转角处。（ ）

答案：×（不得使卸扣处于吊件的转角处）

7．滑车不得拴挂在未经计算的结构物上。使用开门滑车，应将开门的钩环紧固，防止钢丝绳自动滑出。（ ）

答案：√

8．起吊塔架时，应保证塔架直立后下端处于水平位置，并至少有1根导向绳导向。（ ）

答案：√

9．起重钢丝绳应定期上油，麻绳受潮后必须加以干燥，在使用中应避免碰到酸碱液或热体。（ ）

答案：√

10．起重机械和起重工具的工作负荷，不准超过设计规定。禁止使用没有制造厂铭牌的各种起重机具。（ ）

答案：√

11．装有过负荷限制器、行程限制器及起重臂俯仰限制器等的各式起重机，在工作时，指挥人员必须在其限制范围以内进行工作，禁止利用这些安全装置来代替正规操作动作。（ ）

答案：×（但属于自动化操作范围以内的安全装置除外）

12．起重机在载荷时，应尽量避免离地太高。（ ）

答案：√

13．起重机传动装置在运转中变换方向时，可直接变更运转方向。（ ）

答案：×（应停稳后再开始逆向运转）

14．没有得到司机的同意，任何人不准登上起重机或起重机的轨道。（　　）

答案：√

15．遇有大雾、雷雨天，照明不足，指挥人员看不清各工作地点，或起重驾驶员看不见起重指挥人员等情况时，不得进行起重工作。（　　）

答案：√

16．起重机起吊多根管件，在堆放时应采取防止塌堆的措施。如使用钢丝绳捆绑，在取出钢丝绳时，禁止使用吊钩吊住钢丝绳一端，强行拉出钢丝绳，以免使钢丝绳突然弹出伤害工作人员。（　　）

答案：√

17．使用汽车起重机起吊时，可以将架脚支承在沟道、孔洞盖板或松软的地面上。（　　）

答案：×（应4个架脚均匀地支承在坚实可靠的地面上。禁止将架脚支承在沟道、孔洞盖板或松软的地面上。如在松土地面上工作时，应首先夯实地面，然后在架脚下垫置枕木、铁板等）

18．起重钢丝绳使用中应加强寿命管理，严格按有关规定按月检查，使用达到寿命期，外表完好的也要报废。（　　）

答案：√

19．移动式悬臂起重机一般不准在架空电力线路下面工作，如有必要时，应事先与该线路的主管部门联系，做好防护措施或停止供电方可进行吊运工作。起重机在架空电力线路下面通过时，应将起重臂落下。（　　）

答案：√

20．在起吊作业过程中，不得调整吊具。塔上协助安装指挥及工作人员不得将头和手伸出塔架之外。（　　）

答案：√

21．起重机作业完毕后，应摘除挂在吊钩上的千斤绳，并将吊钩升起。（　　）

答案：√

22．汽车起重机的吊杆如为折合式，当进行起重时必须将其伸直，不准弯曲起重。（　　）

答案：√

四、填空题

1．起重作业前，应设置（　　），无法设置时，应设专人监护。起重负责人应向所有工作人员交代技术措施和安全注意事项。

答案：起重作业区

2．电动起重机的电气设备发生故障时，应先（　　），然后方可进行修理。

答案：断开电源

3．无论是单面还是双面吊钩，均应有制造厂家的技术规范，否则不准用在起重设备中。新吊钩应做（　　）试验。

答案：负荷

4．底部塔架安装完成后应立即与接地网进行连接，其他塔架安装就位后应立即连接（　　）。

答案：引雷导线

5．起吊变桨距机组叶轮时，叶片桨距角应处于（　　）位置，并可靠锁定。

答案：顺桨

6．悬臂式起重机空车行驶时，其吊杆应放在 10°～30° 的位置，吊钩应用绳索捆在吊杆上。如系汽车起重机，则应把吊钩挂在车前的横档上，以免吊杆及吊钩摆动，吊杆所放的位置应是行车的（　　），而转盘、吊杆及吊钩上的滑车都应闸住。

答案：正前方

7．重大物件起重搬运时，只能由（　　）人指挥，指挥人员应由经有关机构专业技术培训取得资格证的人员担任。

答案：一

8．悬臂起重机应设有（　　）。轨道移动式起重机应安有（　　）。

答案：起重指示器；夹轨钳

五、简答题

1．列举出至少三种类型的吊带。

答案：带软环的单吊带、带末端件的单吊带、复式吊带、多层吊带、环形吊带等。

第 10 章 《12 工器具的使用》考核题

一、单选题

1．电气工器具应由专人保管，每（　　）个月测量一次绝缘，绝缘不合格或电线破损的禁止使用。不合格的电气工器具禁止存放在生产现场。

A．2　　B．3　　C．6　　D．12

答案：C

2．在使用期内，安全带使用期为（　　）年，发现异常应提前报废。

A．1　　B．2　　C．3　　D．5

答案：C

3．安全帽应在有效期内，从产品制造完成之日起计算。塑料帽、纸胶帽不超过（　　）。

A．一年半　　B．两年　　C．两年半　　D．三年

答案：C

4．手持电动工器具在作业时间长，机具温升超过（　　）℃时，应立即修整或更换，正常后再继续作业。

A．55　　B．60　　C．65　　D．70

答案：B

5．在金属容器内工作时，应使用（　　）V 以下的电气工具，或选用Ⅱ类手持式电动工器具，并应设专人不间断地监护，监护人可以随时切断电动工器具的电源。

A．6　　B．12　　C．24　　D．35

答案：B

6．砂轮片磨损到原直径的（　　）时，必须更换。

A．1/5　　B．1/4　　C．1/3　　D．1/2

答案：C

7．脚扣应每隔（　　）个月进行静载试验。

A．3　　B．6　　C．9　　D．12

答案：B

8．风速超过（　　）m/s、雨雪、大雾、沙尘暴等恶劣天气时，禁止使用无人机。

A．8　　B．10　　C．12　　D．14

答案：A

9．无人机起飞应保持安全距离（　　）m 以上，禁止近身起飞。

A．1　　B．2　　C．3　　D．5

答案：D

10. 悬挂安全带冲击试验时，用（　　）kg 质量做自由落体试验，若不破断，该批安全带可继续使用。

A. 75　　B. 80　　C. 85　　D. 90

答案：B

11. 对到期的安全帽，应进行抽查测试，合格后方可使用，以后每年抽检（　　）次，抽检不合格，则该批安全帽报废。

A. 1　　B. 2　　C. 3　　D. 4

答案：A

12. 树脂和橡胶结合剂砂轮片存储（　　）后应经回转试验，合格者方可使用。

A. 半年　　B. 一年　　C. 一年半　　D. 两年

答案：B

13. 使用无人机检查设备时不得靠近被检查设备（　　）m 范围，检查风电机组时应停止风机。

A. 0.5　　B. 1　　C. 1.5　　D. 2

答案：D

14. 腰带和保险带、绳应有足够的机械强度，材质应有耐磨性，卡环、钩应具有保险装置。保险带、绳使用长度在（　　）m 以上的应加缓冲器。

A. 2.5　　B. 3　　C. 3.5　　D. 4

答案：B

15. 在潮湿的场地上和在金属容器内使用（　　）V 及以下电动工具时，应采取可靠的绝缘措施，并设专人监护。电动工器具的开关应设在监护人伸手可及的地方。

A. 6　　B. 12　　C. 24　　D. 36

答案：B

二、多选题

1. 下列关于验电器的检查及使用要求的说法，正确的是（　　）。

A. 在同杆架设的多层线路进行验电，应先验高压，后验低压；先验下层，再验上层；先验距人体近的导线，再验距人体远的导线

B. 验电器的工作触头不能直接接触带电体，只能逐渐接近带电体，直至验电器发出声光信号

C. 使用的验电器应与被测设备电压等级一致，检查标签、合格证应齐全，在试验合格有效期内，验电器的绝缘杆表面应清洁、干燥，无裂纹、破损及放电痕迹等缺陷

D. 检查工作触头的金属部分连接牢固，无放电痕迹，按压试验按钮，有声光信号

答案：BCD

2．下列关于防毒面具、正压式空气呼吸器的说法，正确的是（　　）。

A．使用防毒面具时，空气中 O_2 浓度不得低于 19.5%

B．正压式空气呼吸器应每年进行试验，每次运行交接班进行检查

C．充满气体的储气瓶禁止在日光下曝晒，不得碰撞和划伤表面

D．使用正压式空气呼吸器前应检查储气瓶内空气充足；供气管路系统完整无损伤，配件间连接正常，气密性完好

答案：ABCD

3．下列关于机舱紧急逃生装置的说法，正确的是（　　）。

A．紧急逃生装置可以运送货物

B．使用前应先观察风向，逃生时逃生孔位置宜处于背风、远离架空高压线方向

C．打开机舱逃生孔前，应使用坠落悬挂安全带，系双钩安全绳，防止发生高处坠落

D．连接绳端的安全挂钩应固定在人员坠落悬挂安全带的胸扣上

答案：BCD

4．下列关于喷灯的说法，正确的是（　　）。

A．点火时不准把喷嘴正对着人或易燃物品，并准备好灭火措施

B．可在使用煤油或酒精的喷灯内注入汽油

C．油桶内的油量不超过油桶容积的 4/5

D．喷灯用完后，应放尽压力，待冷却后，方可放入工具箱内

答案：AD

5．下列关于链条葫芦使用的说法，正确的是（　　）。

A．起重链条不得有错扭、绞结现象

B．当用两台链条葫芦吊拉一个重物时，起重量不允许超过其中任何一台链条葫芦的额定载荷

C．可以使用链条葫芦横拉重物

D．链条葫芦制动装置的摩擦面应保持干净，严禁油、水等沾污

答案：ABD

6．电气工器具的电源线禁止（　　）。经过通道时，应采取架空或套管等其他保护措施，严禁重载车辆或重物压在电线上。

A．接触热体　　　　B．接触尖锐物体

C．接触腐蚀性物品　　　　D．放在湿地上

答案：ABCD

三、判断题

1．停用 1 个月以上或新领用的电动工具，应用 500V 的绝缘电阻表测量其绝缘电阻，

如带电部件与外壳之间的绝缘电阻值达不到1MΩ，应进行维修处理。（　　）

答案：×（带电部件与外壳之间的绝缘电阻值达不到2MΩ，应进行维修处理）

2．使用射钉枪击发时，应将射钉枪垂直压紧在工作面上，当两次扣动扳机，子弹均不击发时，应保持原射击位置数秒钟后，再退出射钉弹。（　　）

答案：√

3．安全带应系在牢固的物体上，禁止系挂在移动或不牢固的物件上；不得系在棱角锋利处；安全带要高挂和平行拴挂，严禁低挂高用。（　　）

答案：√

4．使用中的安全网应定期进行检查；当受到较大冲击后应及时进行检查，确认合格后方可继续使用。（　　）

答案：√

5．在周围均是金属导体的场所、潮湿的容器内、有爆炸危险的场所（如沟道内）等处使用行灯时，不应超过24V。行灯变压器的外壳应可靠接地，不准使用自耦变压器。（　　）

答案：×（电压不应超过12V）

6．潜水泵电源线可直接捆绑在金属构件上。（　　）

答案：×（禁止将潜水泵电源线直接捆绑在金属构件上）

7．空气压缩机应保持润滑良好，压力表准确，自动启停装置灵敏，安全阀可靠，并应有运行维护制度；压力表、安全阀、调节器及储气罐等应每两年进行一次校验和检验。（　　）

答案：×（压力表、安全阀、调节器及储气罐等应每年进行校验和检验）

8．使用力矩扳手前应佩戴安全帽、护目眼镜、手套、安全鞋等个人劳动防护用品。（　　）

答案：√

9．力矩扳手使用时禁止在未连接的快速接口的任何一侧加压，在有压力的情况下，禁止断开接头。（　　）

答案：√

10．可使用氧气瓶等高压气源作为气动工具的气源。（　　）

答案：×（禁止使用氧气瓶等高压气源作为气动工具的气源）

11．禁止用汽油、煤油等洗刷气（风）动工具的空气滤清器及其他空气通路的零件。（　　）

答案：√

12．行灯电源应由携带式或固定式的降压变压器供给。（　　）

答案：√

13．携带式行灯变压器的高压侧应带插座，低压侧应带插头，并采用两种不能互相插入的插头。（ ）

答案：×（携带式行灯变压器的高压侧应带插头，低压侧应带插座）

14．必要时，可以将手持电动工器具固定在台虎钳上使用。（ ）

答案：×（禁止将手持电动工器具固定在台虎钳上使用）

15．手持和移动电动工器具的电源线应采用三芯（单相工具）或四芯（三相工具）多股铜芯橡胶护套软电缆，不得有接头。其中，绿/黄双色线在任何情况下只能用做保护接地或接零线。（ ）

答案：√

16．防坠器（自锁器）使用前，应重复打开、关闭本体1～2次，检查其闭合正常。（ ）

答案：×（使用前，重复打开、关闭本体3～4次，检查其闭合正常）

17．安全帽的帽壳应完整、无变形和损伤，可以在安全帽上自行打孔、拆卸或添加附件；帽衬组件应齐全牢固，帽壳与顶衬应有足够的缓冲空间。（ ）

答案：×（禁止在安全帽上自行打孔、拆卸或添加附件）

18．应两个人一组在安全的地点穿戴安全带，穿戴过程中确保织带没有缠绕，穿戴时确保安全带各部位的牢固性，两人相互检查扣环的安全性。（ ）

答案：√

19．首次使用的砂轮片应检查其额定转速与砂轮机转速相匹配，且在有效期内使用。（ ）

答案：√

20．使用手提电动砂轮、坡口机，应选用结构特性符合削磨材料的砂轮，选用可调式砂轮防护罩，其圆周和侧面的最大外露角不应大于270°。（ ）

答案：×（圆周和侧面的最大外露角不应大于180°）

21．使用手持电动工器具前，人员应佩戴好防护眼镜，穿好工作服，首饰或留长发不应影响作业，严禁戴手套及不扣袖口。（ ）

答案：√

22．千斤顶的顶重头应能防止重物的滑动。螺旋千斤顶或齿条千斤顶应装有防止螺杆或齿条脱离丝扣或齿轮的装置。（ ）

答案：√

23．杆上作业时安全带应高挂低用，后备绳应系在牢固的构件上，作业人员在转移作业位置时，不得失去安全保护。（ ）

答案：√

24．使用潜水泵时，应校对电源的相位，通电检查空载运转，防止反转。（ ）

答案：√

25．个人安全防护用具只能用于作业人员安全防护，不得用于其他用途。（　　）

答案：√

26．高压验电应戴绝缘手套，穿绝缘靴，验电器的伸缩式绝缘棒长度应拉足，验电时手应握在手柄处不得超过护环，人体与被验电设备的距离应满足设备不停电时的安全距离，雨雪天气时不得进行室外直接验电。（　　）

答案：√

27．使用高压清洗机前，应检查电气部分绝缘良好，高压软管不应扭结、挤压或强行拖拉。（　　）

答案：√

四、填空题

1．使用电气工器具的人员应了解其结构和性能，熟练掌握使用方法，经（　　）后方可允许使用。

答案：考试合格

2．在使用电气工器具的工作中，因故离开工作场所或暂时停止工作及遇到临时停电时，必须（　　）。

答案：切断电源

3．作业中，应随时检查安全带是否拴牢；转移作业位置时不得失去保护，水平移动时，应使用水平绳或增设临时扶手；移动频繁时，应使用（　　）。

答案：双钩安全带

4．手持电动工器具启动后，应先（　　），检查并确认机具联动灵活无阻碍时再作业；加力应平稳，不得用力过猛。

答案：空载运行

5．使用电钻等电气工具时应戴（　　）。

答案：绝缘手套

6．气压大于（　　）MPa时，不应用供气管路中的压缩空气清洁机器和吹扫。

答案：0.2

7．使用液体或压缩空气传动的千斤顶时，禁止工作人员站在千斤顶安全栓的（　　）。

答案：前面

8．高压枪头固定不牢不得加压，加压过程应缓慢进行，不应突然加压，不应超过（　　）。

答案：铭牌最大压力

9．采用新型安全防护用品时，人员应经过（　　），考试合格后方可允许使用。

答案：培训

10．绝缘安全工器具的绝缘隔板和绝缘罩应完整，表面洁净，端面无分层或开裂；绝缘隔板只允许在（　　）kV 及以下电压的电气设备上使用；用于（　　）kV 电压等级时，厚度应不小于 3mm；用于（　　）kV 电压等级时，厚度应不小于 4mm。

答案：35；10；35

11．安全带应定期进行试验，每隔（　　）个月按批次进行静载试验。

答案：6

12．对调换过零件（如链索、蜗母轮等）的链式起重机，应根据链索及蜗母轮的计算能力作（　　），以规定其工作载荷。

答案：载荷试验

13．气动工具的输气管应使用专用承压软管，软管和工具连接前应吹净，软管和工具连接应牢固，只有在（　　）时方可拆装软管。

答案：停止送风

14．风电机组机舱内应配备（　　），放置在逃生通道附近区域，不应影响人员、风电机组正常工作，每次巡检时进行检查。

答案：紧急逃生装置

15．行灯变压器的外壳应有良好的接地线，高压侧应使用（　　）插头。

答案：三相

16．使用砂轮机时，禁止撞击，禁止使用砂轮机、无齿锯的轮片侧面进行研磨，严禁站在砂轮机的（　　）操作，严禁两人同时使用一个砂轮机。

答案：正面

17．砂轮机应装有用钢板制成，且有足够强度的防护罩。防护罩的开口角度不超过（　　），其中轮轴水平中心线以上不应大于（　　）。

答案：90°；65°

18．除特殊工作需要的（　　），禁止使用没有防护罩的砂轮机。

答案：手提式小型砂轮

19．一般场所应选用Ⅱ类手持式电动工器具，并应装设额定动作电流小于 15mA、额定动作时间小于 0.1s 的（　　）；若采用Ⅰ类手持式电动工器具还应做（　　）保护，操作人员应穿戴好绝缘手套、绝缘鞋或站在绝缘垫上。

答案：漏电保护器；接零

20．电气工器具在拔、插电源插头前，启停开关应处于（　　）状态。

答案：关闭

21．应按（　　）选用有效绝缘长度的绝缘杆。

答案：电压等级

22．使用绝缘杆前应先擦拭干净，使用时应戴（　　），手握在护环下侧握柄部分，人体与带电设备应保持足够的安全距离。

答案：绝缘手套

23．不准在有易燃气体和液体、粉尘和煤尘等的环境中使用能够（　　）的电气工具和用具。

答案：产生火花

五、简答题

1．简述绝缘安全工器具接地线应满足的要求。

答案：（1）工作接地线应用多股软铜线，截面积不得小于 $25mm^2$，接地线应有透明外护层。

（2）保安接地线仅作为预防感应电使用，不得以此代替工作接地线。保安接地线应使用截面积不小于 $16mm^2$ 的多股软铜线。

（3）接地线有绞线断股、护套严重破损及夹具断裂松动等缺陷时，禁止使用。

2．绝缘手套使用前、使用时应注意哪些问题？

答案：使用绝缘手套前，应先检查有无漏气、发黏、老化、裂纹等现象，对其绝缘性能有疑问时，应进行试验，合格后方可使用。使用时，应将上衣袖口套入手套筒口内。绝缘手套应妥善保管，宜放置在木手上。

3．坠落悬挂安全带穿戴好后，应怎样进行自我检查？

答案：安全带穿戴后进行自我检查，应稍微蹲下，检查腿带位于腹股沟（胯部）以下 5cm 处，松紧程度以放下手掌为宜；检查是否能伸手接触到后方的“D”环，后方“D”环应放在脖子的底部肩胛骨之间；腰带松紧程度以两侧同时放下手掌为宜，剩余部分应收紧。

4．简述使用喷灯时点火的条件。

答案：（1）油桶不漏油，喷火嘴无堵塞，丝扣不漏气。

（2）油桶内的油量不超过油桶容积的 3/4。

（3）加油的螺栓塞拧紧。

第11章 《13 道路与交通安全》考核题

一、单选题

1．（　　）m/s 及以上大风时，水电光伏不得进行驾船作业。

A．3　　B．5　　C．10　　D．15

答案：C

二、多选题

1．场内机动车辆的使用与管理，应遵守相关规定，下列描述正确的是（　　）。

A．场内机动车辆，应按照规定要求，经所在地区政府相关部门注册登记，定期检验，安装场内机动车牌照、安全检验合格后，方可投入使用

B．车辆装载不得超过铭牌核定载荷

C．装载货物应均衡平稳，捆扎牢固，车厢侧板、后栏板应关好、拴牢。货物长度超过后栏板时，不得遮挡号牌、转向灯、尾灯和制动灯

D．铲车运输时，铲架应放低行驶

答案：ABCD

三、判断题

1．应严格履行钥匙领用制度和车辆外出登记制度，车辆应按规定路线或在规定范围内行驶，严禁私自出车、随意改线。（　　）

答案：√

2．开车前应检查车辆的制动系统、转向系统、操纵机构和传动系统、行驶系统、车身的安全性能；叉车还应检查升降架、倾斜机构、叉架动作应正常，车辆的制动器、转向器、喇叭、灯光、雨刷和后视镜应保持齐全有效，行驶途中，如制动器、转向器、喇叭、灯光发生故障或雨雪天雨刷发生故障时，可以继续驾驶。（　　）

答案：×（行驶途中，如制动器、转向器、喇叭、灯光发生故障或雨雪天雨刷发生故障时，应停车进行修复，未经修复不得继续驾驶）

3．道路在养护、维修时，急弯、陡坡、临崖、临水等危险路段，应按照国家标准设置安全警示标示和安全防护设施。（　　）

答案：√

4．大件运输应采用专用运输车辆。（　　）

答案：√

5．乘车人员不得把汽油、爆竹等易燃易爆的危险品带入车内。（　　）

答案：√

6．未经批准禁止变更或移动场内道路的附属设施。（　　）

答案：√

四、填空题

1．场内道路应做好（　　）的预防和处理措施，如不能立即处理的，采取必要的临时安全措施，并在现场显著位置设立安全警示标示。

答案：防落石、边坡塌方

2．船舶上应备有（　　）和（　　）。乘船人员应遵守乘船规定，禁止下水洗澡。船未停妥，禁止上下。船上应指定维护安全的人员。

答案：救生设备；消防设备

3．机动车停车场或车库内禁止存放汽油、酒精、柴油等易燃易爆物品，并禁止烟火，应备有足够的消防器材。动火检修后应全面检查，不应遗留（　　）。

答案：火种

4．场内道路限速区域入口处应装设限速标志，机动车在道路上行驶不得超过限速。限速区域入口处、弯道、交叉路口处，应标有（　　）或（　　）。

答案：减速提示；安装减速带

第12章 《14 生产建筑物及附属设施》考核题

一、多选题

1．震后应开展地质灾害辨识、评估、监测、整治，并有效落实（ ）等措施。

A．报警　　B．避险　　C．搬迁　　D．避让

答案：ABCD

2．从事容器内涂漆、防腐等施工作业时应采取有效措施，下列措施正确的是（ ）。

A．设置排风机保持通风　　B．操作人员应戴好防毒口罩

C．操作人员应戴好防护眼睛　　D．必要时可使用喷灯

答案：ABC

3．在可能有可燃气体或有毒有害气体的地方进行检修工作时，应遵守相关规定，下列描述正确的是（ ）。

A．应戴防毒面具，并在上风位置工作

B．工作人员不得少于两人，其中一人担任监护人

C．在可能产生有毒有害、易燃易爆气体的地下室、沟道、管道、井内严禁吸烟和明火作业

D．在水池、水箱等不易救护的地方工作，应使用安全带，且安全带绳子的一端紧握在监护人的手中，监护人应随时与内部工作人员保持联系

答案：ABCD

二、判断题

1．在石棉瓦、油毡等轻型或简易结构的天棚上作业时，应铺设坚固的垫板或下方满铺安全网。（ ）

答案：√

2．必要时，可以在有压力的管道上进行检修工作。（ ）

答案：×（不得在有压力的管道上进行任何检修工作）

3．严禁在电动机和转动设备连接的情况下试转电动机的转向。（ ）

答案：√

4．掀起或恢复未设置把手的地下室、阀门井的人孔盖或盖板时，应使用适当的工具，不得用手直接开闭。（ ）

答案：√

5．转动机械检修需拆装轴套、对轮和叶轮时，如需使用气焊加热，应做好防止灼烫伤的措施。对轮找正调整时，可用大锤直接敲打电机底座。（ ）

答案：×（对轮找正调整时，不得用大锤直接敲打电机底座）

三、填空题

1．安装管道法兰和阀门的螺栓时，应用（　　）校正螺栓孔，不得用手指伸入螺栓孔内触摸，以防轧伤手指。

答案：撬棒

2．风电场（站）区域内（　　）、（　　）、截（排）水系统等功能应正常。

答案：防滑桩；护坡

3．企业应组织专业人员进行全面、细致的检查，对地震中可能发生破坏的电力设备、设施等进行加固和设防；对短时间内不能消除的隐患和危险区域，应设置（　　）和（　　），禁止人员进入。

答案：警戒线；悬挂警示牌

4．在转动机械试运行启动时，所有人员应先远离，站在转动机械的（　　）位置，以防转动部分飞出伤人，发现异常立即停止运行。

答案：轴向

5．在地下室、沟道、容器内工作，禁止使用明火照明，可用（　　）V 的行灯或手电筒等安全照明。

答案：12 ~ 36

6．发生有人中暑、晕厥的紧急情况时，应及时进行施救，并至少有（　　）人做联络工作。

答案：一

第13章 《15 自然灾害应急防范》考核题

一、单选题

1．发生森林、草原火灾时，应及时疏散、撤离受火灾威胁的人员，并立即拨打（　　）火警电话。

A．110　　B．120　　C．119　　D．10086

答案：C

2．道路结冰、积雪时，车辆应配备防滑链，且车速不高于（　　）km/h。

A．5　　B．10　　C．20　　D．35

答案：B

二、判断题

1．企业应根据现场实际情况编制自然灾害突发事件应急预案，并定期进行演练。（　　）

答案：√

2．发生洪涝灾害后应在确保人身安全的前提下，有序组织人员抗洪抢险。（　　）

答案：√

3．暴风雪后外出工作应佩戴护目镜。（　　）

答案：√

4．对存在山体崩塌、滑坡、泥石流等地质灾害可能影响设备设施安全的地区，应加强巡视检查，对可能发生破坏的设备、设施等应进行加固和设防，对短时间内不能消除的隐患和危险区域，应设置警戒线和悬挂安全警示标示牌，禁止人员进入，并由专人值守。（　　）

答案：√

三、填空题

1．龙卷风影响设备安全运行时，应立即将风电机组（　　），并断开所在的机组集电线路开关。

答案：停机

2．地震发生时，应启动（　　）；人员被困在风电机组内，应立即组织人员进行现场搜救，搜救时应注意次生事故的发生对搜救人员造成伤害。

答案：应急预案

3．发生自然灾害时，禁止户外作业，人员在户外时，应立即采取（　　）措施；如情况特殊被困户外，应积极寻求救援。

答案：应急避险

4．台风来临时水平轴风电机组主传动链应与主风向始终（　　）。

答案：平行

5．发生洪涝灾害危及人员、设备安全时，应切断（　　）后方可进行排洪除涝工作。

答案：设备电源

6．发生森林、草原火灾，人员向安全地带转移时，应选择（　　）或（　　）的地段转移；穿越火线时要（　　），快速（　　）风冲越火线，禁止（　　）风在火线前方撤离。

答案：火已经烧过；杂草稀疏、地势平坦；用衣服蒙住头部；逆；顺

7．发生森林、草原火灾时，灭火人员应配备（　　）或（　　）。

答案：防毒面具；正压式空气呼吸器

8．森林、草原火灾影响设备安全运行时，应立即将（　　）、（　　）停止运行，并断开所在集电线路开关。

答案：风电机组；光伏设备

9．冻雨天气应密切监视风电机组、（　　）覆冰情况，禁止人员靠近覆冰设备。

答案；集电线路

10．暴风雪发生后，应及时清理室外设备的通道、升压站内主要道路上的积雪，进场道路、检修道路、室外作业场所路滑的地段应（　　）或采取其他的防滑措施，随时保持畅通。

答案：铺撒防滑砂

第14章 《16　企业安保》考核题

一、单选题

1．围栏（墙）内侧、外侧的净高度均应不低于（　　）m。

A．1　　B．1.5　　C．2　　D．2.5

答案：D

二、判断题

1．对从事工程项目施工的人员，应经安全保卫部门审查批准后方可进入现场，并安排人员进行全程监护。（　　）

答案：√

三、填空题

1．各级治安维稳人员值班期间应保持有线、无线通信（　　）h畅通。

答案：24

2．主要生产办公区域应按规定配置（　　）物防设施，如防盗安全门、防盗栅栏、围墙（围栏）、隔离栏（墩）、机动车阻拦装置、应急用品等。

答案：反恐怖防范

第六篇

《电力安全工作规程》附录部分考核题

第 1 章 《紧急救护技术规范》考核题

（Q/CHD 19—2019 附录 A、Q/CHD 20—2019 附录 A、Q/CHD 21—2019 附录 A、Q/CHD 22—2019 附录 A、Q/CHD 16—2019 附录 A）

一、单选题

1．心肺复苏胸外按压，要以均匀速度进行，每分钟（　　）次，每次按压和放松的时间相等。

A．60～80　　B．80～90　　C．90～100　　D．100～120

答案：D

2．大出血可使伤员迅速陷入休克，甚至致死，须及时止血。常用的止血方法不包括（　　）。

A．指压法　　B．简单包扎法　　C．填塞法　　D．止血带法

答案：B

3．用止血带止血时，缚扎不必过紧，以能止住出血为度，每隔 30～40min 放松止血带 3～5min，使用时间最长不超过（　　）h。

A．1　　B．2　　C．3　　D．4

答案：D

4．创伤急救止血处理时，上止血带部位在上臂上（　　）处（约距腋窝一横掌处）及大腿上中（　　）处。

A．1/2；1/3　　B．1/3；1/3　　C．2/3；2/3　　D．3/4；3/4

答案：B

5．触电者触及断落在地上的带电高压导线时，救护人员应做好安全措施（如穿绝缘靴），才可以接近以断线点为中心的（　　）m 的范围内（以防止跨步电压伤人）进行验电。

A．3～5　　B．4～6　　C．6～8　　D．8～10

答案：D

6．专业救护人员检查患者无呼吸或仅是濒死叹气样呼吸，同时用食指及中指指尖先触及颈部气管正中部位，然后向旁滑移 2～3cm，在胸锁乳突肌内侧触摸颈动脉是否有搏动，检查时间不要超过（　　）s，如该时间内不能明确感觉到脉搏，立即进行心肺

复苏。

A．4　　B．6　　C．8　　D．10

答案：D

7．口对口（鼻）人工呼吸时，每次吹气时间（　　）s 以上，方法正确，能够看见胸廓起伏，吹气时如有较大阻力，可能是头部后仰不够，应及时纠正，在吹气时应避免过快、过强。

A．1　　B．2　　C．3　　D．5

答案：A

8．双人或多人复苏应每 2min（按压吹气 5 组循环）交换角色，以避免胸外按压者疲劳而致胸外按压质量和频率削弱。在交换角色时，其抢救操作中断时间不应超过（　　）s。

A．10　　B．15　　C．20　　D．30

答案：A

9．按压吹气 2min 后（相当于 5 组 30:2 按压吹气循环以上），观察伤员的意识、呼吸、肤色，在（　　）s 时间内完成对伤员呼吸心跳是否恢复的再判断。

A．5～10　　B．10～15　　C．15～20　　D．20～25

答案：A

10．心肺复苏尽量在现场就地进行，不要为方便而随意移动伤员，如确实需要移动，抢救中断不应超过（　　）s。

A．10　　B．15　　C．20　　D．25

答案：A

11．伤员烧烫伤处用无菌纱布或清洁织物覆盖，并及时送医院救治；未经专业医务人员许可，切忌在烧烫伤处敷擦任何物品或药物；如送医时间大于（　　）h，伤员可多次口服少量盐水或糖盐水。

A．1　　B．1.5　　C．2　　D．2.5

答案：C

12．发生酸碱或有毒有害物品化学灼伤时，首先用干布或吸水性强的纸张清除残留化学品，迅速剪除被侵蚀的衣物，然后立即用大量清水彻底冲洗，冲洗时间一般不少于（　　）min。

A．5　　B．10　　C．15　　D．20

答案：B

13．轻症中暑表现为头昏、全身乏力、面色潮红、大量出汗，体温在（　　）℃以上；重症中暑可出现高热、肌肉痉挛和昏迷等症状。

A．38　　B．38.5　　C．39　　D．39.5

答案：B

14．中暑人员可借助电风扇、空调降低环境温度，同时用（　　）℃冷水擦浴、湿毛巾覆盖身体、头部置冰袋等方法降温。

A．13　　B．15　　C．17　　D．19

答案：B

15．颅脑损伤伤员可能伴有颈椎、胸椎损伤时，不能轻易搬动头颈部，可将伤员躯体和头颈部同时转动，固定后再行搬运，保持头高（　　）。

A．5°～10°　　B．10°～15°　　C．15°～30°　　D．30°～35°

答案：C

16．下列关于使用自动体外除颤仪（AED）急救的描述，不正确的是（　　）。

A．AED 开机后，按语音提示要求及步骤操作，实现自动语音提示下的电击除颤

B．宜在人员集中的工作场所配备

C．对于有目击的成人心脏骤停，如能立即取得 AED 时，应尽快使用 AED 除颤

D．对在未受监控情况下发生的成人心脏骤停，或不能立即取得 AED，应在他人前往获取及准备 AED 时等待

答案：D

二、多选题

1．触电急救救护原则有（　　）。

A．迅速　　B．就地　　C．准确　　D．坚持

答案：ABCD

2．烧烫伤急救处理遵循“冲、脱、泡、盖、送”五字原则，关于此原则，下列说法正确的是（　　）。

A．“冲”指冷水冲淋降温

B．“脱”指除去燃烧后或浸满热液的衣物

C．“泡”指用水浸润

D．“盖”指创面的覆盖

答案：ABD

3．下列关于触电伤员抢救过程中再判断的描述，正确的是（　　）。

A．按压吹气 2min 后（相当于 5 组 30:2 按压吹气循环以上），观察伤员的意识、呼吸、肤色，在 5～10s 时间内完成对伤员呼吸心跳是否恢复的再判断

B．若判定呼吸心跳未恢复，则继续坚持用心肺复苏技术抢救

C．在医务人员未接替抢救前，现场抢救人员不要轻易放弃抢救

D．在医务人员未接替抢救前，呼吸心跳未恢复，可以放弃抢救

答案：ABC

4. 下列关于有害气体中毒急救的说法，正确的是（　　）。

A. 怀疑可能存在有害气体时，应设法利用一切通风设施排除有害气体

B. 立即将有关人员迅速撤离现场，转移到上风口空气新鲜处，安静休息

C. 抢救人员应戴好防护工具，使用正压自给式呼吸器、化学安全防护眼镜、橡胶手套，才能执行施救任务

D. 护送中毒伤员要取平卧位，头稍高，并偏向一侧，避免呕吐物误入气管

答案：ABC

5. 下列属于低压触电宜采用的方法使触电者脱离电源的是（　　）。

A. 触电地点附近有电源开关或电源插座，应立即拉开开关或拔出插头，断开电源

B. 触电地点附近没有电源开关或电源插座（头），宜用有绝缘柄的电工钳或有干燥木柄的斧头切断电线，断开电源

C. 当电线搭落在触电者身上或压在身下时，宜用干燥的衣服、手套、绳索、皮带、木板、木棒等绝缘物作为工具，拉开触电者或挑开电线，使触电者脱离电源

D. 触电者的衣服是干燥的且又没有紧缠在身上，宜用一只手抓住他的衣服，拉离电源

答案：ABCD

6. 下列属于高压触电宜采用的方法使触电者脱离电源的是（　　）。

A. 立即通知有关供电单位或用户停电

B. 戴上绝缘手套，穿上绝缘鞋，用相应电压等级的绝缘工具按顺序拉开电源（开关）或熔断器及隔离开关（刀闸）

C. 极端情况下，可以抛掷裸金属线使线路短路，迫使保护装置动作，断开电源

D. 高压触电者因电击伤倒在带电区域内，虽未直接接触带电设备，救护人员也应考虑安全距离不满足要求而有触电危险

答案：ABCD

7. 下列关于口对口（鼻）人工呼吸方法的描述，正确的是（　　）。

A. 在保持伤员气道通畅的同时，救护人员用放在伤员额上的手捏住伤员鼻翼，救护人员平静吸气后，与伤员口对口紧合，在不漏气的情况下，先连续以正常呼吸气量吹气 2 次

B. 每次吹气时间 1s 以上，方法正确，能够看见胸廓起伏，吹气时如有较大阻力，可能是头部后仰不够，应及时纠正，在吹气时应避免过快、过强

C. 触电伤员牙关紧闭时，可口对鼻人工呼吸，口对鼻人工呼吸吹气时，要将伤

员嘴唇紧闭，防止漏气

D．如有条件，可用简易呼吸面罩、呼吸隔膜进行人工呼吸，以避免直接接触引起交叉感染

答案：ABCD

8．下列关于创伤止血处理注意事项的描述，正确的是（　　）。

A．止血带缚扎不必过紧，以能止住出血为度

B．每隔 30～40min 放松止血带 3～5min，使用时间最长不超过 4h

C．止血带在放松过程中，如仍有活动性出血，可用手指压迫出血动脉进行临时止血，3～5min 后再在该平面上方或下方绑扎，禁止在同一部位反复绑扎

D．伤肢远端明显缺血或有严重挤压伤时，也可用此方法

答案：ABC

9．下列关于指压止血法的描述，正确的是（　　）。

A．头面部出血：可用食指或拇指压迫同侧耳屏前方搏动点止血

B．颜面部出血：可用食指或拇指压迫同侧下颌角下缘，下颌角前方 3cm 处止血

C．头颈部出血：用拇指或其他四指触及同侧甲状软骨、环状软骨外侧与胸锁乳突肌前缘之间沟内搏动处，向颈椎方向压迫止血（注意非紧急情况勿用此方法）

D．肩腋部出血：可用拇指压迫同侧锁骨上窝中部的搏动点止血

答案：ABCD

10．下列关于指压止血法的描述，正确的是（　　）。

A．前臂出血：可用拇指或其他四指压迫上臂内侧肱二头肌内侧沟处的搏动点止血

B．手部出血：可用两手拇指分别压迫手腕横纹稍上方内外侧各一搏动点止血

C．大腿以下出血：自救时可屈起大腿，使肌肉放松，用拇指压迫大腿根部腹股沟中点稍下方的搏动点止血，为增强压力另一手拇指可以重叠压迫，互救时可用手掌压迫，另一手压在其上进行止血

D．足部出血：可用两手食指或拇指分别压迫足背中间近脚腕处和足跟内侧与内踝之间止血

答案：ABCD

11．下列关于止血带止血法注意事项的描述，正确的是（　　）。

A．止血带缚扎不必过紧，以能止住出血为度

B．每隔 30～40min 放松止血带 3～5min，使用时间最长不超过 4h

C．伤肢远端明显缺血或有严重挤压伤时，禁用此方法

D．止血带上必须注明开始时间、部位、放松时间，并优先转送该类伤员

答案：ABCD

12．下列关于颅脑损伤病情判断的描述，正确的是（　　）。

A．有无昏迷及昏迷时间长短

B．呼吸道有无异物阻塞及分泌物

C．若没有呼吸或呼吸缓慢应立即开放气道

D．颈动脉触不到搏动时应立即给予胸外心脏按压

答案：ABCD

13．下列可以用来固定骨折伤员的是（　　）。

A．木板　　B．木棍　　C．树枝　　D．硬纸板

答案：ABCD

14．下列关于冻伤急救措施的描述，正确的是（　　）。

A．迅速脱离低温环境和低温介质，将伤员移至防风保暖场所，脱去潮湿衣服，用毛毯或棉被包裹身体。衣服、鞋袜等冻结不易脱离者，立即用40℃左右温水使冰冻融化后脱下或剪开

B．迅速复温是急救的关键，对处于冻结状态的部位，用电热毯、热水袋、40～42℃温水浸泡肢体或浸浴全身，直至冻区组织软化、皮肤转红

C．全身冻伤伤员呼吸和心跳十分微弱，在未获得确切的死亡证据前，必须积极抢救

D．伤员在转运过程中，搬运动作应轻柔，避免强使肢体弯曲活动，以免骨折，伤肢创面用无菌或干净敷料敷盖包扎，保持制动，以免加重损伤

答案：ABCD

15．下列关于宠物及野生犬抓咬伤处理方法的描述，正确的是（　　）。

A．立即挤压伤口排出污血，同时用20%肥皂水冲洗至少15min，再用清水洗净，然后用2%～3%碘酒或75%酒精涂擦伤口，切忌直接用碘酒、酒精消毒

B．局部伤口原则上不包扎、不缝合，不用粉剂、软膏，少量出血时，不要急于止血

C．伤员立即送往医院救治，注射狂犬疫苗和抗病毒血清

D．被狗撕咬的衣物，应及时更换煮沸消毒，以防止再接触皮肤或黏膜发生“非咬伤性接触感染”

答案：ABCD

16．下列关于蜂蜇伤处理方法的描述，正确的是（　　）。

A．检查有无毒刺折断皮内，如有应立即用镊子或钳子拔出毒刺，然后用负压吸出毒汁

B．蜜蜂的毒汁为酸性，可用碳酸氢钠溶液或肥皂水涂抹；黄蜂的毒汁为碱性，

可用醋酸涂抹

C．大面积蜂蜇伤的伤员应尽快送医院处理

D．蜇伤后无疼痛感可继续工作，无须处理

答案：ABC

17．伤员搬运急救的基本原则是（　　）。

A．经过现场必要的处理后，方能搬运伤员

B．密切观察伤员病情，监测其生命体征

C．若搬运途中病情恶化，应立即停止搬运，就地抢救

D．动作轻柔、迅速，避免不必要的震动

答案：ABCD

18．伤员发生挤压伤时，应迅速解除受伤部位的压迫，移至安全地带，进行全面检查和紧急处理，以下步骤正确是（　　）。

A．检查伤员生命体征，对发生心跳、呼吸停止者，立即进行心肺复苏

B．挤压伤常伴有胸腹部内脏损伤而发生失血性休克，应尽早发现、优先处理，快速送往医院救治

C．解除伤肢压迫后，保持制动，使伤肢尽量暴露在凉爽的空气中，用冷水或冰块冷敷受伤部位

D．伤肢抬高，进行按摩和热敷

答案：ABC

19．在低温寒冷环境作业，或短时间接触介质（制冷剂、液态气体等），出现受冻部位（　　）等冻结表现，排除其他原因所致的类似疾病，即可确定冻伤。

A．皮肤苍白　　B．肢体肿胀　　C．麻木刺痛　　D．温度低

答案：ACD

20．挤压综合征是指由于肌肉长时间受到挤压造成的肌肉细胞损伤坏死而出现的临床症候群，主要特征为（　　）的急性肾功能衰竭。

A．受伤肢体肿胀　　B．肌红蛋白尿

C．高血钾　　D．麻木刺痛

答案：ABC

21．下列关于毒蛇咬伤处理方法的描述，正确的有（　　）。

A．被咬伤后，大声呼救，第一时间求助施救

B．绑扎伤肢，放低伤口，避免伤口高于心脏

C．用负压把停留在伤口内的蛇毒尽量抽吸出来，如此反复进行多次

D．用生理盐水或大量清水冲洗伤口，直至 0.5h 以上

答案：BCD

三、判断题

1．每隔1～2年应对企业员工进行一次紧急救护加强培训，新入职员工必须经过培训考核合格后方能上岗。（　　）

答案：×（2～3年）

2．触电急救首先要使触电者迅速脱离电源，越快越好。（　　）

答案：✓

3．脱离电源就是要把触电者接触的那一部分带电设备的所有断路器（开关）、隔离开关（刀闸）或其他断路设备断开，或设法将触电者与带电设备脱离。（　　）

答案：✓

4．对意识清醒的触电伤员，在确认环境安全下应将其就地平卧，严密观察呼吸、脉搏等生命指标，看其是否能够站立或走动。（　　）

答案：×（暂时不要让其站立或走动）

5．触电伤员牙关紧闭时，可口对鼻人工呼吸，口对鼻人工呼吸吹气时，要将伤员嘴唇紧闭，防止漏气。（　　）

答案：✓

6．开放气道时，应用枕头或其他物品垫在伤员头下。（　　）

答案：×（严禁用枕头或其他物品垫在伤员头下，以免影响气道通畅及大脑供血）

7．开放气道后，立即进行2次人工呼吸，人工呼吸时应同时实施胸外心脏按压。（　　）

答案：×（人工呼吸时应暂停实施胸外心脏按压）

8．经现场抢救，伤员呼吸心跳恢复后，应立即对头部进行降温，如使用冰帽、冰袋等，紧急情况下也可用冰棍放在伤员头部或用冷毛巾置于额部。（　　）

答案：✓

9．对需要进行心肺复苏的伤员，将其置于舒服柔软的地方，解开伤员领扣和皮带，去除或剪开限制呼吸的胸腹部紧身衣物，立即就地迅速进行有效心肺复苏抢救。（　　）

答案：×（将其置于平地或硬板上）

10．若判定呼吸心跳未恢复，则停止心肺复苏抢救，等待医务人员未接替抢救。（　　）

答案：×（则继续坚持用心肺复苏法抢救，在医务人员未接替抢救前，现场抢救人员不要轻易放弃抢救）

11．发现杆塔上或高处有人触电，应争取时间及早将触电人员移至平地，以便救援。（　　）

答案：×（应争取时间及早在杆塔上或高处开始抢救）

12．高处触电伤员脱离电源后，应迅速将伤员扶卧在救护人的安全带上（或在适当

地方躺平），并注意保持伤员气道通畅，然后根据伤员的意识、呼吸及颈动脉搏动情况进行急救。（ ）

答案：√

13．发生肢（指）体离断时，应将离断肢（指）断面用无菌敷料包扎止血，减少污染。离断肢（指）可放入纯净水中随伤员一同送至医院。（ ）

答案：×［离断肢（指）用无菌敷料或清洁布类包裹，置放塑料袋中密封，低温（4℃）干燥保存，随伤员一同送至医院，切忌用任何液体浸泡］

14．被挤压的肢体有开放性伤口和活动性出血者，应立即止血，但禁忌加压包扎和使用止血带止血，以免加重损伤。（ ）

答案：√

15．溺水者救上岸后立即实施各种方法的控水措施。（ ）

答案：×（立即清理其口鼻内的泥沙和水草，不应为溺水者实施各种方法的控水措施）

16．冰水中发生淹溺可能会提高存活时间窗，因而需要延长搜救时间。（ ）

答案：√

17．背负搬运法是指伤员前胸紧贴救护者后背，将双上肢放在救护者胸前，救护者用双前臂托住伤员大腿。不宜用于怀疑脊柱或肋骨有损伤的伤员。（ ）

答案：√

18．如伤员呼吸已停止，立即口对口（鼻）吹气2次。（ ）

答案：√

19．包扎最常用的材料是绷带和三角巾，也可就地取材用干净毛巾、包袱布、手绢、衣服等替代。（ ）

答案：√

20．包扎时应松紧适宜、牢固，既要保证敷料固定和压迫止血，又不影响血液循环；包扎敷料应超过伤口边缘2～5cm。（ ）

答案：×（应超过伤口边缘5～10cm）

21．对开放性骨折，创口用无菌敷料或清洁布类包扎，以减少污染。伤口出血应先止血再固定，伴大出血时，可用止血带止血；若骨折端已戳出伤口，应将其复位。（ ）

答案：×（不应将其复位）

22．发生肢（指）体离断时，应将离断肢（指）断面用无菌敷料包扎止血，减少污染。（ ）

答案：√

23．脊柱损伤时，先将伤员双下肢伸直，将担架或木板放在伤员一侧，数人合作，共同用手将伤员平托至硬质担架上，将其腰椎躯干及双下肢一同进行固定，预防其脊髓损伤引起瘫痪。（ ）

答案：√

24. 伤员颅脑外伤时，病情复杂多变，应观察其饮食，注意瞳孔、意识变化，迅速送医院救治。（　　）

答案：×（应禁止其饮食，观察瞳孔、意识变化）

25. 发现有人溺水时，立即呼叫援助并拨打 120 急救电话，在保证自身安全的前提下，通过投递竹竿、衣物、绳索、漂浮物或借助专用浮力救援设备，迅速将其从水中救出，会游泳的人员可在水中抢救。（　　）

答案：×（受过水中抢救训练的专业救生人员可在水中抢救）

26. 怀疑可能存在有害气体时，应设法利用一切通风设施排除有害气体，立即将有关人员迅速撤离现场，转移到上风口空气新鲜处，安静休息。（　　）

答案：√

27. 经过现场必要的处理后，方能搬运伤员，动作轻柔、迅速，避免不必要的震动。（　　）

答案：√

28. 扶持搬运法，伤员一只手放在救护者肩上，救护者扶持伤员行走。宜用于病情较轻、能够站立行走的伤员。（　　）

答案：√

29. 抱持搬运法，伤员双手环抱救护者颈部、双肩部，救护者一手抱住伤员腰背部，另一手托起大腿。不宜用于怀疑脊柱损伤、骨盆骨折的伤员。（　　）

答案：√

30. 肩负搬运法，将伤员扛在肩上，救护者单手抱住伤员腿部并牵住伤员同侧上肢。不宜用于呼吸困难、胸部创伤或者怀疑脊柱、肋骨有损伤的伤员。（　　）

答案：√

31. 搬运呼吸困难的伤员，应采取坐位，宜用椅式搬运法。（　　）

答案：√

四、填空题

1. 伤员脱离电源后，非专业救护人员可不进行脉搏检查，对无呼吸或仅是濒死叹气样呼吸、无意识的伤员，立即开始（　　）。

答案：心肺复苏

2. 急救目的是挽救伤员生命和稳定伤情。其原则是（　　），用最短的时间将伤员安全转运到医院救治。

答案：先抢救、后固定、再搬运

3.（　　）是骨折急救中的重要环节，可以防止搬运伤员过程中骨折端对血管、神经和内脏损伤，同时减轻疼痛，便于运送。

答案：固定

4．各单位应组建相应的院外急救网络，形成（　　）—（　　）—（　　）的急救链，以提高伤员抢救的成功率。

答案：现场急救；转送急救；医院急救

5．紧急救护小组应经常处于（　　）状态，接到急救通知后，应以最快的速度到达现场展开紧急救护工作。

答案：应急

6．院外急救小组应准备随时接受重大急救指令或现场紧急救护人员的咨询，并负责（　　）。

答案：指导伤员转送

7．现场事故发生后，现场工作人员在班组安全员或受过紧急救护培训人员的带领下，迅速开展（　　）工作，并及时向有关部门报告，请求急救医疗支援。

答案：现场紧急救护

8．各单位应普及现场紧急救护的知识，努力提高职工（　　）、（　　）的能力。

答案：自救；互救

9．（　　）培训是电力企业安全教育必修内容之一，是加强事故防范意识、提高伤员现场抢救成功率的有效手段。

答案：现场紧急救护

10．生产现场与流动作业车应配备简易急救箱或存放相应的急救物品，并由（　　）负责，定期（　　）、补充及更换。

答案：专人；检查

11．紧急救护应在保证（　　）及环境安全的前提下就地展开，动作迅速、果断，方法正确、有效。

答案：救护者自身

12．胸外按压与口对口（鼻）人工呼吸比例为：单人抢救时，每按压30次吹气（　　）次，反复进行。

答案：2

13．绷带包扎方法有（　　）、（　　）、8字包扎和帽式包扎等，适用不同部位的创伤包扎。

答案：环形包扎；螺旋包扎

14．高处坠落、撞击、挤压等外伤可致胸腹内脏破裂出血，此时伤员外观检查可能无出血，但常表现为精神紧张、烦躁不安、皮肤苍白、冷汗、四肢厥冷、脉搏细弱、呼吸加快，甚至出现神志不清等休克表现。此时应迅速使伤员（　　），下肢抬高（　　）mm，注意保温，迅速送医院救治。

答案：平卧；150 ~ 200

15．高处触电急救单人营救时，首先在杆上安装绳索，将绳子的一端固定在杆上，固定时绳子要绕（　　）圈，绳子的另一端放在伤员的腋下，绑的方法要先用柔软的物品垫在腋下，然后用绳子绕1圈，打3个靠结，绳头塞进伤员腋旁的圈内并压紧，绳子的长度应为杆的（　　）倍；最后将伤员的脚扣和安全带松开，再解开固定在电杆上的绳子，缓缓将伤员放下。

答案：2 ~ 3；1.2 ~ 1.5

16．高处触电急救双人营救时，方法基本与单人营救法相同，只是绳子的另一端由杆下人员握住缓缓下放，此时绳子要长一些，应为杆高的（　　）倍。营救人员要协调一致，防止杆上人员突然松手，杆下人员没有准备而发生意外。

答案：2.2 ~ 2.5

17．低压触电发生在电缆沟道、隧道内且不能立即断开电源开关时，宜采取（　　）的方式使触电者脱离电源。电缆绝缘损坏导致的触电，不得采取直接剪断电缆的方式断开电源，防止相间短路起火，扩大伤害或影响救护，除非是（　　）。

答案：抖动电缆；单根单相电缆

18．触电事故发生在夜间或者需要照明时，应考虑事故照明、应急灯等临时照明，新的照明要符合使用场所的（　　）、（　　）要求，避免意外事故，但不能因此延误断开电源和进行急救的时间。

答案：防火；防爆

19．一般小动脉和静脉损伤出血宜用（　　）止血法。

答案：加压包扎

20．颈椎损伤时，一人须始终固定保护伤员头颈部，使其（　　），可用沙土袋（或其他代替物）放置头颈部两侧使颈部固定不动。

答案：平卧

21．伤员可能伴有颈椎、胸椎损伤时，不能轻易搬动头颈部，可将伤员躯体和头颈部同时转动，固定后再行搬运，保持头高（　　）。昏迷伤者应侧卧或仰卧，头偏向一侧，以防呕吐误吸。

答案：15° ~ 30°

22．对于中小面积烧烫伤，特别是四肢的烧烫伤，可将烧烫伤处在冷水下淋洗或浸入清洁冷水中，水温以伤员能耐受为准，宜为（　　）℃，或用清洁冷水浸湿的毛巾、纱垫等外敷。不宜长时间，不超过（　　）min，冰敷或冰水冷敷，尤其对烧烫伤范围超过半个肢体的伤员，极易造成冻伤或低体温危及生命。

答案：15 ~ 20；10

23．对烧烫伤伤员急救处理时，应尽快使其脱离热源，对火焰烧伤或高温汽、水烫伤，用冷水（　　）降温，然后脱去已经灭火或热液浸渍的衣服。衣服着火时不要站立、（　　）、呼叫，以防增加头面部烧伤或吸入性损伤。

答案：局部；奔跑

24．溺水者救上岸后立即清理其口鼻内的泥沙和水草，平卧位，用（　　）s 观察胸腹部是否有呼吸起伏，如没有呼吸或仅有濒死呼吸，立即予以心肺复苏，首先给予（　　）次人工通气，每次吹气 1s，确保能看到胸廓有效的起伏运动，再予胸外心脏按压。专业救生人员可在漂浮救援设施的支持下实施水中通气。

答案：5 ~ 10；2 ~ 5

25．意识清醒的中暑伤员或经过降温清醒的中暑伤员服用（　　）或（　　），饮服淡盐水、冰矿泉水等解暑。

答案：人丹；藿香正气水

26．受挤压伤员在转运过程中应严密观察其尿液颜色，如尿液呈（　　）或（　　），应考虑肌红蛋白尿，注意出现急性肾功能衰竭的可能，同时注意高钾血症造成的心跳骤停。

答案：茶褐色；红棕色

27．担架搬运法：将伤员抬至担架并固定后，抬担架两端即可。一般平地搬运担架时，应让伤员足向（　　）方；在上楼梯、上坡路面，或者抬上救护车时，则伤员头部向（　　）方。

答案：前；前

28．毯式搬运法：将伤员置于毛毯、床单等中间，两侧向内卷曲，至少由（　　）名救护者搬运，不宜用于胸部创伤、四肢骨折、脊柱损伤及呼吸困难的伤员。

答案：四

29．伤势较重，有昏迷、内脏损伤、骨盆骨折、双下肢骨折、腹部内脏脱出的伤员应使用（　　）搬运。

答案：担架器材

30．昏迷或有呕吐窒息危险的伤员，使伤员（　　）或（　　）于担架上，头偏向一侧，在保证呼吸道通畅的前提下搬运转送。

答案：侧卧；俯卧

31．救护人员在未穿戴绝缘防护用品的情况下不应进入以触电者为半径的（　　）m 以内，室内（　　）m 以内，即使已穿戴好绝缘防护用品，也最好用一只手操作，以防自己触电，同时尽可能不用另一只手借力于其他人员或金属导电物体，防止构成回路伤及自身或他人。

答案：8；4

五、简答题

1．简要列举伤员搬运的方法。

答案:（1）单人徒手搬运法：扶持搬运法、抱持搬运法、背负搬运法、肩负搬运法、拖拉搬运法。

（2）双人徒手搬运法：拉车搬运法、椅托式搬运法、平抬搬运法、扶持搬运法。

（3）三人徒手搬运法。

（4）器械搬运法：担架搬运法、毯式搬运法、椅式搬运法。

2. 正确的搬运可减少伤员痛苦，避免继发或加重损伤。简述平地搬运、上下楼梯搬运和昏迷伤员搬运的注意事项。

答案：平地搬运时头部在后；上下楼梯时头部在上；昏迷的伤员，应将头偏向一侧，以保持呼吸道畅通。

3. 简述什么情况下可确定为冻伤。

答案：在低温寒冷环境作业，或短时间接触介质（制冷剂、液态气体等），出现受冻部位皮肤苍白、温度低、麻木刺痛等冻结表现，排除其他原因所致的类似疾病，即可确定冻伤。

4. 触电伤员脱离电源后，意识判断的方法是什么？

答案:（1）对意识清醒的触电伤员，在确认环境安全下应将其就地平卧，严密观察呼吸、脉搏等生命指标，暂时不要让其站立或走动。

（2）对触电意识不清的伤员，应立即在其耳旁呼叫伤员或轻拍其肩部，以判定伤员是否丧失意识，禁止摇动伤员头部呼叫，如无反应则高声呼救，寻求他人帮助，同时拨打当地紧急救援电话。

5. 简述成人胸外心脏按压时如何确定正确的按压位置。

答案:（1）方法一：胸部正中，双乳头之间，胸骨的下半部即为正确的按压位置。

（2）方法二：沿触电伤员肋弓下缘向上，找到肋骨和胸骨接合处的中点，两手指并齐，中指放在切迹中点（剑突底部），食指平放在胸骨下部，另一只手的掌根紧挨食指上缘，置于胸骨上，即为正确按压位置。

6. 简述胸外心脏按压姿势的要求。

答案:（1）使触电伤员仰卧在平硬的地方，救护人员站立或跪在伤员一侧胸旁，救护人员的两肩位于伤员胸骨正上方，两臂伸直，肘关节固定伸直，两手掌根相重叠，手指翘起，将下面手的掌根部置于伤员心脏按压位置上。

（2）以髋关节为支点，利用上身的重力，垂直将正常成人胸骨压陷 5～6cm。

（3）以足够的速率和幅度进行按压，保证每次按压后胸廓充分回弹，按压间歇避免双手倚靠在伤员胸壁，尽可能减少按压中断并避免过度通气。

7. 简述止血带止血法的操作方法。

答案:（1）抬高患肢，使静脉血回流一部分。

（2）在上止血带的部位用布巾或纱布衬垫，以减少软组织损害。

（3）绑扎止血带：以左手的拇指、食指、中指持止血带的头端，将长的尾端绕肢体一周后压住头端，再绕肢体一圈，然后用左手食指和中指夹住尾端，将尾端从止血带下方拉过，由另一缘牵出，使之成一个活结。如需放松止血带，只需将尾端拉出即可。

8．简述颅脑损伤现场急救方法。

答案：将伤员平卧，解开衣领，清除口腔内异物、分泌物等保持呼吸道通畅。制止活动性出血，局部创面采用无菌纱布加压包扎止血，对有头皮撕脱伤的伤员还要保护撕脱的头皮，在初步清洁、消毒后置于无菌、无水及低温（4℃）密封条件下保存，随伤员一同送至医院救治。耳鼻有液体流出时，不可用纱布、棉球填塞，只可轻轻拭去。创口内有碎骨片或异物的，切不可摇动或拔出，可用无菌纱布覆盖，相应包扎固定。

第 2 章 《登高工器具试验标准表》考核题
（Q/CHD 19—2019 附录 Q、Q/CHD 22—2019 附录 Q）

一、填空题

1．牛皮带静载试验试验周期为（　　）年，安全带静载试验后应无（　　）或（　　）。

答案：半；变形；破断

2．安全帽使用寿命：从制造之日起，塑料帽小于或等于（　　）年，玻璃钢帽小于或等于（　　）年。

答案：2.5；3.5

3．登杆脚扣整体静载试验试验周期为（　　）年，扣带强力试验试验周期为（　　）年。

答案：1；1

第3章 《安全网使用规范》考核题
（Q/CHD 19—2019 附录 R、Q/CHD 22—2019 附录 R）

一、填空题

1．安全网是用来防止人、物（　　），或用来避免、减轻坠落及物击伤害的网具。

答案：坠落

2．安全网一般由网体、边绳、系绳等组成，按功能分为安全（　　）、安全（　　）及（　　）式安全网。

答案：平网；立网；密目

3．定期对安全网进行检查，每半年抽查率不低于（　　），检查情况做好记录。

答案：10%

4．平网宽度不应小于（　　）m，立网宽（高）度不得小于（　　）m，产品规格偏差允许在±4%以下；平（立）网的网目形状应为菱形或方形，其网目边长不大于（　　）cm。

答案：3；1.2；8

5．平（立）网的系绳与网体应牢固连接，各系绳沿网边均匀分布，相邻两系绳间距不应大于（　　）cm，系绳长度不小于（　　）cm。

答案：75；80

6．安全网平网上两根相邻筋绳的距离不小于（　　）cm。

答案：30

7．脚手架作业层的脚手板离地面大于或等于（　　）m时，下部应有安全平网双层兜底，以下每隔（　　）m应用安全平网封底，最下层安全网离地面应大于或等于（　　）m；（　　）m及以上脚手架侧面应拉设防护立网（密目式安全网），防护立网应设置在脚手架外立杆的内侧，并应与架体绑扎牢固；拉设安全网不能留有间隙。

答案：3；10；3；6

8．高度（　　）m以下的脚手架，最底层平网伸出脚手架四周外立杆1.5m；高度10m及以上的脚手架，首层平网伸出脚手架四周外立杆（　　）m，其他层平网伸出脚手架四周外立杆宜为（　　）m；平网的外边沿要明显高于内边沿（　　）cm，平网的外边沿斜支撑的间距不得大于（　　）m。

答案：6；3；1.5；50～60；2

9．炉内升降平台在栏杆临空侧和悬吊平台（　　）部设安全网。

答案：下

10．坝顶、陡坡、屋顶、悬崖、杆塔、吊桥、基坑周边、水箱与水塔周边及其他危险边沿等处的高处作业，临空面应设置牢固的防护栏杆，下方设置安全网。坡度大于1:2.2

的屋面，防护栏杆应高于（　　）m，并加挂密目式安全立网。

答案：1.5

11．安全网拆除必须有专人监督，并根据现场情况采取防（　　）措施。

答案：坠落

二、简答题

1．使用安全网时，应注意避免发生哪些现象？

答案：（1）随便拆除安全网的构件。

（2）人跳进或把物品投入安全网内。

（3）大量焊接或其他火星落入安全网内。

（4）在安全网内或下方堆积物品。

（5）安全网周围有严重腐蚀性烟雾。

第 4 章 《储油罐的防火间距》考核题
（Q/CHD 19—2019 附录 S）

一、填空题

1．直径大于 30m 地下易燃油罐之间的防火间距为（　　）m；直径大于 25m 的地下可燃油罐之间的防火间距为（　　）m。

答案：15；10

2．防火间距应从距建筑物最近的储罐（　　）算起，但防火堤外侧基脚线至建筑物的距离不应小于（　　）m。

答案：外壁；10

第 5 章 《多功能救援三脚架使用要求》考核题（Q/CHD 19—2019 附录 T、Q/CHD 21—2019 附录 Q、Q/CHD 22—2019 附录 T）

一、单选题

1．下列关于多功能救援三脚架储存与维护的描述，不正确的是（　　）。

A．应定期检查吊索的连接接头是否牢固。绞盘上的吊索在开放时需要留有 3～4 圈，以确保吊索不滑落

B．救援三脚架应存放在干燥处，不得与酸、碱等腐蚀性液体存放在一起

C．三脚架必须放置在通风、干燥、背光的室内

D．温水清洗，不可使用家用皂。清洗或者受潮后不可接触酸性物质。自然干燥，避免任何加热或者火烤

答案：D

二、多选题

1．下列关于多功能救援三脚架安装的描述，正确的是（　　）。

A．竖立三脚架，将三脚架平放于平坦坚硬的地面，打开支架，并用定位推销（拉针）固定支架长度

B．检查定位销是否牢固，位置是否合适

C．将三脚架立起并用栓锁固定

D．确保支套安置稳固。调整可伸缩支架确保三个支点在同一平面上，安装好链条并用链接扣将链条锁住。注意安装使用链条时不要被链条绊倒

答案：ABCD

三、判断题

1．使用多功能救援三脚架，必要时操作人员可配备防坠装置。（　　）

答案：×（操作人员必须配备防坠装置）

四、填空题

1．救援三脚架一般由三脚支架、（　　）、吊索、滑轮等组成。

答案：手动绞盘

2．救援三脚架是应急救援、安全防护器材中的一种，采用金属框架，配有手摇式绞盘，牵引滑轮最大承载力不小于（　　）kN，绳索长度不小于（　　）m。

答案：2.5；30

3．使用三脚架时，操作人员必须配备（　　）装置。

答案：防坠

4．手动绞盘带有（　　）装置，在上升时如发生意外，突然不摇动摇把，负荷或人并不会向下掉，只有向下摇动才向下运动。

答案：自锁

5．救援三脚架是起重设备，必须每（　　）由专人进行检查，每次使用前要检查吊索是否能正常地绕在铰轮上。

答案：月

6．应定期检查三脚架吊索的连接接头是否牢固。绞盘上的吊索在开放时需要留有（　　）圈，以确保吊索不滑落。

答案：3 ~ 4

7．三脚架必须由（　　）个经过训练的人（　　）操作。

答案：一；独立

8．在使用之前，必须检测每个钢架、所有链子的（　　）性能。

答案：紧固

第6章 《脚手架安全规范》考核题
（Q/CHD 19—2019 附录U、Q/CHD 22—2019 附录S）

一、判断题

1．搭脚手架所用的木杆应采用剥皮杉木或其他各种坚韧的硬木。（　　）

答案：√

2．搭脚手架所用的竹竿应采用3年以上的、坚固无伤的毛竹，严禁使用青嫩、枯黄、黑斑、虫蛀、疵点、枯质或裂纹连通两节以上受机械损伤的毛竹。（　　）

答案：√

3．上下脚手架应走斜道或梯子或沿绳、脚手立杆、栏杆或借构筑物攀爬。（　　）

答案：×（应走斜道或梯子，不应沿绳、脚手立杆、栏杆或借构筑物攀爬）

二、填空题

1．扣件式脚手架每根钢管的最大质量不应大于（　　）kg，应采用ϕ48.3×3.6mm钢管；钢管应平直，平直度允许偏差为管长的（　　）；两端面应平整，不应有斜口、毛口；禁止使用弯曲、压扁、有裂缝、严重锈蚀的钢管；严禁不同（　　）的钢管混用。

答案：25；1/500；外径

2．连接各个构件间的铰接螺栓必须拧紧，扣件螺栓紧固力矩应控制在（　　）N·m。

答案：40～65

3．脚手架搭设脚手板应（　　），不准有空隙和探头板；脚手板与墙面的间距不大于（　　）cm；对头搭接处应设双排小横杆，双排小横杆的间距不大于（　　）cm；在架子拐弯处，脚手板应（　　）搭接，脚手板应铺设平稳并绑牢。

答案：满铺；20；20；交错

4．脚手板的两头均应放在横杆上，板的端头超过横杆的长度不小于（　　）cm，固定牢靠。

答案：20

5．脚手架栏杆柱的固定及其与横杆的连接，其整体构造应使防护栏杆在上杆任何处能经受任何方向的（　　）N的外力。

答案：1000

6．脚手架在不同高度要与建筑物连接牢固，立杆或支杆的基础必须坚实。必须设置纵横相连的（　　），必要时设置（　　）。

答案：扫地杆；剪刀杆

7．承重作业平台采用满堂支撑脚手架形式的，应编制专项方案，方案中应对其结构构件与立杆地基（　　）进行设计计算。

答案：承载力

第7章《起重设备的检查与试验》考核题

（Q/CHD 19—2019附录V、Q/CHD 21—2019附录P、Q/CHD 22—2019附录U、Q/CHD 16—2019附录N）

一、单选题

1．下列关于钢丝绳的安全系数，对应正确的是（　　）。

A．用于固定起重设备的拉绳——4

B．用于人力开动的起重设备——5

C．用以绑扎起重物的绑扎绳——10

D．用于载人的升降机——15

答案：C

2．下列关于环绳的允许载荷与其张开角度的关系，对应不正确的是（　　）。

A．环绳角度0°——允许载荷100%

B．环绳角度45°——允许载荷95%

C．环绳角度60°——允许载荷86%

D．环绳角度90°——允许载荷70%

答案：B

3．下列不属于流动式起重机安全保护和防护装置检查内容的是（　　）。

A．检查起重量限制器工作是否正常

B．检查起重机回转机构回转角度限位装置工作是否正常

C．检查动力驱动的动臂变幅的起重机（液压变幅除外），其臂架低位置和高位置的幅度限位器工作是否正常

D．检查配备有导绳装置的卷筒在整个工作范围内是否有效排绳，有无卡阻现象

答案：D

二、多选题

1．下列关于钢丝绳予以报废、换新或截除的描述，正确的是（　　）。

A．钢丝绳中有断股者，应报废

B．钢丝绳的钢丝磨损或腐蚀程度达到及超过原来钢丝直径的40%时，或钢丝绳受过严重火灾或局部电火烧过时，应立即报废

C．钢丝绳压扁变形及表面起毛刺严重者，应换新

D．钢丝绳受冲击负荷后，该段钢丝绳较原来的长度延长达到或超过0.5%者，应将该段钢丝绳切去

答案：ABCD

2．下列起重工具试验周期对应正确的是（　　）。

A．纤维绳——1 年

B．起重用钢丝绳——1 年

C．手拉葫芦的空载性能试验和制动性能试验——1 年

D．千斤顶——1 年

答案：ABD

3．流动式起重机在月检项目内容的基础上还应增加的试验内容包括（　　）。

A．金属结构的变形、裂纹、腐蚀及焊缝、铆钉、螺栓等连接情况的检查

B．主要零部件的磨损、裂纹、变形等情况的检查

C．指标装置的可靠性和精度检查

D．动力系统和控制器等的检查

答案：ABCD

三、判断题

1．电动高架起重机进行静载试验时，其构架的挠曲度不应超过 1/500 跨距长度。（　　）

答案：√

2．桥式起重机的保险及防护装置应每月检查试验一次。（　　）

答案：×（每年试验检查一次）

四、填空题

1．桥式起重机轨道的接地电阻，以及起重机上任何一点的接地电阻均不得大于（　　）Ω；主回路与控制回路的对地绝缘电阻应不低于（　　）MΩ。

答案：4；0.5

2．钢丝绳电动葫芦的月检内容包括（　　）检查、金属结构检查、主要零部件检查、安全保护和防护装置检查、电气与控制系统检查。

答案：作业环境和外观

3．桥式、龙门式和高架起重机构架的挠曲度的测量可用（　　）进行。在静载试验中，如发现构架有残余变形，应查明和消除引起变形的原因；否则，起重机不准使用。

答案：水平仪

五、简答题

1．利用起重机起吊重物时，拴系物件的绳索所承受的拉力可按公式计算得出，写出具体的公式。

答案：

$$S=\frac{Q}{M\cos\alpha}$$

式中：

S ——每根绳索的拉力，N；

Q ——起吊载荷，N；

M ——拴系的绳索分支根数；

α ——拴系的绳索与垂直方向所成的角度。

在任何情况下，绳索中的最大工作拉力不应超过其最大允许拉力。

第 8 章 《工具的分类》考核题

（Q/CHD 16—2019 附录 Q）

一、填空题

1. 工具按电击保护方式分为（　　）、（　　）、（　　）。

答案：Ⅰ类工具；Ⅱ类工具；Ⅲ类工具

2. Ⅱ类工具在防止触电的保护方面不仅依靠（　　），而且它还提供例如（　　）或（　　）的附加安全预防措施，没有保护接地或依赖安装条件的措施。

答案：基本绝缘；双重绝缘；加强绝缘

3. Ⅱ类工具分（　　）和（　　）。

答案：绝缘外壳Ⅱ类工具；金属外壳Ⅱ类工具

4. Ⅱ类工具应在工具的明显部位标有（　　）符号。

答案：Ⅱ类结构

5. Ⅲ类工具在防止触电的保护方面，依靠由（　　）供电和在工具内部不会产生比（　　）高的电压。

答案：安全特低电压；安全特低电压